COURS
D'AMÉNAGEMENT
DES FORÊTS

ENSEIGNÉ A L'ÉCOLE FORESTIÈRE

PAR

Ch. BROILLIARD

INSPECTEUR DES FORÊTS, ANCIEN ÉLÈVE DE CETTE ÉCOLE

PARIS

BERGER-LEVRAULT ET Cie, LIBRAIRES-ÉDITEURS

5, rue des Beaux-Arts, 5

MÊME MAISON A NANCY

1878

COURS

D'AMÉNAGEMENT

DES FORÊTS

NANCY, IMPRIMERIE BERGER-LEVRAULT ET Cie

COURS

D'AMÉNAGEMENT

DES FORÊTS

ENSEIGNÉ A L'ÉCOLE FORESTIÈRE

PAR

CH. BROILLIARD

INSPECTEUR DES FORÊTS, ANCIEN ÉLÈVE DE CETTE ÉCOLE

PARIS

BERGER-LEVRAULT ET Cie, LIBRAIRES-ÉDITEURS

5, rue des Beaux-Arts, 5

MÊME MAISON A NANCY

—

1878

PRÉFACE

Cet ouvrage n'est que la seconde édition du *Cours d'aménagement* publié en 1860 par M. Nanquette. C'est la continuation du cours créé à l'École forestière il y a une trentaine d'années et enseigné depuis lors avec les modifications que le temps et l'expérience des faits ont nécessairement apportées à l'étude, si récente encore, de l'aménagement des forêts. La doctrine est ce qu'elle était en 1860; seulement, les faits acquis depuis lors ont conduit à insister sur certains points, à en omettre d'autres. D'ailleurs l'étude de forêts diverses, situées dans toutes les régions de la France, étude que les professeurs de l'École forestière ont pu suivre d'année en année depuis 1869, grâce à la bienveillante initiative de M. Faré, directeur général des forêts à cette époque, a permis de préciser les idées les plus importantes et de développer l'enseignement.

L'impression de cet ouvrage a pour objet de faciliter aux élèves l'intelligence du *Cours d'aménagement,* en mettant entre leurs mains un exposé succinct de principes abstraits et d'études théoriques d'un genre tout nouveau pour eux. Il est précédé d'une introduction destinée à donner l'idée de la constitution des forêts en France et de la tâche imposée aux agents forestiers.

Le premier livre rappelle les faits essentiels qui se rapportent aux différents régimes et expose les bases fondamentales de l'exploitation, les règles mêmes de l'exploitabilité des bois. Il était bien difficile de traiter la question du choix du régime après la comparaison des différents régimes, qui a été faite de main de maître dans le *Cours de culture des bois* de MM. Lorentz et Parade. Mais cette question s'impose forcément au début des études d'aménagement ; il fallait donc en rappeler les points principaux. Nous l'avons fait simplement, sous une autre forme que celle du *Cours de culture*, auquel on se reportera d'ailleurs avec le plus grand profit.

L'étude des principes de l'exploitabilité, toute spéciale aux bois, si importante et si difficile, nous a paru demander certains développements motivés par la situation de plus en plus précaire des forêts au temps où nous vivons. A vrai dire, il n'y a que deux états différents dans lesquels il y ait lieu d'exploiter les bois ; on en dispose quand ils sont mûrs, comme des fruits de la terre en général, ou bien on les coupe prématurément en spéculant sur le taux du placement. Afin de préciser ces faits, nous avons adopté pour l'exploitabilité du premier genre le nom d'*économique*, parce qu'elle est conforme aux exigences de l'économie générale ou de l'intérêt public.

Elle comprend, comme on le verra, suivant les résultats qu'on envisage et les cas d'application, l'exploitabilité absolue du *Cours de culture,* l'exploitabilité relative aux produits les plus utiles, qu'on peut désigner aussi par le mot simple d'exploitabilité *technique,* parce qu'elle donne les produits les plus utiles à l'emploi dans les différents arts et métiers, et enfin l'exploitabilité composée, applicable aux massifs de futaie régulière. Nous avons adopté de même le terme d'exploitabilité *commerciale,* déjà passé dans la langue, bien qu'il ne se trouve pas au *Cours de culture,* pour désigner par opposition à l'exploitabilité économique les conditions de l'exploitation en vue du taux de placement ou de la rente la plus élevée. A cet égard, ce qui est beaucoup plus important que les mots, ce sont les principes. En France ceux-ci n'ont jamais varié et il est bon de constater ici qu'à l'École forestière française les principes fondamentaux de l'exploitation des bois, *Régénération naturelle* et *Production la plus utile,* n'ont jamais été mis en cause.

Le deuxième livre, traitant des opérations communes à tous les aménagements, montre d'abord comment on procède à l'étude d'une forêt donnée, en la divisant en parcelles, en décrivant chacune d'elles, et en établissant la statistique de cette forêt. Il donne ensuite les règles à suivre dans la constitution des séries d'exploitation, parties d'une même forêt entièrement indépendantes entre elles ; puis il relate les procédés spéciaux à employer pour fixer dans les différents cas la révolution ou le terme d'exploitabilité des bois. Ce livre se termine enfin par l'exposé des conditions qui doivent déterminer l'ordre à suivre dans les exploitations.

Ces études générales, indispensables en toute forêt, qu'elles soient détaillées ou concrètes, exposées au début du travail écrit ou implicites et comme sous-entendues, conduisent pour ainsi dire au seuil même de l'aménagement. Bien faites, elles garantissent la bonne exécution du travail qui réglera le traitement et les exploitations de la forêt. Défectueuses ou négligées, elles laissent place aux erreurs de tous genres, les plus graves même, qui entacheront à coup sûr quelque partie de l'aménagement ou en entraveront l'exécution.

Au point de vue du cours, ce livre est peut-être le plus important. Une fois qu'on a effectué dans une forêt, avec méthode et intelligence des faits, les opérations pratiques qu'il décrit, l'esprit s'ouvre à l'aménagement, dont les combinaisons, les règles, les principes mêmes apparaissent clairement. Il y a plus : nous ne craignons pas d'avancer qu'il est à peu près impossible de parvenir à la connaissance pleine et entière des forêts sans posséder la notion théorique et pratique des opérations décrites dans ce deuxième livre. Telles sont les raisons qui nous ont conduit à les exposer d'une manière complète et détaillée.

Le troisième livre étudie les conditions générales du plan d'exploitation des futaies. Au sujet du rapport soutenu dans les forêts de l'État, nous avons établi qu'il importe souvent de le subordonner au traitement et aux besoins de l'avenir, parce que d'année en année il apparaît mieux qu'il doit y céder le pas à l'épargne nécessaire pour faire rendre à ces forêts les produits les plus utiles, les gros bois, dont la pénurie se fait sentir en France. La méthode d'aménagement par contenance est exposée d'ailleurs dans le même esprit qu'elle a toujours été enseignée à l'École forestière; mais, par suite des faits acquis, nous avons pu la dégager de la théorie pure et la présenter au seul point de vue de l'application.

L'étude de l'aménagement des futaies pleines, plus complet et plus naturel en somme que celui des taillis, est le meilleur début dans les études théoriques et pratiques d'aménagement. Il n'est guère possible de bien connaître la culture des taillis sans être initié à celle des futaies ; et de même on ne peut guère arriver à se rendre bien compte des conditions complexes et des difficultés que présente l'aménagement des taillis sans posséder la notion des aménagements de futaie. Bien loin donc de chercher dans le cadre des aménagements de taillis la clef des aménagements de futaie, nous croyons qu'il faut commencer par étudier ces derniers, lors même qu'on n'aurait pas à en faire l'application, pour arriver sûrement à se rendre maître des règles générales qui doivent présider à tout aménagement.

Dans le quatrième livre, consacré à l'aménagement des futaies irrégulières, nous avons fait une étude générale du jardinage et donné la théorie des aménagements de forêts jardinées. La nécessité en était indiquée par le développement des exploitations dans nos forêts de montagne, suite inévitable du développement des voies de transport et de la hausse du prix des bois sur pied. Cette étude éclaire d'ailleurs l'aménagement de transformation des forêts autrefois jardinées, et peut conduire à en modifier l'application en ce qui concerne les coupes jardinatoires restant à opérer temporairement dans ces forêts.

Quant aux futaies irrégulières de bois feuillus, nous nous sommes à peu près borné à présenter un exemple des opérations qu'elles comportent. La question d'art ou d'application prime tellement ici la théorie que les études du terrain, partie indispensable du cours d'aménagement, sont seules propres à éclairer l'esprit des jeunes gens sur les difficultés que présente l'aménagement de ces futaies et sur les moyens de les résoudre.

Le cinquième livre traite de l'aménagement des taillis, simples et sous futaie. Le régime du taillis est le plus appliqué en France ; il mérite donc, tout inférieurs qu'en sont fort souvent les produits, une étude approfondie. Mais les aménagements de taillis ne sauraient être convenablement effectués, quoi que l'on puisse croire, sans la connaissance des faits culturaux relatifs à la constitution et au développement des taillis et sans une vue claire des résultats à poursuivre dans les balivages. C'est pourquoi nous avons été conduit, non pas à étudier au préalable la culture des taillis avec tous les développements qu'elle comporte, mais à en établir les points principaux quand ils se trouvaient en connexion nécessaire avec l'aménagement.

En ce qui concerne les taillis simples, nous avons cherché surtout à montrer les avantages, trop méconnus, d'une révolution longue. L'harmonie désirable entre une bonne division en coupes et la conformation naturelle du terrain, l'établissement des cordons qui protégent et embellissent les taillis, la nécessité d'une bonne clôture, sont autant de faits souvent négligés aujourd'hui; il était utile d'y rappeler l'attention.

Quant au taillis sous futaie, nous avons, par la définition même, précisé l'objet que l'on doit poursuivre dans ce mode de traitement; nous avons donné ensuite les moyens d'y arriver, à l'aide des balivages d'abord, et par l'aménagement ensuite. Le nombre des arbres de réserve, plus précieux que le sous-bois et d'autant plus importants qu'ils sont plus gros, ne doit être limité que par les exigences de leur propre développement et non point en vue de laisser une certaine place au taillis. La valeur des gros bois ne met que trop en évidence actuellement ce point de doctrine, base essentielle du traitement des taillis sous futaie, entièrement conforme d'ailleurs aux prescriptions de l'ordonnance de 1827, comme il l'était à celles de l'ordonnance de 1669.

Un modèle du plan d'exploitation d'une série de taillis et un exemple de plan de balivage vraiment pratique montrent l'application de la théorie générale de l'aménagement des taillis, simples et sous futaie. Quant au contrôle des exploitations, on en trouvera un spécimen à la fin du volume; il est applicable aux coupes de taillis comme aux parcelles de futaie.

Au sujet des travaux à effectuer dans les taillis, comme les éclaircies et les émondages, nous avons donné quelques développements, nécessaires même dans un cours d'aménagement, parce que l'aménagement des taillis sous futaie, si simple à première vue, reste forcément incomplet, au moins en ce qui concerne les arbres de réserve; il en résulte que les règles à suivre dans l'exécution de certains travaux, de même que dans les balivages, forment le complément indispensable de l'aménagement d'un taillis.

Les quarts en réserve des bois communaux représentent en somme une étendue considérable, et ils sont la plupart traités en taillis. Nous avons rapporté les dispositions réglementaires qui les concernent, en montrant comment on peut se dispenser de les aménager; et nous avons indiqué les soins principaux que comporte le traitement de ces portions de forêts, précieuses par elles-mêmes et par le service indirect qu'elles rendent en assurant dans les circonstances difficiles la conservation de la forêt tout entière.

Dans le sixième et dernier livre, sur les conversions de taillis en futaie, nous avons cherché à donner l'idée nette d'un bon aménagement de conversion, en posant les principes et les règles générales des opérations de ce genre. Nous avons insisté sur les conditions de production qui peuvent motiver les conversions et sur les opérations culturales qui seules permettront de les mener à bonne fin ; nous croyons avoir par là même posé la question. Pour la résoudre en établissant l'aménagement de conversion d'une forêt donnée et en l'appliquant pendant tout le temps qu'exige cette entreprise, il faut être versé dans la pratique des forêts, dans l'observation des phénomènes de culture et dans la manipulation des aménagements de futaie comme des aménagements de taillis. Nous ne pouvons donc avoir la prétention d'apprendre dans un livre à faire des aménagements de conversion, bien moins encore que tous autres.

Après de simples études théoriques, on ne doit pas songer à faire un aménagement, pas même une opération culturale quelconque. Ce serait aussi imprudent que d'entreprendre la construction d'un bâtiment après s'être borné à suivre un cours d'architecture. Le cours enseigné à l'école ne doit donc être considéré que comme une introduction à l'étude des aménagements. Les travaux auxquels les élèves se livrent pendant l'été sur le terrain sont aussi indispensables que les études théoriques ; c'est là seulement que l'esprit s'ouvre à la connaissance de la forêt et qu'il arrive à saisir les rapports complexes des différentes parties d'un aménagement, connexes et inséparables l'une de l'autre comme la culture et l'aménagement même.

Mais une ou deux études d'aménagement ne suffisent pas à donner une éducation complète. Pour être maître des théories et de la pratique, il faut à vrai dire avoir étudié en différentes conditions des forêts aménagées et d'autres non aménagées, y avoir mis le temps qui seul permet à l'esprit de s'assimiler la connaissance des faits, en un mot avoir pu observer, comparer et juger par soi-même.

En quelques lignes servant de conclusion à l'ouvrage, nous avons voulu indiquer que chaque aménagement forme un travail particulier, spécial à la forêt qu'il embrasse et nécessairement différent de tout autre aménagement. C'est là même ce qui en fait le mérite et l'intérêt, mais aussi la difficulté; et le sentiment des difficultés que présente l'application d'un art n'appartient qu'aux esprits déjà maîtres de ses secrets.

En appendice, deux notes, l'une sur les forêts de montagne livrées au pâturage, l'autre sur les pineraies exposées à l'incendie, fourniront quelques renseignements utiles et permettront en tous cas de pressentir que le champ des études et des travaux d'aménagement en France est pour ainsi dire illimité par suite de la diversité des conditions dans lesquelles se trouvent nos forêts. Cette diversité même fait craindre de donner des exemples d'aménagement, ou imparfaits, ou applicables seulement à quelques forêts d'un même caractère. Nous nous sommes donc borné en fait d'exemples au spécimen d'une feuille de contrôle parcellaire et à l'analyse d'une coupe de taillis sous futaie.

Cet ouvrage, que M. Nanquette, mon maître, m'a demandé de publier sous mon nom, est son œuvre plus que la mienne. Je n'ai fait qu'exposer à nouveau le cours qu'il m'a enseigné, et même il a bien voulu revoir mon manuscrit et en reprendre de sa main les parties les plus importantes. Je ne dirais donc pas assez en disant que c'est notre œuvre commune; si la forme est surtout de moi, c'est principalement de lui que vient le fond.

Nancy, le 1er mai 1878.

Ch. BROILLIARD.

COURS
D'AMÉNAGEMENT

INTRODUCTION.

C'est la conservation et le développement des richesses forestières de la France que l'enseignement de l'École forestière a pour objet. Avant d'entreprendre les études du *Cours d'aménagement,* il est donc utile de jeter un coup d'œil sur la distribution des forêts en France et sur les besoins qui en réclament les produits.

L'Alsace et la portion de la Lorraine qui nous ont été enlevées renferment 500,000 hectares de nos meilleures forêts. Celles qui nous restent comprennent encore près de 9,000,000 d'hectares, dont 967,158 à l'État, 1,860,293 aux communes et aux établissements publics, et environ 6,000,000 aux particuliers. C'est en somme plus de la sixième partie de l'étendue du territoire. Nous ne faisons pas entrer dans cette énumération la partie du sol occupée par les arbres isolés et disséminés dans les cultures ou dans les pâturages, non plus que les bois de haies, les plantations de routes et canaux, les avenues et les parcs.

Cependant la production du bois d'œuvre en France

est déjà très insuffisante et le devient chaque année davantage. Nous demandons à l'étranger dès à présent plus de gros bois que nous n'en trouvons chez nous, et nous lui payons de ce chef un tribut annuel de 150 millions de francs. Cette somme représente la valeur dans nos ports des produits façonnés, charpentes, sciages, merrains, etc., provenant de 1,500,000 mètres cubes de bois résineux en grume et de 500,000 mètres cubes de bois de chêne.

Ces importations énormes montrent clairement que l'étendue des surfaces ne suffit pas à la production du bois d'œuvre. Il est d'autres conditions qui s'imposent de même en vue de ce résultat. Parmi elles on peut ranger en première ligne le temps et les bois en croissance. Mais ces conditions nécessaires, il n'est possible de les assurer dans nos forêts périodiquement livrées à l'exploitation qu'à l'aide de bons aménagements.

Sur les neuf millions d'hectares boisés que la France possède encore, trois millions à peine sont soumis au régime forestier et susceptibles d'être traités en vue de la production des gros bois. Le reste appartenant aux particuliers, on ne peut pas faire fond sur cette masse de forêts pour assurer à la consommation une quantité notable de bois d'œuvre. Il importe donc à la prospérité de notre pays de faire rendre aux forêts domaniales et communales le plus possible de bois de fortes dimensions. Pour mesurer l'étendue de cette tâche, il faut savoir comment ces forêts sont aujourd'hui constituées et dans quelle proportion elles sont soumises :

Au traitement en futaie, dont l'objet principal est la production du bois d'œuvre ;

Au traitement en taillis simple, qui a surtout en vue la production du bois de feu ;

Et au traitement mixte du taillis sous futaie.

Cette répartition est indiquée d'une manière approximative dans le tableau suivant :

		hectares.	hectares.
Futaie.	A l'État, environ.	400,000	1,000,000
	Aux communes et aux établissements publics. . .	600,000	
Taillis sous futaie.	A l'État, environ. . . . . (dont les deux tiers sont aujourd'hui en conversion de taillis en futaie);	500,000	1,500,000
	Aux communes et aux établissements publics. . .	1,000,000	
Taillis simple. . .	Aux communes et aux établissements publics, au moins.		300,000
			2,800,000

Les bois des particuliers sont assez bien répartis sur l'étendue du territoire. Chacun de nos départements en possède une étendue variant de 40,000 à 120,000 hectares. Il y a cependant quelques exceptions marquantes, notamment en ce qui concerne : les landes de Gascogne, couvertes d'une immense forêt de pin maritime, le Var, la Dordogne et la Nièvre, possédant chacun de grandes étendues de taillis ou de broussailles.

Quant aux forêts soumises au régime forestier, la distribution en est extrêmement inégale. Nous essayons d'en donner quelque idée par l'état suivant, qui divise la France en neuf régions forestières d'étendue peu différente (1).

(1) V. la carte figurative.

ÉTAT DES FORÊTS EN FRANCE.

RÉGIONS.	DÉPARTEMENTS.	BOIS de l'État en 1876.	BOIS des communes et des établissements publics en 1876.	SURFACE totale des bois soumis au régime forestier.	Rapport des bois soumis à l'étendue du territoire.	BOIS des particuliers et autres non soumis en 1876.
		hectares.	hectares.		pour cent.	hectares.
	Nord	19.207	1.798			22.207
	Pas-de-Calais	7.475	663			25.801
PARISIENNE.	Somme	4.218	555			35.728
	Seine-Inférieure	33.972	586			62.488
(Littoral nord et	Eure	11.932	140			101.490
environs	Calvados	3.414	»			34.817
de Paris.)	Aisne	26.501	4.042			68.641
	Oise	31.734	1.511			68.637
6,100,000 hectares	Seine	344	12			798
	Seine-et-Oise	29.472	457			72.382
	Seine-et-Marne	23.334	935			77.995
		191.603	10.699	202.302	3 1/3	571.957
	Manche	334	20			20.426
	Ille-et-Vilaine	7.339	55			43.222
BRETONNE.	Côtes-du-Nord	»	»			36.413
	Finistère	3.425	»			31.931
(Plateau	Morbihan	1.678	»			44.455
armoricain.)	Loire-Inférieure	4.483	»			40.613
	Mayenne	143	»			23.143
6,500,000 hectares	Maine-et-Loire	1.807	»			52.114
	Vendée	2.274	»			24.825
	Deux-Sèvres	5.842	114			37.029
		27.325	189	27.514	2 2/5	359.171
	Orne	23.073	»			60.122
	Eure-et-Loir	6.552	94			52.845
LIGÉRIENNE.	Sarthe	10.507	339			77.094
	Indre-et-Loire	8.796	»			88.189
(Plaines	Loir-et-Cher	12.114	1.911			102.708
de la Loire.)	Vienne	6.214	303			77.720
	Indre	11.080	2.106			75.941
6,600,000 hectares	Cher	12.370	5.918			102.069
	Loiret	38.344	15			81.285
	Allier	24.389	1.402			64.878
		153.409	12.088	165.497	2 1/2	782.851
	Ardennes	23.771	35.783			72.322
LORRAINE.	Marne	13.311	13.414			107.131
	Aube	14.686	23.908			72.327
(Nord-Est.)	Haute-Marne	16.240	88.141			85.755
	Meuse	39.603	97.552			49.407
4,200,000 hectares	Meurthe-et-Moselle	31.839	69.429			32.946
	Vosges	56.580	113.877			35.287
		186.933	442.104	629.037	15	455.175
	Haut-Rhin	»	12.952			7.541
BOURGUIGNONNE.	Haute-Saône	6.833	113.881			43.133
	Doubs	4.775	97.246			33.104
(Pays	Jura	24.690	83.676			50.244
de Bourgogne.)	Côte-d'Or	40.062	99.108			113.126
	Yonne	13.601	32.901			121.138
5,400,000 hectares	Saône-et-Loire	13.626	27.699			113.604
	Ain	3.100	46.328			73.969
	Nièvre	14.674	23.496			166.799
		121.361	537.287	658.648	12	728.658

ÉTAT DES FORÊTS EN FRANCE.

RÉGIONS.	DÉPARTEMENTS.	BOIS de l'État en 1876.	BOIS des communes et des établissements publics en 1876.	SURFACE totale des bois soumis au régime forestier.	Rapport des bois soumis à l'étendue du territoire.	BOIS des particuliers et autres non soumis en 1876.
		hectares.	hectares.		pour cent.	hectares.
	Haute-Savoie.....	»	41.287			62.928
	Savoie	573	77.039			49.077
ALPESTRE.	Isère..............	10.831	55.281			116.245
	Drôme	8.406	30.543			135.556
(Alpes	Hautes-Alpes	1.888	80.610			26.466
et Provence.)	Basses-Alpes......	577	49.270			78.205
	Vaucluse..........	3.164	28.414			48.052
5,600,000 hectares	Bouches-du-Rhône	»	19.617			52.784
	Var	9.590	42.475			206.612
	Alpes-Maritimes ..	521	39.624			53.872
		35.550	467.160	502.710	9	829.797
	Rhône............	»	26			34.016
	Loire	»	2.386			66.870
	Haute-Loire......	68	7.973			77.577
AUVERGNATE.	Puy-de-Dôme.....	825	11.470			81.294
	Creuse	537	1.088			36.283
(Montagnes	Haute-Vienne.....	»	332			65.603
du Centre.)	Corrèze	»	2.735			42.356
	Cantal............	1.399	11.609			59.355
6,200,000 hectares	Aveyron..........	3.452	6.785			74.198
	Lozère.	532	10.608			51.536
	Ardèche..........	3.503	9.827			87.028
		10.317	64.834	75.151	1 1/5	676.116
	Gard.............	1.415	43.007			84.310
	Hérault	»	11.068			74.899
LANGUEDOCIENNE	Tarn.	6.759	9.344			69.020
	Tarn-et-Garonne .	1.339	127			45.854
(Entre les deux	Gers	167	1.486			51.509
mers.)	Lot	»	»			92.890
	Lot-et-Garonne...	»	1.419			72.534
6,000,000 hectares	Dordogne	»	»			188.454
	Charente	5.095	78			80.648
	Charente-Inférieure	1.981	489			71.751
		16.756	67.018	83.774	1 2/5	831.869
	Pyrénées-Orient. .	17.918	21.121			33.851
PYRÉNÉENNE.	Aude.	10.206	11.539			44.267
	Ariége	76.594	19.879			63.848
(Pyrénées,	Haute-Garonne. ..	14.610	21.469			60.461
Landes et Corse.)	Hautes-Pyrénées..	4.923	47.557			34.436
	Basses-Pyrénées. .	298	55.079			100.770
6,200,000 hectares	Landes...........	26.841	8.162			400.189
	Gironde.	27.627	983			299.279
	Corse	44.888	73.125			91.164
		223.905	258.914	482.819	7 3/4	1.128.265
	TOTAUX.....	967.158	1.860.293	2.827.451		6.127.398

Le littoral nord et les environs de Paris sont formés des provinces les plus riches et les mieux cultivées, qui nourrissent Paris, Lille et Rouen. Les produits agricoles de cette région, distinguée par ses cultures industrielles, représentent à surface égale une valeur double de la moyenne en France, qui est de 109 millions par département. Les bois y sont restreints aux terrains les moins riches, et les forêts soumises au régime forestier n'occupent plus que 202,000 hectares, trois pour cent de l'étendue territoriale. Elles donnent des produits de premier ordre, surtout dans les plaines du Nord. La basse Seine se distingue par ses belles futaies de hêtre.

Les environs de Paris, comprenant les cinq derniers départements de la région, sont une des contrées les mieux boisées de toute la France. Les terrains sablonneux en ont conservé, tant aux particuliers qu'à l'État, 400,000 hectares de forêts disposées par grandes masses. C'est la sixième partie du territoire et la proportion moyenne en France. Mais ici l'État possède encore plus du quart des bois, et parmi eux des massifs d'une grande richesse, comme celui de Villers-Cotterets, et d'autres d'une grande beauté, comme ceux de Compiègne et de Fontainebleau.

Le plateau armoricain, si riche en ajoncs, est à peu près dépourvu de vraies forêts; c'est du moins la région la plus pauvre en bois. Parmi les landes et les bruyères se présentent quelques bosquets possédés par les particuliers. Les massifs disséminés qui appartiennent encore à l'État sont de rares exceptions attestant qu'en Bretagne, autrefois, il y eut des forêts. Heureusement les bois de fossé plantés entre les héritages, la mer qui permet d'acheter les bois du Nord à bon compte, et les vapeurs de l'Océan qui donnent à l'air une fraîcheur constante atténuent beaucoup les effets du déboisement général. Les trois départements de la Manche, de la Mayenne et des

Côtes-du-Nord n'ont, à vrai dire, pas de bois soumis au régime forestier, et dans tout le pays la forêt communale est inconnue.

Les plaines de la Loire, région des futaies de chêne, occupent au centre de la France une contrée fertile en général, mais entrecoupée néanmoins de grands espaces très pauvres. Sur l'un d'eux s'étend la forêt d'Orléans, la plus vaste de nos forêts de plaine, 34,000 hectares à l'État, exploités en taillis et appauvris de longue date. De l'autre côté de la Loire, au Sud, la Sologne, pauvre pays, bien couvert il y a trois cents ans, déboisé depuis lors, appartient à des particuliers qui y font de l'agriculture et de la sylviculture extensives. Là il y aurait place pour 200,000 hectares de futaies capables de produire tout le chêne que nous achetons à l'étranger. La Brenne, plus fiévreuse encore que la Sologne, pourrait fournir aussi un riche appoint. Sous le climat tempéré du Centre se trouvent, en effet, nos plus belles futaies de chêne ; il suffit de citer entre autres celles de Bellême, de Bersay et de Tronçais, trop peu connues et si dignes de l'être. Mais ces massifs conservés çà et là sont aussi rares que précieux. Dans toute la région, les forêts soumises au régime forestier ne comprennent que 165,000 hectares, deux et demi pour cent du territoire.

La région du Nord-Est, avec les sept départements qui lui restent, est celle qui possède encore le plus de richesses forestières. Le quart du territoire y est couvert de forêts, et de bonnes forêts, des taillis sous futaie dans la plaine et des sapinières dans la montagne. C'est, en somme, 1,100,000 hectares, dont 450,000 aux particuliers, autant aux communes et 200,000 à l'État. Ces forêts, si utiles au point de vue climatérique dans une région toute continentale, donnent sur les collines et les montagnes de la contrée des bois très recherchés. Entre elles, l'agriculture prospère et fait rendre au sol des produits dont la valeur, 112 millions par département, dépasse la moyenne en France et s'accroît tous les jours. Un fait à constater, c'est que la richesse de ces forêts va croissant depuis les plaines de la Champagne jusqu'au faîte des Vosges, comme la proportion des bois appartenant à l'État. On peut comparer, par exemple, la montagne de Reims au bassin de Gérardmer. La première, large colline arrondie assise entre Reims et Épernay, porte en ceinture toutes les meilleures vignes de Champagne; elle est couronnée d'une forêt de 27,000 hectares (2,858 à l'État, 2,060 aux communes, et 22,344 aux particuliers), dont le sol produit du chêne d'excellente qualité, si utile aux vignobles. Mais cette forêt, appartenant en très grande partie à des particuliers, ne donne guère aujourd'hui que des menus bois. Tout au contraire les versants rapides qui entourent les lacs du bassin de Gérardmer sont enrichis par 6,000 hectares de sapinières appartenant à l'État; et ces rochers, stériles s'ils étaient découverts, produisent chaque année 25,000 ou 30,000 mètres cubes de bois d'œuvre (1).

La Bourgogne et les provinces voisines, Franche-Comté et Nivernais, constituent une région accidentée, dont le bassin de la Saône forme la portion centrale et principale. Ce bassin, dans les parties basses, est comme les plaines de la Garonne un centre de culture de maïs;

(1) L'Alsace-Lorraine, occupée par des bois sur un tiers de son étendue, a un domaine forestier comprenant 150,000 hectares de bois de l'État et 200,000 hectares de bois communaux, en somme 23 pour cent de son territoire, et en outre 100,000 hectares de bois aux particuliers. Ces forêts couvrent la montagne et sont bien réparties dans la plaine. Elles servaient aux besoins d'une population comptant cent habitants par kilomètre carré, et elles envoyaient de plus à Paris d'excellents bois d'œuvre. Cette partie de la France était donc une des mieux boisées et des plus peuplées tout à la fois.

il produit aussi d'excellents chênes. A l'est, les croupes du Jura portent nos sapinières les plus remarquables, sinon par l'étendue, au moins par les dimensions et la qualité des produits. A l'ouest, les plateaux de la Côte-d'Or et les montagnes du Morvan sont couverts de taillis sur plus de moitié de leur superficie. C'est donc une région très boisée, comme il convient à la naissance des fleuves. Mais les 1,400,000 hectares de forêts qui s'y trouvent, représentant le quart du territoire, sont répartis entre l'État, les communes et les particuliers en proportion croissante, à l'inverse de ce que demandent les besoins du pays. Aussi les forces productives du sol étant admirables, la richesse acquise n'est-elle néanmoins que l'exception dans ces forêts.

Les Alpes et la Provence, enrichies par les cultures arborescentes et appauvries par les troupeaux transhumants, comprennent les dix départements placés à l'est du Rhône. Là s'élèvent les plus hautes montagnes de France, groupées en un immense massif. Primitivement la forêt en occupait les versants jusqu'aux limites naturelles de la végétation ligneuse, vers 2,000 à 2,500 mètres d'altitude. Faute de débouchés, ces bois étaient sans valeur vénale; ils furent détruits. Des arbres épars, vivant là plus de cinq siècles, des souches mortes et d'une durée presque indéfinie sous le climat des Alpes en sont des témoins en maints cantons dénudés. La ruine des forêts et les abus du pâturage ont donné aux éboulements et aux avalanches, aux torrents et aux inondations, un champ toujours grandissant. Aujourd'hui c'est à peine si la onzième partie du terrain, 502,000 hectares dont une bonne part en rochers, reste soumise au régime forestier. Ce sont presque entièrement des forêts communales, livrées au pâturage. Elles s'y présentent la plupart en lambeaux délabrés, débris des anciens massifs;

c'est néanmoins un bien d'un prix inestimable. Ces bois donnent aux populations le combustible et l'abri; et, comme éléments de reproduction, ils offrent le moyen le plus sûr de conserver et de restaurer le pays. Ici, en effet, les forêts, le sol et les habitants s'en vont ensemble; la population des Hautes et des Basses-Alpes s'est dédoublée depuis un siècle et n'est plus aujourd'hui que de vingt habitants pour cent hectares. Le règlement du pâturage dans les Alpes, mesure des plus urgentes, n'entraînerait d'ailleurs que des privations très limitées; la plupart des terrains à défendre se louent au prix de deux francs environ par hectare. Les bois des particuliers portés au cadastre pour des centaines de mille hectares méritent à peine le nom de bois et sont en général du plus minime intérêt. C'est à tel point qu'ils ont été parfois abandonnés par des propriétaires plus soucieux d'éviter un impôt réel que de conserver une jouissance illusoire.

Les montagnes du Centre sont plus nues encore que les Alpes. Mais heureusement le sol en est stable et le climat frais. Les restes de toutes les anciennes forêts et quelques reboisements récents (concentrés en grande partie dans le Puy-de-Dôme, le département le plus riche de la région) ne couvrent pas même la huitième partie de la surface du sol; les bois soumis au régime forestier n'y occupent que 75,000 hectares. Au siècle dernier, l'Auvergne envoyait encore du sapin à Paris; aujourd'hui ce bois fait défaut dans le pays même. Et cependant il y a dans la région des centaines de mille hectares dont on ne fait rien et d'immenses plateaux dont la race la plus laborieuse de France ne peut obtenir que de maigres produits. La culture des châtaignes, pauvre culture et pauvre aliment, est un des caractères généraux de la région; mais elle recherche des lieux abrités. Les plateaux et les montagnes offrent ici, au lieu de forêts, plus d'un million d'hectares de landes, pâtis et bruyères, et les produits agricoles ne sont en moyenne que de 72 millions de francs par département.

Les dix départements situés entre les deux mers d'une part, entre le plateau central et les Pyrénées d'autre part, forment une zone qui n'est pas sans analogies avec la région précédente. Elle est aussi mal dotée de forêts; celles-ci sont jetées d'ailleurs en des points isolés et le châtaignier y abonde encore sur les terrains siliceux autour des montagnes du Centre. Mais au-dessous de la zone du châtaignier le climat s'adoucit et favorise la culture de la vigne. C'est cet arbuste qui fait surtout la fortune de la région, car celle-ci donne près de moitié du vin qui se récolte en France et réunit tous les grands centres de production des eaux-de-vie. Les deux départements du Lot et de la Dordogne sont complétement dépourvus de bois soumis au régime forestier; les autres sont moins riches encore en valeurs forestières qu'en surfaces boisées. Ils emploient pour contenir les liquides une immense quantité de bois; ils le demandent aux plaines de la Loire, au bassin de la Saône, aux États-Unis, à l'Italie et surtout à l'Autriche, mais ils n'en produisent pas. Le bois d'œuvre que donnent les 800,000 hectares de forêts restant entre les mains des particuliers consiste surtout en échalas de vignes et en cercles de futailles.

Les Pyrénées, les landes de Gascogne et la Corse présentent les caractères communs de régions sauvages, pastorales et forestières. Elles n'ont pas conservé néanmoins une étendue bien grande de forêts soumises au régime forestier; il ne leur en reste plus même 500,000 hectares; c'est proportionnellement la moitié seulement du Nord-Est. Quant aux bois des particuliers, d'une étenduc plus que double, il n'y a guère à en tenir compte. En général, ils ne sont pas destinés ici à produire du bois, mais du fourrage ou de la résine.

Les six départements pyrénéens étaient autrefois riches en bois ; le bassin de l'Adour à lui seul aurait pu suffire à approvisionner la flotte de l'État, tant en chêne qu'en bois résineux. Mais depuis Henri IV les forêts des Pyrénées ont décru progressivement en étendue et en richesse. Chaque siècle en emporte la moitié, tout autant qu'il en laisse ; d'autre part, les gros arbres en ont été coupés ou détruits en masse au siècle dernier. Les droits d'usage les plus désastreux et un pâturage effréné ont complété l'œuvre de ruine, et les vides occupent aujourd'hui le tiers de l'étendue des forêts domaniales. Les bois des communes se trouvent généralement relégués sur les hauteurs les moins accessibles au bétail ; tandis que dans les Alpes la forêt pâturée descend, dans les Pyrénées au contraire elle remonte usée par le bas. Ces bois communaux sont dans un état plus triste encore que les forêts domaniales. Il en reste cependant de grandes surfaces que la réglementation du pâturage suffirait à restaurer rapidement.

Les landes de Gascogne portent aujourd'hui 700,000 hectares de pins appartenant en très grande partie à des particuliers. Le résinage y est pratiqué sans la modération nécessaire au développement et à la durée des arbres. Mais l'État peut donner le bon exemple dans les dunes boisées qui lui restent ; il est possible, en effet, d'allier la production de la résine à celle du bois d'œuvre.

En Corse, les bois de particuliers sont représentés surtout par des makis. Mais il reste à l'État 45,000 hectares de forêts précieuses, affranchies aujourd'hui du pâturage et des servitudes. Un peu de ménagement dans les exploitations pendant un demi-siècle, en attendant que les bois sur pied aient pris de la valeur, peut suffire à transformer de la manière la plus heureuse ces forêts qui, bientôt peut-être, seront pour le pays une ressource suprême et dernière. Sous la dent des bestiaux, en effet, les bois donnés en cantonnement aux communes disparaissent, dit-on, à vue d'œil.

Les forêts de l'État sont réparties, en France, d'une manière tout autre que celles des communes. Elles sont massées surtout dans le Nord-Est, en Lorraine, en Bourgogne, en Champagne; les plus importantes parmi elles proviennent des domaines des anciens ducs et comtes de ces provinces. Les environs de Paris, la Normandie et les bords de la Loire conservent encore de très beaux massifs appartenant à l'État; ils faisaient autrefois partie du domaine royal. Dans le Midi, le comté de Foix (l'Ariége) possède seul une grande étendue de forêts domaniales: c'était le patrimoine d'Henri IV; malheureusement la moitié en est aujourd'hui à l'état de vacants. Les forêts domaniales de la Corse, également importantes, se trouvent placées dans de mauvaises conditions économiques. Les dunes de Gascogne sont fixées maintenant par une jeune pineraie que l'État a créée et dont la majeure partie lui appartient encore. Enfin, par suite de la confiscation des biens ecclésiastiques, opérée par décret de l'Assemblée nationale, en date du 19 décembre 1789, l'État possède quelques forêts dans tous les départements, sauf une douzaine d'entre eux. Mais les montagnes d'Auvergne et les parties hautes des Alpes en sont à peu près dépourvues.

Les forêts communales, qui constituent les deux tiers de l'étendue soumise au régime forestier, se trouvent, pour ainsi dire en bloc, à l'est du méridien de Paris. Cette -ligne, passant par Dunkerque, Beauvais, Paris,

Bourges et Carcassonne, coupe la France en deux moitiés, dont l'une a tous les bois communaux et l'autre rien. La forêt communale n'existe pas dans l'Ouest; la constitution de la propriété communale et celle de la commune même y ont eu lieu dans des conditions probablement autres que dans l'Est.

A ce fait de l'absence de bois communaux dans l'Ouest, il n'y a qu'une grande exception, celle des Pyrénées et de la région sous-pyrénéenne comprenant la montagne noire du Tarn et les landes de Gascogne. C'est là que se sont établis les Visigoths au cinquième siècle; il s'y trouve encore près de 200,000 hectares de bois possédés par les communes. Mais au nord de la Gironde la France occidentale n'a guère, en dehors des forêts de l'État, que 15,000 hectares soumis au régime forestier. Ces bois, appartenant tant à des établissements publics qu'à des communes, doivent évidemment leur existence à des faits accidentels; disséminés sur une aussi vaste étendue, ils font contraste avec les bois communaux de la France orientale, qui comprenaient à eux seuls, avant la perte de l'Alsace-Lorraine, près de deux millions d'hectares. Les départements les plus riches en forêts communales sont ceux de Meurthe-et-Moselle et de la Meuse, des Vosges et de la Haute-Marne, de la Haute-Saône et de la Côte-d'Or, du Doubs et du Jura. Chacun d'eux en a une centaine de mille hectares; la plupart des communes d'ancienne origine y possèdent des bois. Plus ou moins riches en étendue et en matériel, ceux-ci, nettement séparés du surplus du territoire et enclos par un fossé ou par un mur, sont défendus et bien conservés. Ils fournissent et des produits ligneux aux populations et des ressources précieuses à la caisse municipale.

Ce simple aperçu de la distribution générale de nos forêts montre que les contrées les plus pauvres en bois ne sont pas, comme on pourrait le présumer, nos plaines fertiles. Ce sont les rochers de la Bretagne et les plateaux élevés du centre de la France. De très longue date ces contrées ont perdu presque toutes les richesses forestières dont la nature les avait dotées. Les régions riches ont de bonnes forêts, et la plupart d'entre elles en ont même de grandes étendues[1].

En dehors de la distribution proprement dite, nos forêts offrent une admirable variété d'aspects. *Essences,*

---

(1) L'Algérie, sur un territoire de 30 millions d'hectares, n'a guère que 2 millions d'hectares boisés. Ce contingent est fourni pour plus de moitié par la province de Constantine où se trouvent principalement les futaies. Si l'on défalque de la masse 170,000 hectares de forêts de chêne liége concédées en toute propriété à des particuliers, 75,000 hectares abandonnés aux tribus et 1 million d'hectares dévastés par la dent des bestiaux et maintenus ainsi à l'état de broussailles, on voit que la surface produisant des arbres est tout au plus de 800,000 hectares.

Les essences les plus répandues sont le pin d'Alep, le chêne yeuse et le chêne liége; les plus importantes par le bois : le chêne zéen et le cèdre. Le pin d'Alep se trouve surtout sur les arrière-plateaux du Tell, et notamment dans la province d'Alger.

Le chêne yeuse est répandu avec d'autres essences aux altitudes inférieures à 1,000 mètres. La région du chêne liége est dessinée sur le littoral par les schistes cristallins ; il en reste, dit-on, 270,000 hectares de forêts à l'État. Le chêne zéen se rencontre dans toute la région du Tell; il s'élève jusqu'à 1,500 mètres. Il forme les massifs des Beni-Salah (Bône), des Beni-Foural (Djidjelli), de l'Akfadour (Bougie), des Ouled-D'hia (frontière de Tunis); on évalue la surface des futaies de chêne zéen à 96,000 hectares. Le cèdre se rencontre sur une trentaine de mille hectares dans les montagnes qui séparent la région intermédiaire des hauts plateaux et le Sahara, vers l'altitude de 1,500 mètres. Il constitue les massifs de l'Aurès et du Bélezma (province de Constantine), et celui de Téniet-el-Had (Grand-Atlas) à l'ouest de la province d'Alger. Ce dernier massif est, paraît-il, merveilleux.

Mais les forêts de l'Algérie sont dévastées par le feu. En douze années, de 1861 à 1873, il en a parcouru 250,000 hectares. L'Arabe cherche à détruire, en un pays qui lui échappe, les restes des forêts, plus nécessaires ici au point de vue hydrologique que pour fournir du combustible.

situation, régime, consistance des massifs, il n'est pas, d'un point à l'autre, quelque élément qui ne diffère. Du mélèze au pin d'Alep, et du chêne yeuse au peuplier tremble nous possédons une collection d'essences indigènes aussi précieuse par les qualités que riche en nombre. Les ressources du climat et du sol permettent d'en obtenir des produits tout à la fois abondants, choisis et divers. Plus on étudie nos forêts, plus on en admire les forces productives; elles ont la richesse en puissance. A nous revient le soin d'en assurer la conservation et le développement.

La tâche n'est pas des plus simples. Au Nord-Ouest se trouvent les principales futaies de bois feuillus; au Nord-Est, la masse des taillis sous futaie ainsi que les grandes sapinières; puis dans la moitié méridionale de la France des forêts de toutes essences, dont le traitement est généralement subordonné au pâturage, dans lesquelles une large étendue n'est occupée que par des clairières ou des arbres épars, et qui en beaucoup de points présentent moins d'intérêt par les produits ligneux que par l'influence sur le climat, le sol et le régime des eaux.

Abstraction faite même des traits généraux, un grand nombre de contrées ont des forêts d'un caractère tout spécial. Dans les plaines du Nord et sur les bords de l'Adour, des chênes pédonculés, élevés sur taillis ou en futaies claires, se distinguent par leur grosseur et par la solidité du bois. Dans l'Ardenne française, des taillis de chêne pur couvrent les terrains primaires sur toute leur superficie qui est d'une vingtaine de mille hectares, et donnent quelques produits agricoles à l'aide d'une culture spéciale intercalée après chaque coupe du taillis. Dans le Morvan, les taillis de hêtre et chêne, au lieu d'être exploités à blanc, sont parcourus tous les dix ans par un furetage portant sur les plus grosses perches seules.

Dans l'Ouest, aux environs d'Alençon, à côté des plus belles futaies régulières, formées de hêtre et chêne, comme celles de Bellème, on voit les massifs les plus irréguliers, comme celui de Perseigne, et les plus dégradés par le régime du taillis, comme la forêt d'Écouves. Dans le Centre, où le chêne est très dominant, les parties exploitées à tire et aire, en futaie à longue révolution, portent de splendides massifs, tandis que les parties exploitées en taillis sont à demi ruinées; la forêt de Tronçais à elle seule offre ces deux aspects sur de grandes surfaces. Les futaies des Vosges, antérieurement jardinées, se développent, sur des terrains siliceux, en grands massifs, riches d'essences à couvert épais ; le hêtre y devance le sapin par l'exubérance de sa végétation. Sur les crêts calcaires du Jura, le sapin forme des massifs découpés en lisières, et il se mélange sur les croupes les plus élevées avec des épicéas abondants, beaux et bons; il donne des bois des plus grandes dimensions et de la meilleure qualité. Pour retrouver des sapins comparables par la solidité, il faut aller jusque dans l'Aude, au pays de Sault.

En parcourant les Alpes du Nord au Sud, on quitte bientôt les sapins et les épicéas pour entrer dans des forêts d'essences résineuses à couvert léger, pins et mélèze. Ici la variété des essences, des climats et des sols, depuis les glaciers jusqu'à la mer, donne les types de forêts les plus différents et les plus curieux. Du recoin glacé, planté d'aroles à 2,000 mètres d'altitude, jusqu'aux rochers brûlés et poudreux qui portent les pins de Jérusalem, au bord de la Méditerranée, il y a autant de distance climatérique que de la Sibérie à la Syrie, toute l'Asie traversée du Nord au Sud. Les Pyrénées forment à elles seules un vrai panorama forestier. Presque toutes nos essences s'y trouvent et sont cantonnées chacune en quelques parties de la chaîne; le hêtre seul court d'un bout à l'autre. Mais tout y est brouté, dévoré plus encore que dans les Alpes; rien n'égale cette fureur de dévastation, si ce n'est la force étonnante de reproduction des forêts soustraites à la dent des bestiaux et à la main de l'homme.

Les conditions économiques dans lesquelles se trouvent placées nos forêts sont aussi diverses que les éléments de la production. Mais celle qui prime toutes les autres est la nécessité d'un matériel suffisant à des exploitations soutenues. Fait-il défaut? Il n'est possible d'y pourvoir que par de longues économies. D'autre part, les besoins du pays en bois d'œuvre s'accroissent avec une grande rapidité; ils ne trouvent déjà plus satisfaction qu'à grand'-peine, malgré des importations multipliées. Nous demandons des bois résineux à tous les pays du Nord, ainsi qu'à la Suisse, à l'Allemagne, à l'Autriche, et en quantités progressives, *quatre fois* plus grandes en 1869 qu'en 1836, un tiers de siècle auparavant. Le volume de nos exploitations en bois résineux à l'intérieur n'est probablement que la moitié du volume importé. Nous achetons du chêne sur la Baltique et la mer Noire, dans l'Europe centrale et l'Amérique du Nord; il est moins bon que le nôtre, et la France, relativement à son étendue, est encore la contrée du monde la mieux dotée en forêts de chêne. Mais les gros bois de cette essence y sont devenus rares. Nous en vendions autrefois à l'Angleterre, qui nous vend du teck aujourd'hui. Ressources insuffisantes et économies indispensables, telle est donc la situation résumée pour un certain nombre de nos forêts.

On peut entrevoir quelles difficultés de tous genres comportent les aménagements. L'art de régler le traitement et l'exploitation des forêts est aussi difficile qu'important. Le hasard, l'ignorance et la routine ne peuvent amener que des résultats déplorables. Heureusement la tâche est facilitée par les progrès récemment réalisés en principe et en fait.

La nécessité de traiter en futaie les bois feuillus appartenant à l'État est aujourd'hui reconnue, et les conversions sont décrétées déjà pour une grande partie de ses taillis sous futaie. Il reste à les bien effectuer. La restauration des montagnes, décidée en principe depuis 1860, a reçu également un commencement d'exécution. Ces deux parties de la tâche, comme les autres en général, exigent de longues années; mais un pas fait facilite le suivant et un progrès en amène un autre. Que chaque génération, que chaque forestier même s'acquitte du devoir de laisser la forêt en meilleur état qu'elle ne lui a été confiée, et bientôt, sous le rapport des forêts, comme il pourrait arriver sous tant d'autres, la France n'aurait rien à envier au reste du monde.

LIVRE PREMIER

Régime et exploitabilité

DÉFINITIONS

Aménagement. — Régime. — Mode de traitement. — Exploitabilité. — Révolution. — Périodes. — Séries d'exploitation. — Affectations périodiques. — Possibilité. — Rapport soutenu.

L'aménagement est l'art de régler le traitement et l'exploitation des forêts. Tout aménagement détermine en premier lieu le régime, le mode de traitement et le genre d'exploitabilité applicables à la forêt pour en obtenir les produits les plus conformes à l'intérêt du propriétaire; il règle ensuite la marche et la quotité des exploitations à pratiquer successivement pour assurer le rapport soutenu.

Le mot *régime* s'emploie pour exprimer d'une manière générale le genre de culture appliqué à une forêt ; il est synonyme de méthode de culture ou d'exploitation. C'est ainsi que l'on dit d'une forêt qu'elle est soumise au *régime de la futaie,* ou au *régime du taillis.*

Ces deux régimes se distinguent par le mode de reproduction des bois. Quand une forêt est destinée à se régénérer d'elle-même, ou à être régénérée par l'ensemencement naturel ou artificiel du terrain, on dit qu'elle est soumise au *régime de la futaie*. Au contraire, on applique le *régime du taillis* quand la régénération doit se faire surtout par la reproduction des souches exploitées. Dans le premier cas, les recrus ou nouveaux peuplements sont formés de brins de semence ; dans le second cas, ils sont principalement composés de rejets de souches.

Les forêts soumises au régime de la futaie sont exploitées soit par le mode du *jardinage*, soit par le mode du *réensemencement naturel et des éclaircies ;* autrefois on les exploitait encore systématiquement suivant le mode *à tire et aire*.

Le sapin et l'épicéa sont en France les seules espèces auxquelles le mode du jardinage soit applicable parfois avec avantage, mais il est souvent impossible d'en appliquer un autre aux diverses essences résineuses de nos grandes régions montagneuses.

Les forêts soumises au régime du taillis sont traitées en *taillis simple*, ou en *taillis composé, taillis sous futaie, futaie sur taillis ;* ces trois dernières dénominations s'appliquent au même mode de traitement.

On voit ainsi que les forêts soumises à un même régime peuvent être cultivées et exploitées suivant des *modes de traitement* différents.

Un arbre, une forêt, un bois est dit *exploitable*, ou parvenu à son *exploitabilité*, quand il a atteint le maximum de son utilité.

Le terme d'exploitabilité varie entre des limites d'âge très écartées pour une même essence, selon la nature des produits qu'elle peut fournir à différents âges et le genre d'utilité que le propriétaire veut en tirer.

Le maximum d'utilité qu'il est possible d'obtenir d'un arbre ou d'une forêt, s'apprécie diversement selon les circonstances. Pour l'État et pour les propriétaires impérissables en général, le maximum d'utilité correspond à la production des bois les plus estimés, les plus propres à satisfaire les besoins multiples de la société. Pour un particulier, le maximum d'utilité est atteint quand la forêt se trouve constituée de façon à lui donner le revenu le plus élevé possible par rapport à la valeur capitale de la propriété. Dans le premier cas, c'est la production matérielle la plus utile aux consommateurs qui détermine l'exploitabilité ; dans le second cas, c'est le rendement en argent ou la production la plus conforme à l'intérêt particulier du propriétaire, indépendamment de la quantité et de la qualité des produits.

Ces considérations et d'autres encore, qui seront développées dans les chapitres suivants, ont conduit à distinguer deux principaux genres d'exploitabilité, savoir :

L'exploitabilité conforme à l'intérêt général, par laquelle on se propose de faire rendre à une forêt tout ce qu'elle peut donner de services utiles à la société, sans se préoccuper aucunement du taux de placement ou du capital engagé dans le fonds et la superficie ;

L'exploitabilité qui a pour objet de constituer le capital producteur de façon à obtenir le rapport, ou taux de placement, le plus élevé entre le revenu et ce capital.

L'exploitabilité du premier genre a reçu le nom d'exploitabilité *économique ;* on la dit absolue, technique ou composée, suivant les cas. Elle est dite *absolue* quand on se propose simplement d'obtenir le maximum de la production matérielle dans un temps donné ; *technique,* ou relative aux produits les plus utiles, quand on demande à la forêt les bois les plus utiles dans l'emploi indépendamment de toute autre considération ; *composée* quand on cherche à réaliser, dans la mesure du possible, le maximum d'utilité des produits et la plus grande production en matière. L'exploitabilité du second genre a reçu le nom d'exploitabilité *commerciale* ou relative à la rente la plus élevée.

De ce qui précède il résulte que le choix de l'exploitabilité dépend absolument du but que le propriétaire se propose d'atteindre par la culture de ses bois.

On entend par *révolution* le nombre d'années déterminé pour l'exploitation et la régénération successive de tous les peuplements d'une forêt. La durée de la révolution dépend de l'exploitabilité et du régime adopté ; elle est en outre subordonnée pour chaque forêt aux conditions physiques de la végétation, sol, climat, essences, et comme ces conditions diffèrent souvent d'une manière très sensible entre les différentes masses d'une même forêt, il convient, pour tirer le meilleur parti de l'ensemble, de considérer séparément chacune de ces masses, et, quand cela est possible, de la traiter comme une forêt à part.

Chacune de ces masses prend alors le nom de *série d'exploitation*. Un taillis exploité annuellement par vingt-cinquième de surface ne forme qu'une série quand il est divisé en 25 coupes ; mais il peut être partagé en deux groupes de 25 coupes chacun et fait alors deux séries. Plus tard on verra comment il convient de procéder à la formation des séries d'exploitation.

La quantité des produits que l'on peut exploiter chaque année dans une série ou dans une forêt, à la condition d'en maintenir le rendement égal, représente la *possibilité* de la série ou de la forêt. On l'exprime ordinairement par un volume ou par une surface ; on dit ainsi que telle série de futaie a une possiblité de 540 mètres cubes, ou que dans telle série de taillis la possibilité est de 6 hectares 28 ares.

Dans les forêts soumises au régime de la futaie, la révolution a, ordinairement, une durée longue, ou même très longue. Elle est habituellement comprise entre 150 et 200 ans pour le chêne, entre 120 et 180 pour le hêtre, le pin sylvestre, le sapin et l'épicéa. Et comme il n'est pas possible de fixer, par avance, la marche et la nature des exploitations à faire dans une forêt pour un temps aussi long, il est de règle en aménagement de diviser les révolutions de futaie en un certain nombre de parties égales que l'on nomme *périodes*. Parallèlement on partage, sur le terrain, la série que l'on considère en un même nombre de portions qui doivent être exploitées successivement pendant les périodes correspondantes de la révolution, et auxquelles on donne le nom d'*affectations périodiques*. Ce double partage effectué suivant des règles nécessaires, on s'applique à déterminer, pour *la durée d'une période seulement*, la nature, l'ordre et la quotité des exploitations à pratiquer simultanément dans chacune des affectations de la série. Il arrive que le volume à réaliser chaque année est fourni par des exploitations diverses, mais que l'on peut ranger en deux catégories bien marquées :

Les coupes de régénération,

Les coupes d'amélioration.

En principe, la possibilité des coupes de régénération dans les futaies se fonde sur le volume, c'est-à dire qu'elle est égale au matériel total, que ces coupes devront fournir pendant la période, divisé par le nombre d'années de cette période.

Les coupes d'amélioration dans les futaies consistent ordinairement en coupes de nettoiement et en coupes d'éclaircie. En raison de leur nature et du but qu'elles doivent atteindre, les coupes de nettoiement ne peuvent être assujetties à aucune possibilité. Les éclaircies, au contraire, pour être bien conduites, doivent être exploitées avec ordre et périodiquement pratiquées dans un même peuplement à des époques marquées et prescrites d'avance. On ne peut obtenir ce résultat qu'en appliquant la possibilité par contenance à l'exploitation des coupes d'éclaircie. Quand enfin, dans une même série, il y a lieu de faire d'autres exploitations que des coupes de régénération ou d'amélioration proprement dites, par exemple des extractions d'arbres épars ou des recépages, on peut également les comprendre parmi les coupes d'amélioration, sauf à en baser la possibilité sur le volume, sur la contenance ou sur le nombre d'arbres, selon la nature de ces coupes et des produits qu'elles doivent fournir.

Dans tous les cas, le but à atteindre par l'aménagement, en ce qui concerne la répartition des produits, doit être tel que la possibilité ou le rendement annuel moyen varie peu d'une période à la suivante ; c'est ce qu'on appelle *assurer le rapport soutenu*.

Dans les lignes qui précèdent nous avons donné la définition de l'aménagement, en indiquant les conditions essentielles qu'un aménagement doit remplir. Nous avons ensuite défini et expliqué sommairement la valeur et la portée de ces conditions en faisant ressortir la solidarité qui existe entre elles. Ces définitions et ces indications sommaires sont comme le programme du cours d'aménagement. Nous allons maintenant entrer dans l'examen et le développement des principes qui doivent servir de base à tous les aménagements ; nous ferons connaître ensuite les procédés d'exécution et, autant que possible, la manière de les appliquer.

CHAPITRE PREMIER

CHOIX DU RÉGIME

Faire choix du régime auquel une forêt doit être soumise, c'est déterminer la méthode d'exploitation qui mérite la préférence eu égard aux conditions particulières de la végétation et aux intérêts du propriétaire. Les considérations principales qui peuvent motiver le choix du régime sont de deux ordres différents: les unes culturales, les autres économiques. Les premières ont trait à l'influence du régime sur la forêt, influence qui s'exerce sur les essences, le sol et les actions climatériques. Les dernières se rapportent aux produits mêmes, appréciés au point de vue de l'utilité, du revenu et du taux de placement.

ARTICLE Ier

CONSIDÉRATIONS CULTURALES

Le régime de la futaie, essentiellement favorable aux essences longévives, est seul applicable aux bois résineux, qui ne rejettent pas de souche; il est aussi le seul qui convienne bien au hêtre. Cependant le chêne et même le hêtre, exploités en taillis, se perpétuent indéfiniment dans certaines conditions de sol et de climat. En tout cas la convenance de l'un ou de l'autre régime se manifeste par les faits acquis dans la forêt ; les résultats du régime en vigueur montrent l'influence qu'il a sur la reproduction des diverses essences. L'observation de ces faits éclaire vivement la question du choix à faire et permet presque toujours de la résoudre avec certitude au point de vue des essences.

L'action des forêts sur le sol qu'elles recouvrent dépend principalement du couvert et de l'amendement. Le couvert, résultant d'une part du feuillage vivant et d'autre part des feuilles mortes et tombées, maintient le sol frais et meuble. L'amendement, dû aux débris organiques mélangés à la terre dans les forêts, en modifie l'état de la manière la plus favorable à la végétation, tout en l'enrichissant des principes les plus utiles. Dans les futaies, le couvert reste complet et l'amendement est porté à son maximum. Dans les taillis, le couvert disparaît périodiquement à intervalles rapprochés ; il reste ensuite incomplet pendant un temps variable et parfois aussi longtemps qu'il est bien plein, soit alors pendant la moitié de la durée de la révolution. Il s'ensuit que l'amendement, faible d'ailleurs, disparaît en partie ou même complétement après chaque coupe de taillis.

D'autre part, l'appareil aérien des organes de végétation, rameaux, bourgeons et feuilles, est peu développé dans un jeune taillis pendant un certain nombre d'années ; par suite il ne forme pas tout le bois que le sol pourrait donner. On conçoit dès lors comment il arrive que la production des taillis est moindre en quantité que celle des futaies, au moins quand celles-ci sont traitées conformément aux règles de la culture des bois. Ce fait est constant, et s'il comporte des exceptions, elles sont plus apparentes que réelles. On peut se demander, par exemple, si la futaie produirait plus de bois que le taillis en un sol riche et mouilleux, où celui-ci peut donner jusqu'à huit ou dix mètres cubes à l'hectare par an; mais ce volume est formé surtout par des bois tendres, tandis que la futaie donnerait principalement des bois durs. Toutes les fois qu'on veut tenter une comparaison dans ce sens, on se butte à des difficultés du même genre ([1]). On n'a donc en chaque forêt que des observations incomplètes, mais parfaitement d'accord avec le fait général. Or, il en est de même partout, et c'est précisément l'expérience générale des exploitations dans les futaies et dans les taillis, la comparaison des rendements obtenus de part et d'autre en mainte et mainte forêt, qui permettent d'affirmer la supériorité de la futaie sur le taillis au point de vue de la quantité des produits.

En sol fertile et frais la différence peut être faible; en sol sec et pauvre elle est sans limites, puisque le régime du taillis suffit, en certains sols, à ruiner la forêt en laissant le sable nu livré aux bruyères. Ce sont donc en chaque forêt les résultats du régime antérieur qui donnent encore un point de départ certain pour apprécier l'influence du régime sur le sol et la quantité des produits. Et le fait essentiel est ici l'état du sol; quant aux pro-

---

([1]) Dans le massif de Saint-Gobain-Coucy, la forêt de Coucy-le-Château est constituée en futaie, celle de Saint-Gobain en taillis. A Coucy, les futaies de hêtre dominant et chêne, non éclaircies, ont à 120 ans un matériel de 600 à 700 mètres cubes à l'hectare; en y ajoutant le volume des bois disparus, au moins 150 mètres cubes, on voit que la production annuelle du sol est à peu près de 7 mètres cubes à l'hectare. A Saint-Gobain, en sol équivalent, sinon meilleur, les taillis, à peu près dépourvus d'arbres de réserve et formés de charme, frêne, bouleaux et bois blancs abondants, donnent en moyenne, à 35 ans, 225 stères empilés et 1000 faguettes équivalant à une vingtaine de stères; la production annuelle du sol n'y est donc en moyenne que de 7 stères empilés. Mais les essences ne sont plus les mêmes que dans la futaie.

duits, c'est bien plus la nature que la quantité qu'il importe ordinairement d'en examiner.

L'influence du régime sur les actions climatériques est parfois très marquée. Les effets de la chaleur ou du froid, de la lumière, de la sécheresse, des vents, des météores de tous genres, ne sont pas les mêmes ou ne se font pas sentir au même degré dans les futaies et dans les taillis. Il y a là encore des résultats divers du régime suivi, tels que gelées, vices et défauts, dégâts des vents, qu'il faut voir et étudier; car il peut être utile de les constater dans la forêt telle qu'elle est traitée, en appréciant les modifications qui résulteraient d'un autre régime.

Au point de vue cultural, l'influence générale du taillis reste assez constante, que le taillis soit simple ou composé. Le régime conserve toujours ses vices essentiels, qui sont de découvrir le sol et de favoriser les essences inférieures. Il peut arriver que les résultats en soient atténués dans les taillis sous futaie riches en arbres de réserve; en revanche, ces arbres sont exposés aux accidents les plus graves par suite de l'isolement périodique.

En résumé, les raisons culturales suffisent parfois à elles seules pour imposer le régime de la futaie. Il en est ainsi d'abord pour toutes les essences résineuses et ensuite pour les essences feuillues dans les plus mauvais sols ou sous des climats extrêmes. Mais le plus souvent elles recommandent seulement l'un ou l'autre régime en s'ajoutant aux raisons économiques, et alors elles doivent influer surtout sur le traitement. On a rarement à faire choix du régime à suivre, mais on a constamment à l'appliquer. Il importe donc beaucoup de connaître les avantages et les inconvénients de chaque régime dans une forêt donnée pour tirer parti des uns et atténuer les autres par les procédés d'application. L'étude du régime et des résultats qu'il amène est ainsi des plus utiles non-seulement pour établir l'aménagement d'une forêt, mais encore pour l'appliquer.

ARTICLE II

CONSIDÉRATIONS ÉCONOMIQUES

Les considérations économiques ont, comme les raisons culturales, une importance variable d'une forêt à l'autre, mais néanmoins toujours de premier ordre. Elles sont ordinairement prépondérantes pour le choix du régime et de l'âge d'exploitation des bois.

Utilité des produits.

L'utilité des produits varie avec la nature, l'état et les qualités des bois. Par nature, les produits ligneux ne sont pas seulement des bois de feu ou des bois d'œuvre; outre cette différence essentielle, ils se distinguent encore, les bois d'œuvre surtout, par les dimensions, fortes, moyennes ou faibles. C'est en effet d'après les dimensions qu'ils se classent, par exemple en gros bois, propres à tous les grands emplois, en bois de fente et bois de sciage, en grosse ou moyenne charpente, en bois de charronnage et simples perches. Or, les futaies de bois feuillus donnent en bois d'œuvre les deux tiers ou la moitié au moins de leurs produits, et, en gros bois seulement, le tiers environ de la production totale du sol. Aussi, par le régime de la futaie à longue révolution, est-il possible d'obtenir par hectare et par an, dans des conditions moyennes de fertilité, deux mètres cubes environ de bois d'œuvre, chêne ou hêtre, de fortes dimensions. Les futaies de Blois et de Bellême les donnent dans ces conditions. C'est là le mérite principal et essentiel du régime de la futaie.

Les taillis simples produisant tout au plus de menus bois d'œuvre analogues au bois de feu par l'âge et les dimensions, il est permis de les mettre en général hors de cause dans cette question. Les taillis sous futaie sont aptes à fournir des bois d'œuvre de toutes dimensions, faibles, moyennes ou fortes. La quantité totale en peut être extrêmement différente, suivant les forêts; mais elle est toujours plus faible que la quantité donnée par les futaies dont tout le sol est occupé à ce genre de production. En gros bois, c'est bien autre chose encore, car sur les taillis un grand nombre d'arbres de réserve dépérissent avant l'âge. Un taillis sous futaie en terrain de qualité moyenne, s'il fournissait par hectare un tiers de mètre cube en gros bois, donnerait certainement de très beaux résultats.

En réalité, nos taillis sont aujourd'hui d'une grande pauvreté en gros arbres, et l'étendue des surfaces, jointe à la croissance active des arbres isolés, ne suffit pas à y racheter la rareté des arbres de réserve. De plus, le mal est sans remède prochain là où font défaut les éléments d'une réserve abondante.

Quant à leur état, les bois, produits organisés, sont sains et bien conformés, ou viciés et de forme défectueuse. Presque insignifiant quand il s'agit des bois de feu, l'état des produits a au contraire une grande importance dans les bois d'œuvre. Or, à volume égal, la proportion du bois d'œuvre bien conformé et sain est beaucoup plus grande dans les futaies que dans les taillis sous futaie. Les arbres de réserve conservés sur les taillis ont souvent le fût irrégulièrement contourné ou dégradé par des poches, des trous, des nœuds gâtés ; la cime, fatiguée par les vents et par le développement périodique de gourmands au-dessous d'elle, a perdu des membres dont la chute produit des infiltrations d'eau et, par suite, la décomposition dans le corps de l'arbre ; le pied est fréquemment altéré par diverses causes. Il résulte de ces faits qu'il faut souvent examiner un grand nombre d'arbres pour trouver dans nos taillis sous futaie un chêne de $0^{m},70$ de diamètre à la base, sain, de forme régulière et de 6 mètres au moins de hauteur de fût.

Aussi les chênes recherchés pour les grands emplois ne sont-ils plus que des exceptions dans nos forêts par suite de la rareté des gros arbres et de l'état souvent défectueux des sujets.

Selon leurs qualités diverses les bois d'œuvre en général et ceux de l'essence chêne en particulier se montrent aptes à des emplois différents. Les chênes qui croissent à l'état isolé, avec une cime ample et en pleine lumière, forment des couches annuelles épaisses ; le bois en est nerveux, solide et durable ; il convient particulièrement à la construction des charpentes et des navires. Les chênes qui croissent en massif y acquièrent un fût allongé et forment des couches annuelles minces ; le bois en est tendre, se travaille bien, prend peu de retrait et ne se déjette pas ; il convient spécialement à la fabrication des planches et des merrains. Le bois d'œuvre provenant des réserves de taillis sous futaie et le bois d'œuvre pris dans des arbres élevés en massif de futaie se distinguent donc, à conditions égales d'ailleurs de sol et de climat, par des qualités spéciales. Le premier, très précieux pour les constructions, forme à vrai dire des pièces de choix; le second, très recherché comme bois de travail, est préférable pour les emplois communs qui consomment de grandes masses de bois d'œuvre. Ces défauts et ces qualités, insuffisants en général à déterminer le régime, conduisent simplement à en modifier l'application; l'objet à poursuivre est en effet d'obtenir avec chacun des régimes les qualités spéciales de bois qu'il comporte, en atténuant les défauts par un bon traitement.

Revenu.

Après l'utilité des bois, c'est la valeur qui se présente à l'examen; c'est d'elle que dépend principalement le revenu des forêts. Produit du volume et du prix, le revenu résulte de la quantité et de la valeur des bois. Or, la production des futaies est plus considérable que celle des taillis, et surtout les produits en sont, en grande partie, de nature différente et d'une valeur plus grande. Ainsi, le bois de feu des taillis vaut par exemple 10 francs le mètre cube, tandis que le bois d'œuvre des futaies a une valeur de 30, 40, 50 francs ou plus encore. Par suite, le revenu des futaies est plus considérable que celui des taillis [1]. Mais ce qu'il convient d'établir quand il s'agit du régime à proposer pour une forêt donnée, c'est la comparaison du revenu obtenu à l'aide du régime en vigueur avec le revenu à espérer d'un autre régime. A cet égard, les faits sont très divers.

Le revenu des taillis sous futaie, qui produisent des bois d'œuvre, est en général intermédiaire entre celui

[1] Il faut qu'une futaie soit dans de mauvaises conditions pour donner moins de cent francs de revenu brut par hectare et par an, tandis qu'il est peu de taillis simples qui en donnent cinquante.

des taillis simples et celui des futaies. Il peut varier beaucoup avec le nombre et les dimensions des arbres de réserve. Mais il est rare de voir des taillis sous futaie dont le rendement s'élève à 2,000 francs par hectare à trente ans.

Dans tous les cas, la comparaison du revenu s'établit entre les revenus absolus, indépendamment des valeurs engagées à les produire. C'est là en effet le revenu proprement dit, le rendement de la forêt, élément producteur de richesse.

Taux du placement.

Le taux, qui sert à mesurer le revenu relatif ou le rapport du revenu au capital, est tout autre chose que le revenu absolu. Celui-ci étant considérable, le taux de placement peut être faible; c'est précisément ce qui arrive quand les valeurs engagées dans la forêt sont très grandes. Il s'ensuit que dans les futaies, riches en matériel, le taux est généralement plus faible que dans les taillis. Ceux-ci sont souvent constitués en vue de réaliser un taux de placement déterminé, 4 pour cent par exemple ; au contraire, dans les futaies exploitées à la maturité des bois, le taux de la production peut s'abaisser jusqu'à 2 pour cent et même au-dessous.

Il est facile de s'en rendre compte par un exemple. Soit une forêt de cent hectares exploitée à 150 ans. Couverte d'une futaie d'âges bien gradués entre 1 et 150 ans, elle livrera chaque année à l'exploitation les vieux bois occupant deux tiers d'un hectare, ayant une valeur qui peut dépasser 8,000 francs, et constituant avec les produits des éclaircies effectuées dans les autres parties de la forêt un revenu de 10,000 francs par exemple. Mais les bois âgés de 1 à 149 ans ont une grande valeur, qui, augmentée de celle du sol, peut représenter un total de 500,000 francs. Le taux ne serait alors que de 2 pour cent. En mêmes conditions de climat, de sol et d'essences, un taillis sous futaie exploité à 25 ans donnerait peut-être, sur quatre hectares de coupe annuelle, une valeur de 1,000 francs par hectare et en somme un revenu de 4,000 francs, tout en ne conservant pour le sol et les bois en croissance sur cent hectares qu'une valeur totale de 100,000 francs. Le taux serait ainsi de 4 pour cent.

Cette différence entre le revenu et le taux tient à ce que l'accroissement du revenu des forêts n'est pas proportionnel à l'accroissement du capital qu'elles représentent. Ce n'est pas dans la nature des choses. Pour que le taux du placement se maintînt à 3 ou 4 pour cent tout le temps nécessaire à la production des gros bois, il faudrait que la valeur de ceux-ci s'élevât d'une manière démesurée. Cela ne se réaliserait qu'à l'époque où les derniers gros arbres seraient sur le point de disparaître; il n'y a donc pas à chercher dans la hausse du prix le moyen d'assurer la production des gros bois et la conservation des futaies.

Tout au contraire, plus les prix en sont élevés, plus grande est aussi la valeur du matériel en croissance. Mais c'est là l'élément même de la spéculation des marchands de bois, dont le métier, qui consiste à acheter, exploiter et revendre, permet de faire fonctionner les capitaux aux taux ordinaires dans l'industrie, à 12 ou 15 pour cent par exemple; l'accroissement des valeurs provoque donc la spéculation et la destruction des futaies. Le taux de la production des gros bois en général est naturellement faible en raison du temps nécessaire à leur développement.

Le taux du placement peut suffire et suffit souvent à

déterminer le régime à appliquer. Ce n'est pas toujours le taillis simple qu'il entraîne, mais plus souvent le taillis sous futaie en vue de la production de bois d'œuvre de dimensions moyennes. En tout cas, c'est par la comparaison du revenu aux valeurs engagées qu'il convient de procéder pour étudier le taux. Trop souvent on s'en rapporte à l'usage du pays. Les valeurs se sont modifiées avec le temps; les bois d'œuvre ont beaucoup gagné, et le régime, ou plutôt l'application qu'on en fait, est parfois regrettable.

En résumé, les raisons économiques sont des raisons générales; elles découlent directement de l'intérêt du propriétaire, intérêt indépendant de la forêt même. Ainsi tout propriétaire cherchant à obtenir la production la plus utile appliquera généralement à ses forêts le régime de la futaie. Tout propriétaire dont l'objet essentiel est le revenu a un intérêt d'ordre différent qui doit le conduire également à conserver la futaie ou à s'en rapprocher. Au contraire, les propriétaires dont l'intérêt principal est de tirer des valeurs qu'ils possèdent un revenu relativement élevé, seront conduits au régime du taillis quand il est possible.

Comme conclusion générale au sujet du choix du régime, nous croyons pouvoir énoncer la règle pratique que voici : « Dans une forêt donnée, il y a lieu de changer de régime quand la raison culturale l'exige, ou « quand la méthode suivie ne permet pas d'obtenir des « résultats conformes à l'intérêt du propriétaire. » Si la forêt se dépeuple et que les vides s'y étendent par le fait du régime appliqué, on doit en changer. Si la méthode en vigueur ne peut donner que des bois de feu quand l'intérêt du propriétaire demande des bois d'œuvre, il n'y a pas à hésiter davantage.

Le régime arrêté, le mode de traitement s'emporte d'après les mêmes considérations. A cet égard, on n'a guère à choisir dans les taillis qu'entre le taillis simple et le taillis sous futaie. Or, la connaissance précise des phénomènes culturaux et surtout l'accroissement de la valeur des bois d'œuvre tendent à faire adopter d'une manière générale le mode du taillis sous futaie; la transformation d'un taillis simple est d'ailleurs chose très facile. Dans les futaies, le choix à faire se présente surtout entre le jardinage et le mode des éclaircies. Ce sont les essences et la situation de la forêt qui comportent assez souvent, comme nous le verrons, le mode du jardinage; les faits qui le motivent, apparents sur le terrain, sont alors constatés par l'aménagement; la ransformation d'une forêt jardinée doit être d'ailleurs avant tout l'œuvre du temps.

CHAPITRE DEUXIÈME

CHOIX DE L'EXPLOITABILITÉ

ARTICLE Ier

PRINCIPAUX GENRES D'EXPLOITABILITÉ

D'une même forêt on obtient des résultats très différents suivant l'âge auquel on dispose des bois. Cet âge, qui peut varier beaucoup, parfois même entre vingt et deux cents ans, détermine l'intervalle nécessaire jusqu'au retour des exploitations sur le même point. Rien de semblable ne se présente dans l'agriculture ou dans l'industrie. Une question toute spéciale se pose donc ici; pour la résoudre, il faut se reporter aux principes fondamentaux de l'économie forestière.

Tout propriétaire a intérêt à exploiter son bois quand il est arrivé au maximum d'utilité. Arbre ou massif, le bois est dit alors exploitable, et les conditions qu'il présente en constituent l'exploitabilité. Cet état, qui correspond toujours au maximum d'utilité, dépend avant tout du genre de services demandés.

L'utilité proprement dite, l'utilité technique du bois varie avec les essences et avec les qualités, et augmente avec les dimensions. Un même volume de bois est en général plus utile quand il est formé par des arbres plus gros. La raison principale en est qu'il peut servir à un plus grand nombre d'emplois et que par suite il sera employé par l'industrie qui en a le plus grand besoin ; il suffit en effet qu'elle le paie un peu plus cher que les autres industries. On voit ainsi comment, sans être proportionnel à l'utilité, le prix des diverses catégories d'essences, de dimensions et de qualités, indique quels sont les bois les plus recherchés, les plus utiles aux personnes qui les emploient. D'autre part, il est évident que la somme d'utilité des produits d'une forêt résulte de la quantité des bois qu'elle donne et de l'utilité propre à chacun d'eux suivant sa nature. Si donc on veut tirer d'une forêt la plus grande somme d'utilité, il faut chercher à en obtenir les bois les plus précieux et les produits les plus considérables.

Pour les propriétaires qui ne consomment pas le bois, mais qui l'échangent par la vente, le prix de ce bois mesure l'utilité qu'il a pour eux. Cette valeur, formant le revenu de la forêt, résulte de la quantité des produits ligneux et du prix de chaque espèce; le revenu est donc proportionnel à la quantité des produits et au prix de l'unité de volume. Or, comme les bois les plus utiles sont aussi les plus chers, il s'ensuit qu'une forêt donnant la plus grande somme d'utilité donne aussi en même temps le plus grand revenu.

Les personnes qui peuvent spéculer sur les valeurs qu'elles possèdent et vendre ou acheter des forêts y trouvent un placement de fonds, un moyen entre autres de se procurer des revenus. Une forêt est pour elles d'autant plus avantageuse qu'elle livre un plus grand revenu relativement à sa valeur. Ce revenu relatif est en rapport direct avec le taux du placement; aussi est-ce principalement à l'aide du taux que ces propriétaires apprécient les différentes forêts.

On peut donc chercher à obtenir des bois : ou bien la production la plus utile, ou bien le revenu le plus grand, ou enfin le maximum de rente du capital. Mais, comme nous l'avons vu tout à l'heure, les deux premiers résultats concordent entre eux ; ils se réalisent au même âge et dans les mêmes conditions. De là donc deux genres principaux d'exploitabilité : l'un correspond au maximum d'utilité de la production ligneuse et tend essentiellement à satisfaire les consommateurs ; l'autre correspond au maximum du taux de placement et tend uniquement à satisfaire le producteur. Le premier est entièrement conforme aux besoins généraux du pays, le second à l'intérêt particulier. C'est pourquoi on a désigné le premier sous le nom d'exploitabilité économique ; le second est connu sous celui d'exploitabilité commerciale.

Pendant que la production ligneuse se développe, la quantité et l'utilité des produits varient, mais non pas de la même manière ; il convient donc de les étudier séparément. Parfois même on peut avoir en vue de réaliser le maximum de quantité ou le maximum d'utilité seulement, par exemple quand l'un des deux éléments ne varie pas ou varie très peu. C'est pour ces raisons que les auteurs forestiers ont distingué d'une part : — 1° l'exploitabilité absolue, ayant pour unique objet la quantité produite dans un temps donné ; — 2° l'exploitabilité technique, ou relative à l'utilité acquise sous un volume déterminé ; — 3° l'exploitabilité composée des deux précédentes, tendant à réaliser la plus grande somme d'utilité des produits ligneux. Ce sont là trois espèces d'exploitabilité du genre économique. Il n'y a d'autre part que l'exploitabilité commerciale, ou relative à la rente du capital engagé. C'est dans les conditions de cette dernière exploitabilité que l'on détermine la valeur vénale des forêts.

Exceptionnellement on demande aux bois des services autres que la production ligneuse, ainsi le maintien du sol, la protection contre des avalanches, l'abri contre les vents, etc. Le plus souvent alors il arrive que le maximum des services rendus par la forêt n'a lieu que quand les arbres ont atteint leur plus grand développement, le terme même de leur vie, ou tout au moins le dépérissement. Le genre d'exploitabilité correspondant à ces services indirects est dit l'exploitabilité *physique*.

On conçoit encore d'autres genres d'exploitabilité dans les forêts traitées en vue de produits divers, tels que la résine, le pâturage, etc. Mais ce sont des questions exceptionnelles et dont la solution est d'ordinaire ou évidente, ou au moins facile.

Exploitabilité absolue.

La quantité de matière ligneuse produite ne varie pas dans un massif comme dans un arbre. Dans un massif, l'accroissement représente la production de la surface boisée. Le nombre des arbres diminuant à mesure que l'âge augmente, il suffit, pour déterminer la production moyenne à un âge quelconque, de diviser, par le nombre d'années correspondant, la somme du volume des arbres sur pied et du volume des arbres déjà enlevés. On constate ainsi que la production moyenne du sol, ou le rapport du volume au temps, varie avec l'âge du massif, suivant une loi générale. C'est à un âge avancé, mais encore éloigné de la maturité, que le maximum a lieu, et c'est là l'époque de l'exploitabilité absolue. Cette époque varie avec le climat et le sol, diffère beaucoup d'une essence à l'autre, et n'a dans les taillis et les futaies de bois feuillus d'autre analogie que celle de tomber vers l'âge moyen entre la naissance et le dépérissement du massif. Si l'époque du maximum de production moyenne est très différente dans les massifs d'essences diverses, de pin ou de sapin, par exemple, les variations de quantité y sont aussi tout autres, marquées ou peu sensibles. L'état du massif et l'état du sol suffisent souvent à l'indiquer; mais l'expérience des faits peut seule l'établir.

Sur un arbre, l'accroissement annuel du volume est généralement progressif pendant une grande partie de la vie, puis au moins soutenu jusqu'à un âge très avancé, et s'il arrive à décroître, c'est d'une manière peu sensible avant le dépérissement. Ce fait est dû au développement des organes de production, longtemps progressif, puis à peu près stationnaire. Il en résulte que l'accroissement moyen de l'arbre reste en général progressif jusqu'au dépérissement; il n'atteint donc son maximum qu'à cet état, à la fin de la vie. Cependant il est impossible d'en rien déduire quant à la production du sol occupé, car l'étendue varie dans le même sens que l'accroissement de l'arbre, mais non d'après une loi déterminée. Il n'y a donc pas de règle qui permette de trouver l'âge auquel il conviendrait d'exploiter chaque arbre en particulier pour obtenir le maximum de production du sol en bois eu égard au temps. C'est pourquoi l'on dit qu'il n'y a pas d'exploitabilité absolue pour l'arbre pris isolément.

Exploitabilité technique.

On sait que l'utilité des bois se développe en général avec les dimensions. Il en résulte qu'un arbre n'offre le maximum d'utilité à l'unité de volume que quand il a les plus grandes dimensions possibles, le bois restant sain. Ceci n'arrive qu'à la maturité de cet arbre; c'est donc alors seulement qu'a lieu l'exploitabilité technique.

Tous les arbres d'un massif ne parviennent point en même temps à cet état. Les sujets des grandes essences ont notamment une longévité très différente ; tel sapin est mûr à 150 ans, le voisin ne le sera peut-être qu'à 250 ; un chêne commence à s'altérer à 180 ans, le voisin sera encore sain à 300. Il est donc impossible d'exploiter tous les arbres d'un massif à leur maturité individuelle, à moins de les couper un à un et à des époques très différentes. Mais ce genre d'exploitation présente en général des inconvénients majeurs; il est contraire aux exigences d'un grand nombre d'essences, et il subordonne l'état ou la quantité des produits au maintien constant du massif. On voit par là qu'il n'est pas possible de réaliser l'exploitabilité technique sur l'ensemble d'un massif formé d'arbres de même âge.

Exploitabilité composée.

Pour obtenir la production la plus utile d'un massif uniforme, il suffirait de l'exploiter à sa maturité. Avant que les bois s'altèrent ou que la mort d'un certain nombre de gros arbres amène des vides, il est clair que ce massif présente en gros bois la plus grande somme d'utilité qu'il aura jamais. Néanmoins la masse des produits comprend nécessairement beaucoup de bois de feu, ne fût-ce que dans les houppiers; et d'ailleurs l'époque du maximum d'accroissement moyen est passée, souvent même depuis longtemps. N'en résulte-t-il pas à la maturité une perte de quantité plus importante que l'utilité gagnée par les gros bois depuis un certain âge?

Pour répondre, il suffit d'observer comment varient la quantité et l'utilité des produits depuis que l'état de futaie (fûts constitués) se montre bien acquis. Tant que le massif reste complet et formé d'arbres bien portants, la production du sol diminue peu; c'est un résultat nécessaire et qu'il est facile de vérifier. Tant que les arbres grossissent en conservant leur bois sain, l'utilité continue à augmenter; ceci devient évident et frappant quand on compare les emplois des bois de dimensions moyennes à ceux des gros bois. En fait, les revenus comparés pour des temps égaux, et toujours croissant jusqu'à la maturité du massif, prouvent que la somme d'utilité s'est fort accrue jusque-là [1]. Il en résulte que l'exploitabilité composée a lieu seulement à la maturité des massifs. En les exploitant à l'âge correspondant, on obtient autant que possible les produits les plus utiles et les plus considérables, en même temps que le plus grand revenu.

Les forêts dont les essences, la situation ou le régime ne permettent d'en tirer que des bois de feu, donnent évidemment la plus grande somme d'utilité à l'époque de l'exploitabilité absolue. Mais ce sont là des cas rares ou des conditions que l'on peut modifier. D'un autre côté, les forêts d'où se tirent les bois les plus précieux par les qualités et les dimensions produisent nombre d'arbres qui, à la maturité du massif, se trouvent encore très-éloignés du maximum d'utilité. Souvent il est possible de conserver ces arbres en exploitant le peuplement; on complète ainsi les résultats de l'exploitabilité composée en les maintenant à l'état d'arbres isolés jusqu'à l'époque de l'exploitabilité technique, jusqu'à la maturité individuelle de ces sujets d'élite. Absolue, relative ou composée, l'exploitabilité se présente donc toujours comme élément ou mode d'application du genre d'exploitabilité conforme à l'intérêt général.

---

[1] Une futaie, mûre à 200 ans, par exemple, et valant alors 40,000 francs à l'hectare, n'en vaut pas 30,000 à l'âge de 150 ans, et encore moins 20,000 à 100 ans.

Exploitabilité commerciale.

L'exploitabilité commerciale dépend de la relation entre le revenu et les valeurs qui le produisent. Cette relation n'est pas un rapport simple. Sur une même surface de forêt, les exploitations successives ne sont point annuelles, mais nécessairement périodiques; il s'ensuit que depuis la naissance du bois les valeurs engagées s'accroissent comme un capital placé à intérêts composés. Si donc l'exploitation, après un certain nombre d'années n, fournit un revenu périodique R, le taux t, auquel a fonctionné la valeur primitive C du sol garni de souches ou de semis, est donné par la relation $C[(1+t)^n - 1] = R$. Quand on cherche le taux du placement dans une forêt exploitée à un âge donné, il faut employer cette relation pour le déterminer, de sorte que la comparaison entre les valeurs produites et les valeurs capitales est une question de calcul inévitable.

En fait, les tout jeunes bois n'ont pas de valeur réalisable. Bientôt ils en prennent une, au moins comme bois de feu, et celle-ci arrive assez brusquement, vers l'âge de 20 ou 30 ans par exemple, à un chiffre élevé relativement à ce qu'il eût été quelques années plus tôt. A partir de là, cette valeur augmente toujours, mais suivant les lois naturelles de la production, qui reste assez égale, et suivant les prix, qui croissent d'ordinaire lentement avec l'âge. Il en résulte que la valeur de la superficie, ou le revenu périodique, ne suit pas d'une manière soutenue la progression rapide des intérêts composés. L'exploitabilité commerciale est donc réalisée en général d'assez bonne heure, et d'autant plus tôt que l'on demande aux placements en forêt un taux plus élevé.

Quand il s'agit d'arbres isolés, comme les arbres de réserve élevés sur taillis, la relation entre le capital et le revenu est plus complexe. En réalité, la surface de terrain nécessaire à un arbre n'est pas connue. Non-seulement le couvert varie en se développant, mais encore l'état isolé est la condition même de l'accroissement rapide du volume et de la valeur. Alors, à défaut de la relation complète, on peut se borner à comparer les valeurs réalisables à des âges différents. Si la valeur v devient en 25 ans V, elle s'est accrue au taux y donné par la relation $v(1+y)^{25} = V$. Appliquée avec les corrections ou les précautions nécessaires, cette formule donnera la solution cherchée. Le taux obtenu, y, n'est pas le taux du placement, mais celui de l'accroissement en valeur pendant l'intervalle de 25 ans considéré. A partir de l'isolement d'un jeune brin, ce taux est nécessairement plus grand que le taux ordinaire des placements, sans quoi l'on n'aurait pas intérêt à réserver l'arbre. Ce n'est que quand il s'abaisse jusqu'au taux de placement à réaliser que les résultats de la réserve faite sont complétement acquis et l'arbre exploitable.

En fait, les arbres isolés s'accroissent plus rapidement que les arbres en massif. Les arbres réservés sur les taillis sont choisis d'ailleurs parmi les sujets le mieux venants et représentés par des essences précieuses, dont le prix à l'unité de volume peut s'accroître beaucoup avec le diamètre. Par suite de ces accroissements rapides du volume et du prix, la valeur produite prime parfois très longtemps les intérêts composés. Il arrive, et plus souvent qu'on ne le pense, que l'exploitabilité commerciale des arbres isolés n'a pas lieu avant l'âge de cent ans, là où le taux des placements est de 3 pour cent. Il suffit, en effet, pour que ce taux soit assuré, que la valeur de l'arbre double en une vingtaine d'années (1).

(1) Un capital placé à intérêts composés au taux de 3 pour cent est doublé par les intérêts accumulés pendant 23 ans et demi.

ARTICLE II

EXPLOITABILITÉ CONVENANT AUX PARTICULIERS

A chaque espèce de propriétaire convient une exploitabilité différente ou par le genre ou par la mesure des résultats à poursuivre. Nous n'avons plus guère en France que trois sortes de propriétaires de nature essentiellement différente, l'État, les communes et les simples particuliers.

Le particulier est éphémère, étranger à l'intérêt général et, par-dessus tout, spéculateur. Être éphémère, dont la vie active ne dure que le dixième de celle des grands arbres, il ne peut espérer profit de ceux qu'il aura conservés. Dans les cas les plus favorables, il s'agit en effet de conserver pendant vingt-cinq années au moins. Combien souvent le besoin ou la division des héritages, fatale aux forêts, ou enfin le désir de jouissance immédiate ne viennent-ils pas s'y opposer? Mais si le développement des bois en grande partie déjà élaborés est soumis à tant de hasards, que dire quand il s'agit de la production complète d'un chêne ou d'un sapin, sinon que l'individu et la famille, telle qu'elle est constituée en France, y sont tout à fait impropres.

Fragment presque imperceptible de la société, le particulier ne saurait mettre en parallèle l'intérêt général avec son intérêt privé. Si le premier se trouve satisfait en même temps que le dernier et par les mêmes efforts quand il s'agit des produits de l'industrie humaine, il n'en est pas entièrement ainsi dans le cas de la production ligneuse. L'intérêt général réclame le bas prix des bois, qui ne coûtent guère à conserver et rien à produire; l'intérêt privé du propriétaire de forêts est au contraire que le prix des bois s'élève. Il ne le porterait à produire de grands arbres que si le prix en était très élevé, ce qui ne peut arriver que s'ils sont et restent très rares. Attendre des particuliers un approvisionnement suffisant en gros bois, c'est donc tout à fait contradictoire.

Doué d'activité industrielle, d'aptitude commerciale, et sans cesse soutenu par l'aiguillon de son propre intérêt, le particulier est essentiellement spéculateur. Il cherche les branches de la production où la rémunération du capital est élevée; il met en balance la sécurité du placement et l'élévation du taux. Le temps est un élément dont il ne dispose que dans des limites très restreintes; en revanche, la surveillance des valeurs et les soins qu'elles réclament forment une spécialité qui est la sienne. Son industrie comporte une intervention constante, même dans la production du bois, et réclame en retour une rémunération prompte, directe et notable; la forêt ne peut le satisfaire que quand elle fonctionne à un taux assez élevé. Le taux du placement, qui règle la distribution des richesses produites dans la société, quel qu'en soit d'ailleurs le quantum, est donc pour lui le principe fondamental de l'exploitation des bois.

Un seul point reste discutable à cet égard: c'est la mesure dans laquelle il convient aux divers particuliers de rechercher l'élévation du taux, en produisant par exemple de menus bois ou des bois moyens. Et la hausse des prix plaide en faveur des bois moyens. Mais la production des bois de fortes dimensions, dont le taux est nécessairement faible, leur est naturellement interdite. On ne le conteste guère en France.

ARTICLE III

EXPLOITABILITÉ CONVENANT A L'ÉTAT

Les États forment la plus haute expression de la société humaine. Un grand État doit être tenu pour impérissable comme la société tout entière. Être moral, il est peu apte à la spéculation.

Impérissable ou ayant tout au moins une durée indéfinie, l'État peut élever des futaies et en attendre les produits. Il a ou peut avoir l'esprit de suite indispensable, garantie nécessaire des résultats à chercher pendant un siècle ou deux. Les plus précieux avantages de la propriété forestière lui sont réservés : revenu considérable s'accroissant de lui-même avec le temps et la rareté progressive des bois d'œuvre, — traitement sûr et facile au moyen d'une grande administration, — développement de la richesse générale à l'aide de produits naturels servant à tous les arts, — mise en valeur des sols pauvres, — maintien des versants escarpés, — influences climatériques, — ornement naturel de la contrée, — tout est précieux pour l'État, et souvent pour lui seul, dans les forêts nécessaires aux besoins du pays.

Privé d'activité industrielle proprement dite, l'État n'a pas de spéculations à faire sur les forêts ; ces entreprises lui réussissent peu. Par la même raison, il est, dit-on souvent, un mauvais producteur. Il en est ainsi quand il s'agit de la production ordinaire, due principalement au travail ; mais pour le bois il en est tout autrement. La forêt exige surtout défense et protection ; l'intervention du travail doit y rester à peu près limitée à la direction de la récolte des produits ; dans une bonne gestion des forêts, il convient que la production et le développement des bois soient obtenus et rendus conformes à nos besoins par le fait même des exploitations. L'État, par là même qu'il est inhabile au commerce, à l'agriculture, à l'industrie, et que néanmoins il est fort et puissant pour la défense, l'État est donc un excellent propriétaire de forêts. La preuve en est écrite dans les bois qu'il possède, mieux conservés, plus riches en capital et en revenu, donnant des produits plus grands et plus utiles que tous autres.

Représentant la société, l'État trouve dans cette charge la raison essentielle pour lui de posséder des forêts et la règle même des exploitations qu'il doit y faire. Pour produire en quantité suffisante les gros bois dont elle a besoin, la société ne peut s'attendre qu'à elle-même; on trouve par hasard du bois dans certains pays déserts, mais on ne l'y reproduit pas: il s'use et disparaît dès que l'abord en est devenu possible, et, s'il fournit des ressources précieuses, elles ne sont que temporaires, limitées et très aléatoires (1). Or, si nul à l'intérieur et au dehors n'est capable de produire les gros bois d'œuvre nécessaires à la société, cette fonction incombe naturellement à l'État. Mais aussi c'est là son rôle limité, et il est inutile que l'État possède des forêts pour faire concurrence aux autres propriétaires en cherchant à produire du bois d'œuvre de dimensions moyennes ou faibles, ainsi que des bois de feu; il en obtiendra suffisamment en se livrant exclusivement à l'éducation des bois de fortes dimensions. Enfin, il est clair que ce soin

(1) Si la société peut à la rigueur s'en rapporter à la propriété privée pour la production du bois de chauffage, elle ne doit compter que sur elle-même pour ménager des bois d'œuvre aux générations à venir, et le but de l'administration forestière doit être de développer surtout la production du bois d'œuvre. (De Bonald, *Rapport à l'Assemblée nationale* du 25 novembre 1872.)

revenant à l'État, il n'a charge de s'en acquitter que dans la mesure du possible; mais cette mesure n'est certainement pas atteinte quand les forêts possédées par l'État, dans un pays insuffisamment approvisionné en bois d'œuvre, ne sont pas traitées de manière à donner la plus grande somme d'utilité.

La nécessité de l'intervention partielle et limitée de l'État dans la production du bois est un fait économique très remarquable. Il résulte du caractère mixte de la propriété forestière, qui est tout à la fois un instrument de production et un bien naturel, mais l'un et l'autre à des degrés très différents, suivant le temps nécessaire à la production (1).

---

(1) L'importance de la fonction de l'État, propriétaire de forêts, diffère beaucoup d'un État à l'autre. Quelles sont à cet égard les conditions spéciales à la *France*?

L'approvisionnement de ce pays en bois n'est pas conforme à ses besoins; les bois de fortes dimensions lui font défaut, à ce point qu'il en importe déjà plus qu'il n'en exploite à l'intérieur. Ces acquisitions sont onéreuses, et il en résulte que le prix des bois d'œuvre, surélevé, n'en permet pas l'emploi dans une mesure aussi large que s'il était réduit par l'abondance dans le pays même. Mais, avant tout, cet approvisionnement n'est nullement assuré pour l'avenir. La demande s'accroît avec une grande rapidité, non-seulement dans notre France, mais dans tous les pays industriels, qui lui font, sur le marché général, une concurrence des plus actives. Les ressources extérieures seront-elles de longue durée? Rien n'est moins probable.

La France a-t-elle les éléments nécessaires pour assurer son approvisionnement dans l'avenir? Aucun pays n'est à cet égard mieux doté. Terres agricoles en quantité largement suffisante, sols peu convenables à l'agriculture et propres aux forêts disséminés dans toutes les régions du territoire, forêts constituées couvrant des millions d'hectares, bois en croissance non encore détruits sur un grand nombre de points, restes importants des forêts de mainmorte en possession des communes, enfin un dernier million d'hectares de bois, ressource suprême, conservés jusqu'ici à l'État, et avec tous ces biens, la plus admirable variété de climats, de sols et d'essences.

Mais on ne peut se dissimuler que les ressources forestières du pays sont allées depuis un siècle en s'appauvrissant rapidement. Ce qui a

En France, le rôle de l'État est nettement établi par l'ordonnance réglementaire pour l'exécution du Code forestier. Son article 68 porte en effet ce qui suit : « Les « aménagements seront réglés principalement dans l'in« térêt des produits en matière et de l'éducation des « futaies. » Il est impossible de mieux prescrire l'exploitabilité économique avec ses deux éléments.

On a dit que le Trésor de l'État n'est pas satisfait quand les forêts donnent au pays la plus grande somme d'utilité. Mais c'est alors seulement que le Trésor obtient le plus grand revenu des forêts, le prix le plus élevé de la vente des coupes, qui, à vrai dire, n'est pour l'État que le moyen de distribuer les bois. On ajoutait encore que le taux du placement est très faible et que, si peu spéculateur que soit l'État, il est certain qu'il ferait emploi des valeurs à un taux plus élevé. C'est qu'on ne voit pas les revenus indirects qui entrent au Trésor, et sur lesquels le bon marché des gros bois d'œuvre exerce un effet certain ; si faibles qu'en soient les résultats pécuniaires, ne suffisent-ils pas, en s'ajoutant au revenu direct donné par les gros bois dans les forêts de l'État et qui sont seuls en question, à doubler ou à tripler ce revenu et en même temps le taux correspondant?

Qu'importe d'ailleurs à cet égard le mode des recettes du Trésor, pourvu que le pays soit riche en bois comme

---

diminué, ce n'est pas surtout l'étendue des forêts, ce sont presque uniquement les éléments de la production des gros bois. La propriété de mainmorte, favorable aux forêts, a disparu, sauf celle des communes; les bois de l'État ont perdu leurs meilleures parties par suite d'aliénations fréquentes, malgré les prévisions de l'Assemblée constituante et la loi du 23 août 1790, qui déclarait ces forêts inaliénables ; enfin les bois en croissance ont été détruits sans mesure pour satisfaire à des besoins nouveaux, tels que la création des chemins de fer. Le devoir de l'État, propriétaire de forêts, s'impose donc aujourd'hui en France avec un caractère d'urgence.

en toute autre chose? Le taux de la production des futaies, les revenus qu'elles donnent, la rente du sol qui les porte, sont des faits nécessaires et de second ordre. Ils varient avec les besoins, et ils ne sont que trop élevés pour l'État quand les bois ne suffisent plus. C'est là, c'est dans l'approvisionnement du pays que se trouve en effet pour lui la mesure du revenu, du taux et de la rente donnés par les futaies. Mais ici l'avenir seul est en cause, et c'est la vraie raison qui voile aux yeux l'importance attachée à l'éducation des futaies; en les conservant on ne travaille que pour l'avenir, en les détruisant on sert la génération actuelle. Cependant les générations successives sont solidaires, et il n'est guère possible de ruiner l'avenir sans s'appauvrir soi-même. En tout cas, c'est comme un devoir, bien plus que comme un profit, que s'impose à l'État la conservation des bois.

ARTICLE IV

EXPLOITABILITÉ CONVENANT AUX COMMUNES

La commune a le caractère de perpétuité comme l'État et peut-être à un degré plus marqué encore. Elle est incapable d'industrie mercantile et d'activité soutenue. Enfin, elle constitue l'élément organique de l'État, dont elle forme partie intégrante par son territoire et sa population.

Autrefois les communes consommaient la masse des produits de leurs forêts; le nombre de celles qui le font encore devient de plus en plus faible, et, par suite du développement des voies de transport, il tend à se restreindre aux communes des grandes régions montagneuses, qui ne peuvent guère vendre et nullement acheter du bois hors de leur territoire. Comme l'État, et par les mêmes raisons, ces communes ont pour intérêt essentiel d'obtenir les produits les plus considérables et les plus utiles eu égard à leurs besoins propres ; mais ce n'est plus qu'un cas exceptionnel.

La plupart des communes vendent aujourd'hui leurs bois, au moins les bois d'œuvre, ou bien les délivrent aux habitants à charge par ceux-ci de payer une taxe approchant plus ou moins de la valeur même des bois délivrés. Les dépenses et les besoins des communes se sont multipliés depuis le siècle dernier; le revenu est déjà, ou tend donc à devenir, le résultat principal demandé à leurs forêts. L'intérêt de la commune est alors d'obtenir le plus grand revenu possible.

L'exploitabilité conforme à l'intérêt général peut seule assurer ce revenu désirable. C'est en effet dans la forêt même, et non pas au dehors par des acquisitions ou des placements de fonds, qu'il est possible d'accroître le revenu de la commune. Elle ne possédera jamais qu'accidentellement des bois situés hors de son territoire, et d'ailleurs l'acquisition d'une forêt par une commune est un phénomène des plus rares. Les valeurs mobilières appartenant aux communes disparaissent rapidement; la forêt constitue donc pour elles un excellent placement et généralement le meilleur de tous. Il est parfaitement assuré, condition indispensable pour un être perpétuel; il gagne incessamment ; il ne demande aucun soin pour ainsi dire, et il peut avoir lieu à intérêts composés indéfiniment accumulés. Qui pourrait imaginer une aussi précieuse caisse d'épargne? Le taux apparent y devient faible après cent ou cent cinquante ans; mais à coup sûr aucun banquier ne peut assurer autant à si longue échéance. La futaie livre en effet des coupes d'éclaircie tous les quinze ou vingt ans, tout en rendant à la fin le capital primitif multiplié par quarante.

Telle est l'apparence; en réalité c'est autre chose encore. Les valeurs monétaires diminuent avec le temps par suite de l'abondance des métaux précieux; tel jouit d'un revenu fixe depuis quarante ans, mais il n'en obtient plus aujourd'hui que les deux tiers des objets qu'il se procurait autrefois avec la même somme. Dans la forêt, au contraire, la valeur des gros bois gagne sans cesse, parce qu'ils deviennent plus rares et plus demandés; telles communes, propriétaires de futaies, ont vu leurs revenus doubler depuis un tiers de siècle. Alors ce n'est pas à deux pour cent, mais à quatre, en réalité, qu'ont été placées les valeurs engagées dans les bois (1).

Les forêts sont réellement pour les communes une source incomparable de revenus quand l'exploitabilité convenable s'y trouve réalisée. Quelles sont en effet les communes riches de revenus autres que l'impôt, sinon les communes propriétaires de vraies forêts, comme la plupart de celles du Nord-Est? Et qu'elles sont les communes très riches, sinon celles qui possèdent des futaies? On peut le voir dans les Vosges et sur le Jura; l'état des routes, des fontaines, des écoles et des églises trahit ce fait à chaque pas. Les communes de la plaine pourraient être aussi bien dotées, si leurs forêts, au lieu de former des taillis simples ou pauvres en gros arbres, étaient constituées de manière à donner les produits les plus utiles; mais en général elles offrent un état bien différent, car les communes sont besoigneuses. Ce fait a pris aujourd'hui de telles proportions qu'il semble inhérent à la constitution communale. Aussi l'intérêt permanent des communes étant d'obtenir les produits

(1) La forêt communale de la ville de Remiremont, sapinière dont les coupes, d'un volume de 3,400 mètres cubes, sont vendues sur pied, donnait en 1833 vingt mille francs de revenu, et en 1869 cinquante mille. Depuis lors ce chiffre s'est encore accru.

les plus utiles et les plus considérables, leurs besoins ne permettent en général que de tendre vers ce but éloigné.

La tutelle exercée par l'État, chargé de la gestion des bois communaux, n'a pour objet que la protection et l'intérêt même de la commune. Rien dans nos lois n'autorise à penser le contraire; l'article 68 de l'ordonnance est même textuellement excepté de ceux qui sont applicables aux bois communaux. Mais l'intérêt propre de la commune suffit à lui imposer le devoir de conserver la forêt dans l'état où elle se trouve constituée; il lui montre aussi, maintenant mieux que jamais, que la gestion doit tendre, dans les limites du possible, à obtenir les résultats de l'exploitabilité économique.

Les règles relatives à la jouissance des communes dans leurs propres bois sont établies par les articles 65 et 93 du Code forestier, 69, 70, 72, 137 et 140 de l'ordonnance réglementaire. L'article 65 du Code, applicable en vertu de l'article 112 aux communes de même qu'aux usagers, porte que l'exercice de la jouissance pourra toujours être réduit par l'administration, suivant l'état et la possibilité de la forêt, et qu'en cas de contestation il y aura lieu à recours au conseil de préfecture.

Les autres articles ont trait à des faits particuliers. Mais de l'ensemble de ces prescriptions il résulte que la jouissance des communes dans leurs propres bois est pour chaque génération un usufruit spécial, réglé autant que possible par l'usage, comportant des réserves et des limites, et qu'il est désirable que cet usufruit soit restreint aux bois exploitables par suite de l'état ou de la maturité. Ce dernier point est même établi comme règle pour les arbres réservés dans les taillis sous futaie.

ARTICLE V

APPLICATION DES DIVERS GENRES D'EXPLOITABILITÉ

Le genre d'exploitabilité applicable à un bois, massif ou arbre, résulte donc de la nature seule du propriétaire. Dans les forêts destinées à donner principalement des produits ligneux, les particuliers ont intérêt à exploiter dans les conditions de l'exploitabilité commerciale, l'État dans les conditions de l'exploitabilité économique, et les communes en s'efforçant de s'en rapprocher. Le mode d'application seul diffère avec les forêts, massifs formés d'arbres de même âge, forêts jardinées, taillis simples, taillis sous futaie.

Pour obtenir les résultats de l'exploitabilité commerciale, on doit exploiter, massif ou arbre, toujours à l'âge où le taux du placement est maximum. Il est clair d'ailleurs que, quand il s'agit d'arbres, il importe de les multiplier autant que possible, puisque le revenu en est proportionnel au nombre.

On ne peut réaliser l'exploitabilité composée d'une manière complète que dans les massifs de futaie formés d'arbres de même âge; mais il suffit alors d'exploiter ces massifs à maturité pour en obtenir la plus grande somme d'utilité.

Dans une forêt jardinée, les gros arbres se présentent çà et là au milieu de bois plus jeunes. Chacun d'eux, exploité à maturité, donne les produits les plus utiles qu'il puisse fournir; mais en raison de la marche indéterminée des accroissements, il est impossible de se rendre compte de la perte en quantité résultant du maintien de l'arbre au-dessus de jeunes bois de même essence dont il entrave le développement. On reste alors simplement dans les conditions de l'exploitabilité technique, qui sont suffisantes, l'utilité primant la quantité des produits.

D'une forêt constituée en taillis simple on ne peut espérer les produits les plus utiles et les plus considérables que le sol est apte à élaborer ; mais on peut demander ces produits autant que le taillis simple permet de les obtenir. Or, la production moyenne du sol augmente dans un taillis plus longtemps qu'il n'est possible de le maintenir sur pied, tout en l'exploitant de manière à en assurer la reproduction complète par rejets. On est donc amené à exploiter ces taillis le plus tard possible pour en obtenir les produits les plus considérables.

Dans une forêt constituée en taillis sous futaie le sous-bois s'exploite au même état et d'après les mêmes considérations. Quant aux arbres de réserve destinés à produire du bois d'œuvre, il faut les maintenir sur pied jusqu'à la maturité de chacun d'eux pour en obtenir les bois les plus utiles. On néglige de tenir compte de la perte en quantité de sous-bois résultant du couvert des cimes; elle n'est pas comparable à l'utilité du produit des réserves, bois de nature plus précieuse. Ainsi le taillis est coupé aussi tard que possible, et les arbres de réserve, destinés à donner des bois d'œuvre, à l'époque de l'exploitabilité technique. Mais on ne peut évidemment se rapprocher des résultats de l'exploitabilité composée qu'en multipliant le nombre des arbres.

Nous croyons inutile d'indiquer les exceptions et les cas particuliers; la solution en est sûre à l'aidé des principes généraux. Ainsi il est clair que tous les propriétaires peuvent avoir intérêt à conserver en certains cas des rideaux-abris ou des massifs protecteurs. Il est évident qu'une pignada gemmée doit être éclaircie de telle sorte que les arbres en soient bien isolés, mais non pas écartés les uns des autres, et que le calcul comparé du gain et de la perte permet seul d'établir l'âge auquel il convient de la renouveler.

Il est facile de voir maintenant que les idées de régime et d'exploitabilité sont inséparables. L'application de l'une et celle de l'autre doivent conduire au même but, qui est d'obtenir, en traitant la forêt comme elle le comporte, les produits convenant le mieux au propriétaire. On étudie donc simultanément et on choisit en même temps le régime, le mode de traitement et l'exploitabilité applicables à une forêt à aménager, ou quelquefois à ses différentes parties.

LIVRE DEUXIÈME

Opérations communes à tous les aménagements

Les travaux divers que comporte tout aménagement sont de deux sortes : les opérations du terrain et le procès-verbal d'aménagement.

La partie par laquelle ils débutent nécessairement est toujours, sur le terrain, l'étude de la forêt et, au procès-verbal d'aménagement, le compte rendu de cette étude. Or, une forêt de quelque étendue présente à première vue une masse confuse ; il est impossible de l'embrasser d'un seul coup dans son ensemble. Pour arriver à la bien connaître, il faut d'abord en séparer les différentes parties, la diviser, procéder par analyse, puis grouper les données obtenues et en faire la synthèse. Ce travail consiste dans la formation du parcellaire, suivie de la description des parcelles, et dans l'établissement de la statistique générale de la forêt.

Cela fait, il y a lieu de constituer les séries d'exploitation, puis de fixer la révolution ou le terme d'exploitabilité des bois.

Telles sont les opérations préalables à tout aménagement.

CHAPITRE PREMIER

PARCELLAIRE

La division d'une forêt en parcelles est la base de l'inventaire de cette forêt, préliminaire de l'aménagement. Cet inventaire doit relater chacune des parties qui composent la forêt en en faisant connaître l'état et les propriétés. Les produits à en attendre sont des bois très divers par l'essence, la quantité, les qualités, les dimensions et l'époque de la récolte, qui peut être prochaine ou éloignée. Aussi pour déterminer les produits à espérer des forêts, qui par nature forment de grandes propriétés, est-il indispensable d'en établir l'inventaire.

Plan périmétral.

Pour diviser une forêt en parcelles, il est nécessaire d'avoir en main un plan, une figure au moins approximative de cette forêt; c'est le seul moyen de se rendre bien compte du terrain. La première chose à faire est donc de se procurer ce plan, qu'on désigne sous le nom de plan périmétral. Il doit présenter non-seulement le périmètre du massif, mais aussi celui des masses principales qui y sont englobées, ou mieux encore celui des divers cantons de la forêt. Il faut donc qu'on y trouve les grandes lignes intérieures naturelles, comme les ruisseaux, fonds de vallées, crêtes ou arêtes, et les principales lignes artificielles, comme les routes, laies et chemins importants.

Il convient que ce plan soit dressé à une échelle moyenne, de manière à présenter un assez grand développement, tout en permettant d'embrasser facilement l'ensemble d'un ou de plusieurs cantons. L'échelle de 1 à 20,000, avec laquelle un centimètre sur le plan correspond à 200 mètres sur le terrain, est très commode. Ce plan permet d'apprécier la position relative des différents points, la grandeur des lignes, l'étendue approximative des surfaces. Il est utile à chaque instant et pour ainsi dire à chaque pas ; c'est le vrai guide du forestier, non pas qu'il serve surtout à le diriger, mais bien à diriger son travail et à localiser dans son esprit les faits qu'il observe sur le terrain. Mais ce plan n'est qu'un guide ; il suffit donc qu'il soit approximatif ; il n'est pas nécessaire qu'il soit d'une exactitude rigoureuse.

On se procure le plan périmétral dans les archives, si elles ont un plan qu'on puisse copier, amplifier ou réduire. A défaut, on prend un extrait du cadastre, s'il suffit, ce qui n'a pas toujours lieu. On peut enfin procéder à un levé rapide du périmètre et des principales lignes intérieures. C'est souvent ce qu'il y a de mieux à faire quand il s'agit d'une petite forêt; ce levé peut alors donner un plan définitif suffisant pour le travail d'aménagement.

Formation des parcelles.

A l'aide du plan périmétral on procède à l'étude même de la forêt et à la formation des parcelles.

Une *parcelle* est une portion de forêt homogène quant aux éléments de la production, climat, sol et peuplement. Le climat peut différer sur les diverses parties d'une même forêt par suite de l'altitude, de l'exposition, des abris et en un mot de tous les éléments de la situation. Les sols diffèrent entre eux par la nature même, argileuse, siliceuse, marneuse, riche ou pauvre, ou par l'état de division, de profondeur, d'humidité, de couverture, etc. Le climat et le sol forment les éléments fixes de la production; en effet, on ne peut les modifier que dans une mesure naturellement limitée.

Les peuplements se distinguent principalement par les essences, l'âge des bois et la consistance, c'est-à-dire l'état plus ou moins serré. Mais l'avenir des bois et l'activité de la végétation peuvent aussi les différencier. En général, il est vrai, c'est par suite des causes susénoncées, climat, sol, âge principalement; cependant cela peut tenir aussi à des faits antérieurs particuliers à la parcelle. Le peuplement est l'élément essentiellement variable de la production; en effet, l'état en varie nécessairement avec l'âge et cela sans limites, puisqu'un jour même le peuplement sera exploité et remplacé.

La raison essentielle du partage en parcelles, à chacun des trois points de vue considérés, climat, sol et peuplement, c'est que dans une même forêt les portions dissemblables comportent un traitement cultural différent ou une autre époque d'exploitation. Ce sont là les deux objets essentiels de l'aménagement; il serait impossible de bien déterminer et de prescrire d'une manière claire le traitement applicable et l'époque d'exploitation convenable à chacune des parties diverses de la forêt, si elles n'étaient pas séparées. En se reportant à cette règle, on trouvera donc la mesure des différences qui peuvent motiver le partage en parcelles. Les nuances ne suffisent pas à justifier ce partage ; il faut pour cela des différences marquées et notables. Mais alors la cause ou les effets en sont bien apparents, soit dans la configuration et l'état du sol, soit dans la nature et la proportion des essences, soit dans la forme et les dimensions des arbres. L'appréciation se réduit ainsi à la question de savoir si telle différence donnée doit entraîner un autre traitement ou une autre époque d'exploitation. Cette question, l'expérience et le sens de l'art permettent seuls de la résoudre.

Le parcellaire a plusieurs résultats. En premier lieu, il permet d'arriver à connaître la forêt d'une manière sûre et nette. Il est utile pour en dresser l'inventaire ; c'est grâce à lui qu'on peut calculer ou estimer les ressources qui s'y trouvent en bois de diverses natures et catégories. Enfin et surtout il est indispensable pour déterminer le traitement et fixer l'époque d'exploitation de chacune des parties de la forêt, c'est-à-dire pour en établir l'aménagement même.

La manière de s'y prendre pour procéder au parcellaire n'est pas sans intérêt. Il convient de faire tout d'abord une reconnaissance générale de la forêt. On s'y promène, on en fait le tour, on voit les bornes et les limites, on étudie le relief, l'hydrographie et les environs. Cette reconnaissance donne une idée générale de la forêt même et du milieu dans lequel elle se trouve; elle permet d'entrevoir quels sont le climat, le sol et les essences, comment se présentent les peuplements, quelle est la situation de la forêt par rapport aux propriétés voisines, aux voies de transport, aux populations et à l'ensemble de la région. On trouve là d'ailleurs des repères généraux qui fournissent des termes de comparaison nécessaires aux études partielles.

Ces notions générales une fois acquises, on commence la formation du parcellaire. Pour cela on se rend en un point connu du périmètre, au sommet d'un angle ou à l'entrée d'un chemin, par exemple. On s'oriente à l'aide du plan périmétral, et l'on suit une limite fixe, le périmètre ou le chemin, en observant le peuplement et le terrain, jusqu'à ce qu'un changement notable frappe les yeux. Alors on change de direction, en se laissant guider par la différence observée entre les deux parties de forêt voisines ; on a soin surtout d'avoir l'œil ouvert sur la première partie, qui est l'objet spécial à déterminer. En continuant à en suivre les contours indiqués par l'âge, la consistance, les essences, l'état du peuplement ou le relief du sol, on la laisse constamment du même côté, à sa droite, par exemple, et l'on arrive ainsi, après en avoir fait le tour complet, à retomber au point de départ. Si l'on a pris soin de faire à intervalles rapprochés des blanchis aux arbres, ou de planter des jalons, le contour de la parcelle est déterminé. Il n'y a plus qu'à le fixer en faisant ouvrir provisoirement un simple filet. On peut aussi l'indiquer sur le plan périmétral.

Il reste à parcourir l'intérieur de la parcelle pour s'assurer qu'elle est homogène, ou se rendre compte des portions diverses qu'elle renferme et qu'il peut y avoir lieu de constituer en parcelles spéciales si elles ont une importance assez grande. Le plus souvent, quand la vue peut s'étendre à distance, il suffit de recouper la parcelle par une ligne ou un sentier transversal.

En montagne il serait souvent très pénible et il peut être inutile de faire le tour des parcelles. Sur les pentes raides on se contente alors de s'élever en faisant de larges virées horizontales, terminées par des lignes de plus grande pente, ravins ou autres limites nécessaires des parcelles.

On rencontre fréquemment des transitions graduelles qui peuvent être fort embarrassantes. Ainsi un versant tourne doucement de l'exposition nord à l'exposition sud-est ; ou bien la consistance du peuplement se dégrade peu à peu en passant de l'état de massif complet à l'état d'arbres épars ; ou encore l'âge décroît de proche en proche, de sorte qu'on passe lentement par exemple d'une futaie à un perchis. Où établir alors la ligne séparative des deux parcelles ? Est-ce à égale distance des extrêmes? Non certainement. C'est au point à partir duquel le traitement ou l'époque d'exploitation du massif doit changer. Telle est la règle sûre ; mais l'application en soulève, chaque fois qu'elle se présente, une question d'appréciation. En tout cas, le point essentiel pour le parcellaire, c'est que celui-ci soit basé principalement sur les lignes naturelles du terrain.

Cependant l'étendue des parcelles n'est pas indifférente. Il est clair que des portions homogènes et naturelles ne peuvent avoir une même étendue ; mais il convient de garder une certaine mesure. Trop petites, les parcelles deviennent très nombreuses et il peut en résulter de la confusion dans les prescriptions de l'aménagement; il en résulte toujours des difficultés d'application. Il est désirable que la coupe annuelle soit comprise tout entière dans une seule parcelle, et l'expérience montre qu'il convient de donner à chacune cinq hectares tout au moins, même au détriment de l'homogénéité. Si donc on a formé d'abord quelque parcelle trop petite, il est facile de voir ensuite à laquelle parmi les voisines il convient de la réunir en la considérant simplement comme une tache. Les agents d'exécution, qui sont nécessairement des forestiers de métier, auront par suite à modifier les opérations culturales quand ils rencontreront de pareilles taches.

Trop grandes, les parcelles ne permettent pas de déterminer le traitement des peuplements et de régler la marche des exploitations d'une manière précise et sûre. La suite des opérations se complique bien vite alors dans une même parcelle, ce qui amène le désordre. Aussi convient-il que chacune d'elles soit parcourue par les exploitations de même genre, coupes d'ensemencement par exemple, en quelques années seulement. Au cas où cela n'aurait pas lieu dans une grande parcelle, il est probable encore que celle-ci ne resterait pas longtemps homogène. A cet égard, l'expérience établit qu'il faut éviter de réunir plus de cinquante hectares. Si l'on rencontre des surfaces homogènes d'une plus grande étendue, il est toujours facile de les diviser.

La formation du parcellaire comporte principalement une suite de promenades forestières. Il est bon de les faire sans trop de fatigue afin de bien se rendre compte des faits. Cette opération n'exige pas d'ailleurs de contention d'esprit, car les traits du parcellaire naturel sont apparents. Mais pour les reconnaître il peut y avoir bien des pas à faire; en plaine, il faut s'assurer de l'emplacement et du développement des parcelles successives; en montagne, il peut être nécessaire de se porter sur des points éloignés et même sur un versant opposé pour reconnaître la conformation du terrain. Ce travail est d'ailleurs plein d'enseignements et donne de l'ampleur aux idées.

Levé des parcelles.

Les parcelles établies, il reste à en déterminer la contenance, l'emplacement et la forme; tel est l'objet du *levé des parcelles*. Ce levé doit être exact. Ceci n'est pas indispensable au point de vue du traitement ni même en raison de la possibilité, qu'elle doive être calculée d'après le volume ou d'après la contenance, mais c'est nécessaire pour déterminer les ressources que présente la forêt, pour en établir l'inventaire vrai.

Le nivellement général peut être utile à la confection de l'aménagement, surtout dans les forêts situées en plaine. En montrant la configuration du sol, il permet de choisir la direction à donner aux voies de transport, et même aux laies à ouvrir, qui, elles aussi, peuvent servir à la traite des bois (1).

Ce sont là les seules opérations topographiques qui puissent être nécessaires lorsqu'on fait un aménagement. Dans les forêts de grande étendue, la triangulation seule permet d'établir un plan d'ensemble bien exact; mais celui-ci n'est pas indispensable à l'aménagement. D'un autre côté, la délimitation légale peut être de la plus grande utilité quand les périmètres sont mal assurés; mais il suffit qu'ils soient connus et apparents pour qu'on puisse établir l'aménagement de la forêt.

---

(1) L'ouverture ou la rectification de chemins, formant un réseau qui relie toutes les parties de la forêt aux principales voies servant de débouchés, est un travail d'art autre que l'aménagement même. Il est bon, quand on peut le faire, d'y procéder simultanément et de tenir compte de l'un en travaillant à l'autre. Les chemins bien conçus et bien tracés ornent et enrichissent la forêt; établis en même temps que l'aménagement, ils simplifient le parcellaire et permettent de faire concorder le réseau des parcelles et celui des chemins qui sert alors de cadre au premier. Il est donc désirable de s'occuper des voies de transport en même temps que de l'aménagement.

Mais il est rarement possible d'ouvrir alors ou même de projeter le réseau complet des chemins, à moins de faire plus que les voies de transport nécessaires et d'en créer au moins quelques-unes qui soient peu naturelles. Il suffit d'établir, en même temps que l'aménagement, les chemins qui s'imposent pour ainsi dire. Quoi qu'on fasse d'ailleurs, l'avenir apportera toujours au réseau des chemins comme à l'aménagement des modifications imprévues.

CHAPITRE DEUXIÈME

DESCRIPTION SPÉCIALE DES PARCELLES

L'étude des parcelles suit la formation du parcellaire, et, en même temps, la description spéciale de chacune d'elles a lieu sur le terrain même. L'objet de ce travail est de faire connaître l'état de chaque parcelle et autant que possible les causes de cet état, pour permettre d'en déduire l'avenir du peuplement et le traitement qu'il convient de lui appliquer. A cet effet, il est bon de décrire séparément le climat, le sol et le peuplement.

C'est uniquement du climat local de la parcelle qu'il s'agit. Pour le faire connaître il suffit de relater la situation et, quand il y a lieu, l'exposition.

En ce qui concerne l'altitude, c'est rarement la hauteur absolue qui importe ici, mais toujours, et à un haut degré, la hauteur relative. Ainsi la partie supérieure et la partie inférieure d'un même versant offrent des situations bien différentes ; ainsi encore, à même altitude, on peut avoir une croupe ou un fond de vallée en situations tout à fait contraires.

Il convient d'indiquer, en même temps que l'exposition vers un aspect du ciel, la pente qui en donne la mesure et en varie les effets. Le plus souvent il est facile d'exprimer la pente par un seul mot, et, pour le faire d'une manière nette et comparable, on peut admettre la gradation conventionnelle ci-après. Nous appelons douces les pentes qui ne s'élèvent pas au delà du 1/6, ou de 16 p. 100, — assez rapides celles qui sont comprises entre le 1/6 et le 1/3, soit de 16 à 33 p. 100, — rapides les pentes du 1/3 aux 2/3, ou de 33 à 66, — très rapides celles des 2/3 à 1, ou de 66 à 100, — escarpées les pentes plus fortes encore, qui ont ou qui dépassent 45 degrés et sur lesquelles on ne peut marcher qu'avec l'aide des mains. Le dendromètre, qui se porte dans le sac, est un instrument très commode pour permettre de se rendre compte des pentes en pays de montagnes.

Les abris sont toujours utiles et ils ont souvent une grande importance. Si l'énoncé de la situation ne les indique pas, on peut les relater d'une manière spéciale, en mentionner la direction et la hauteur ou les effets. Il n'y a pas de règle à donner pour en constater la présence et les décrire ; l'appréciation des abris et de leur influence exige une certaine expérience générale et aussi de l'expérience locale. Parfois c'est le défaut d'abri et les faits qui en résultent qu'il convient de constater. L'existence de cours d'eau ou d'étangs peut influer aussi sur le climat d'une parcelle, soit d'une manière favorable en le maintenant frais, soit au contraire en rendant les gelées plus nuisibles.

Pour faire connaître le sol, il faut en considérer l'état à la surface, la composition et les principales propriétés physiques. A la surface, il peut être nu, ou couvert d'un lit de feuilles, garni de mousses, d'herbes ou de certains arbustes, meuble ou durci, terreux ou rocheux, etc. La composition du sol ressort de la proportion des principaux éléments qui le constituent, et il est bon de l'établir d'une manière positive, au moins dans quelques parcelles types, par l'emploi des acides et les procédés de lévigation et de lotissement. L'abondance de l'humus et celle du terreau modifient beaucoup la constitution et l'état du sol; on en apprécie la richesse à vue. Enfin la nature du sous-sol a une action marquée et peut varier d'une parcelle à une autre. La disposition de la base minéralogique, horizontale ou inclinée, compacte ou perméable, pleine ou brisée, peut influer aussi sur la couche végétale en en modifiant les propriétés physiques. Celles-ci, dont les principales sont la division, l'hygroscopicité et la profondeur, exercent presque toujours une action prépondérante sur la végétation.

L'état de division résultant de la nature et de la grosseur des éléments va croissant depuis la glaise imperméable à l'air et à l'eau jusqu'aux sables mobiles, aux pierrailles incohérentes et aux blocs entassés. Sous le rapport du degré d'humidité, on a d'abord les sols marécageux, mouilleux, humides, frais ou secs. Ils se distinguent fréquemment par des essences spéciales; mais l'humidité du climat et celle du sol sont dans une certaine mesure complémentaires.

La profondeur est généralement la qualité qui dans le sol varie le plus d'une parcelle à l'autre, et c'est aussi la plus importante. Elle permet aux autres qualités de se développer, assure à l'appareil des racines une grande puissance, conserve la fraîcheur et facilite l'écoulement des eaux surabondantes La profondeur se manifeste par la forme des arbres, qui ont en sol profond un fût élancé et des branches droites et allongées, en sol superficiel un fût court et une cime écrasée. On peut qualifier un terrain comme profond quand il a une épaisseur de 50 centimètres. La profondeur et les autres qualités du sol sont apparentes dans les fossés, tranchées, carrières ou déblais, qui mettent à découvert une section de la terre végétale traversée par les racines.

Pour une parcelle, on décrit le sol en quelques mots et surtout par comparaison. La base minéralogique n'est pas mentionnée quand elle est la même que dans les parcelles précédentes. Mais il est utile de donner une appréciation de la fertilité du sol en le qualifiant de très bon, bon, médiocre, mauvais ou très mauvais.

En effet, la fertilité d'un sol n'est pas absolue; elle varie avec les essences à cultiver. Ainsi un sol peut être médiocre pour du hêtre, bon pour du pin sylvestre, mauvais pour d'autres essences; un terrain sec et peu profond sera bon pour le hêtre, par exemple, et médiocre pour le chêne. La fertilité du terrain s'apprécie donc surtout à l'aide de la végétation des essences, qui la manifeste. Il est utile encore de la qualifier parce qu'elle dépend non-seulement de la nature et de l'état même du sol, mais encore du milieu dans lequel il se trouve, atmosphère, base minéralogique, sols voisins et cultures qui les recouvrent. Cette qualification est pour ainsi dire le résumé de l'appréciation des deux éléments fixes de la production, ou mieux encore de la station elle-même.

La description du peuplement est celle qui demande à être la plus complète, et il peut y avoir ici beaucoup de points à établir, ainsi :

Le nom,
La consistance,
Les essences,
L'âge, ou les âges divers,
L'origine,
L'historique,
L'état de végétation,
L'avenir probable,
Le traitement le plus convenable.

Le nom caractérise un peuplement. C'est un gaulis, un perchis, etc., où bien un taillis sous futaie, ou une futaie jardinée, ou au moins un massif irrégulier. L'idée de l'ensemble doit toujours se retrouver dans le nom, et il n'y a guère que le cas des clairières, semées d'arbres épars, où l'on ne trouve pas trace d'ordre, d'ensemble existant ou récemment détruit et qu'il y ait lieu de montrer.

On indique la consistance du peuplement, considéré comme massif, en disant qu'il est complet ou non, serré ou clair, entrecoupé ou interrompu, à quel degré et de quelle manière. Il peut être, par exemple, de consistance très inégale et même clairiéré par places.

On énumère les essences principales et auxiliaires seulement, en en donnant, s'il y a lieu, la proportion relative, mais de la manière la plus simple. Souvent même on peut se borner à constater qu'une essence mélangée est abondante ou rare; le rapport en nombres ne renseigne ordinairement que d'une manière insuffisante; il en est ainsi, par exemple, toutes les fois qu'une essence est représentée par des tiges faibles, mal venantes, ou irrégulièrement distribuées, ou qu'elle est utile en proportions variables suivant le sol et l'exposition. Parmi les essences secondaires ou accessoires, on se borne à relater celles qui sont caractéristiques d'un fait spécial; par exemple, le bouleau, le tremble se trouvant en certaines parcelles seulement, ou bien des morts-bois ou des bois blancs abondants par exception. S'il y a plusieurs étages, comme dans un taillis sous futaie, il faut les décrire séparément.

On donne l'âge unique d'un peuplement simple et les âges divers d'un peuplement composé. Dans un taillis sous futaie, on peut souvent se contenter de mentionner, quant aux réserves, qu'une certaine catégorie est prédominante. Si l'âge varie d'un arbre à l'autre comme dans une futaie jardinée, ce qu'il importe surtout d'établir, c'est l'âge qui déterminerait l'exploitation du peuplement pris d'ensemble ; c'est ce qu'on appelle l'âge dominant. Ce n'est pas toujours par le nombre des tiges qu'il prédomine, mais encore par le développement et la situation relative.

Parfois il y a lieu de constater l'origine du peuplement. Il peut provenir de semis ou de rejets, ou bien d'un mélange en certaine proportion des uns et des autres. Il peut être le résultat d'exploitations à tire et aire, de repeuplements naturels ou de repeuplements artificiels, etc. L'histoire de chaque peuplement serait des plus instructives. En général, elle est peu connue ; mais il convient de mentionner, en beaucoup de cas, les dernières opérations faites dans la parcelle. Parfois aussi on retrouve la trace ou le souvenir de délits et d'accidents graves, par exemple d'extractions d'arbres disséminés et précieux, d'élagages qui ont compromis l'avenir des bois, de délits de pâturage ou d'enlèvements de feuilles réitérés.

L'état de la végétation se qualifie par un ou deux mots : elle est active ou lente, soutenue ou languissante, etc.

L'avenir du peuplement, ou sa durée probable en bon état, demande une note spéciale, quand l'âge et la végétation ne suffisent pas à renseigner à ce sujet.

Enfin, il est à conseiller d'indiquer sur le calepin du terrain les opérations qui peuvent être utiles à bref délai. Cette note, prise en vue du traitement absolu de la parcelle, abstraction faite des peuplements voisins, ravive la mémoire au cabinet et permet d'arrêter d'une manière sûre le traitement combiné d'ensemble de toutes les parcelles de la forêt. Elle devient inutile au procès-verbal d'aménagement.

Tels sont les points à étudier. Mais, en général, il y a dans chaque peuplement un caractère essentiel, un fait important qui se manifeste d'une manière plus ou moins apparente, fait qu'il faut voir, puis constater. C'est tantôt une chose, tantôt une autre; l'expérience et le sens du métier, ou ce qu'on appelle parfois le coup d'œil forestier, peuvent seuls l'indiquer; si on ne l'a pas vu, si on ne le fait pas ressortir, si on ne le traduit pas fidèlement dans la description, celle-ci peut être longue, faite avec soin, de bonne apparence, mais insuffisante et même trompeuse.

Pour bien voir une parcelle, après avoir pris connaissance des limites et s'être orienté, on peut procéder comme il suit : placer sur la ligne de parcelle un garde servant de repère ambulant, et pendant qu'il fait le tour à l'extérieur, faire soi-même le tour à l'intérieur, à 30, 40 ou 50 mètres de cet homme, qui règle sa marche sur celle de l'opérateur; marcher lentement en étudiant l'ensemble plus que les détails; éviter en parcourant la parcelle de prendre des notes qui divisent l'attention et faussent le jugement des faits; le tour effectué, formuler, exprimer les idées perçues; puis traverser la parcelle en son milieu, dans la longueur par exemple, pour s'assurer qu'elle est bien homogène, et surtout pour vérifier ou rectifier la première appréciation [1]. Cela fait, on peut s'asseoir, écrire d'un trait la description, puis se reposer un peu avant d'étudier une autre parcelle, nécessairement différente. Cette description est fatigante pour l'esprit, parce qu'elle réclame une attention soutenue. Elle diffère complétement de la formation du parcellaire, dans laquelle on recherche les différences pour les séparer; elle se propose le but contraire, qui est de grouper les traits principaux pour constater le caractère général de chaque parcelle.

---

[1] En procédant par virées parallèles on se rend moins bien compte du terrain; on est même exposé à s'égarer dans l'intérieur des parcelles.

Divisions et subdivisions.

Les peuplements voisins ne présentent parfois que des différences temporaires d'âge, de consistance ou d'essences, par exemple. Ces différences peuvent quelquefois motiver la séparation en vue du traitement prochain, mais sans s'opposer à l'exploitation des parcelles voisines à la même époque. Dès lors, après la régénération des peuplements actuels, ces parcelles deviendront semblables et pourront être réunies en une seule, si toutefois l'étendue totale n'en est pas trop grande. En attendant, on peut les maintenir à titre de *subdivisions* pour faciliter les prescriptions et l'application du traitement. L'ensemble, qui prend le nom de *division*, est donc une portion de forêt comprenant un ou plusieurs peuplements destinés à être régénérés à la même époque et aptes à faire dès lors un ensemble homogène.

On a fait beaucoup de subdivisions. Aujourd'hui l'on n'en fait plus guère ; l'aménagement paraît plus simple. Mais il faut éviter de le laisser incomplet, par crainte de quelques subdivisions utiles. Quoi qu'il en soit, la condition fondamentale que doit remplir toute division, destinée qu'elle est à durer, c'est l'homogénéité des éléments fixes de la production, le climat et le sol. Aussi, la base d'un bon aménagement, ce sont des divisions bien naturelles.

CHAPITRE TROISIÈME

STATISTIQUE GÉNÉRALE

L'inventaire d'une forêt ne suffit pas pour permettre d'en établir l'aménagement. Il montre bien quels genres de produits on peut obtenir ; il fait connaître la quantité et les qualités des bois divers que la propriété est apte à produire ; il permet même de déduire les époques auxquelles on pourrait exploiter les différentes parties. Mais il est indispensable de connaître encore : en premier lieu les besoins et l'intérêt spécial du propriétaire, la mesure dans laquelle il peut chercher à les servir, les moyens dont il dispose pour obtenir ce résultat, et enfin le milieu économique où se trouve la forêt, les conditions dans lesquelles sont employés et consommés les produits.

L'étude d'ensemble de tous les faits qui intéressent la production forme le point de départ nécessaire de l'aménagement ; c'est ce qu'on appelle la statistique générale de la forêt. Elle a pour objet de faire connaître les produits et les résultats que l'aménagement doit se proposer d'obtenir. La statistique générale comprend nécessairement des faits se rapportant à trois ordres d'idées bien distincts : 1° les circonstances administratives, c'est-à-dire les faits constitutifs de la propriété et les conditions dans lesquelles s'exerce le droit du propriétaire ; 2° les phénomènes physiques, ou les éléments mêmes de la production, dont la connaissance donne une vue générale de la forêt; 3° les faits économiques, ou, si l'on veut, les relations entre les besoins en bois dans la région et l'intérêt du propriétaire.

Circonstances administratives.

Les renseignements principaux à donner à cet égard comprennent :

Le nom de la forêt et la situation géographique et administrative.

Le nom du propriétaire et la nature du droit de propriété. Ce droit peut être absolu ou restreint. Parfois la propriété des forêts est soumise aux conditions les plus singulières, légales ou conventionnelles.

La contenance de la propriété et l'état des limites. Les faits relatifs à la délimitation, au bornage, aux parties litigieuses, au cadastre, sont mentionnés et même étudiés ici, le cas échéant.

L'origine de la propriété et son histoire, autant qu'on peut la retrouver. A cet historique se rattachent deux ordres de faits fort importants : les droits d'usage et le traitement antérieur.

L'état actuel de la propriété, boisée ou non sur toute l'étendue, et les voisins qui l'entourent, terres ou forêts, villes ou villages.

Les produits autres que le bois ont souvent une certaine importance, ainsi le pâturage, le gibier et les menus produits. Il y a lieu de faire connaître les conditions dans lesquelles on les obtient et les rapports qu'ils ont avec le produit bois.

Il peut se présenter encore des faits particuliers très divers.

Il reste toujours à faire connaître l'état de la gestion et les moyens de conservation de la propriété, deux points d'un très grand intérêt. Ainsi, l'on indique les agents qui sont chargés de l'administration, et l'on peut apprécier la tâche qui leur est imposée. On montre la nature et l'importance des délits ou des dangers à redouter, tels qu'incendies, dégâts du gibier ou autres, le personnel des gardes, les résultats à en attendre, les modifications qu'il comporte.

Les impôts, les charges et dépenses qui incombent à la forêt demandent aussi une petite étude, suivie d'une appréciation ou de propositions diverses.

Souvent les circonstances administratives sont fort simples et on peut les réduire à quelques mots sur la constitution de la propriété, l'historique et l'administration. Ce sont alors des faits bien connus. Mais parfois, au contraire, ce sont des questions toutes spéciales, telles qu'indivision, droits d'usage importants, actions contentieuses, services publics, absence de débouchés et autres faits de premier ordre, qui exigent une étude laborieuse et parfois même une solution complète avant qu'il soit procédé à l'aménagement.

Ces simples indications suffisent à montrer le but de l'étude des circonstances administratives.

Phénomènes physiques.

L'étude générale du climat, du sol et des peuplements d'une forêt, n'est pas le résumé de la description des parcelles. C'est bien plutôt la synthèse de ce travail analytique établie de manière à donner une idée simple de l'ensemble. Elle offre donc la description de la forêt, présentée à grands traits, de manière à en faire ressortir l'état général.

On fait connaître le climat en montrant d'abord la situation de la forêt, en plaine, coteaux ou montagnes déterminés, formant une certaine partie d'un ou plusieurs bassins dénommés, et à une altitude qu'on peut indiquer en chiffres absolus et relatifs. On caractérise ensuite le climat au point de vue de la température par un des cinq termes de l'échelle adoptée pour la France. Il est dit chaud, doux, tempéré, rude, très rude, suivant les essences propres à la région et d'après la manière dont elles s'y comportent. On précise les conditions climatériques en notant les principales cultures agricoles spéciales à la station et en indiquant les résultats qu'elles donnent dans la localité. Il peut être bon de constater l'état habituel de l'atmosphère pure ou brumeuse, du ciel clair ou sombre. La quantité de pluie tombant chaque année et le degré de sécheresse ou d'humidité de l'air, surtout pendant la saison de la végétation, sont parfois des faits à établir. La direction et la violence des vents qui passent sur la forêt peuvent avoir aussi beaucoup d'importance.

Les éléments principaux du climat sont grandement modifiés par la configuration générale du pays, les abris naturels, le voisinage de la mer ou d'eaux superficielles, la présence de vastes forêts. Souvent il y a lieu de considérer un ou plusieurs de ces faits en particulier. Ainsi, la reproduction naturelle des bois semble d'autant plus abondante et facile, que la région est plus riche en forêts.

Mais ce sont surtout les phénomènes climatériques spéciaux à chaque station qu'il peut être utile de constater. La manière dont la chaleur se distribue dans les différentes saisons, sa durée, les températures extrêmes en été et en hiver, les variations de température au printemps, en été, en automne, ont des effets très divers. Le régime des pluies et des neiges, la succession brusque ou lente de la sécheresse à l'humidité, les divers états des météores, ne sont pas moins importants. Le mode d'action des vents, les courants exceptionnels, leurs effets, les orages ou les trombes plus ou moins fréquents ont aussi des résultats bien différents suivant les forêts. C'est donc le mode d'action des principaux éléments du climat qui importe plus encore que la mesure absolue.

Dans tous les cas, les phénomènes climatériques se traduisent par des phénomènes de végétation qui les indiquent ; ce sont ces derniers surtout qu'il est bon d'observer sur les essences principales de la forêt. Il faut parfois beaucoup de temps pour arriver à les connaître, et cela sans parler des faits très accidentels que l'histoire d'une longue période permet seule d'apprécier.

Pour bien faire ressortir les conditions climatériques d'une forêt il peut être nécessaire de la décomposer en zones ou masses ayant chacune un climat propre. Mais, quoi qu'il en soit, un des meilleurs moyens d'en donner l'idée générale, c'est d'en faire une courte description orographique et hydrographique ; l'étude du sol et des peuplements vient la compléter ensuite.

L'étude générale du sol comprend la mention de la formation géologique à laquelle il appartient, les données de sa composition minéralogique et l'exposé de son état. Il est d'ailleurs uniforme ou varié. L'assise géologique qui constitue le sous-sol se présente en chaque région, pour ainsi dire dans un état particulier, sous une forme spéciale et souvent avec des éléments différents. Ainsi, les terrains les plus uniformes, comme le grès des Vosges ou l'étage inférieur des calcaires jurassiques, se montrent en des états divers, rocheux à la surface, ou sablonneux, ou recouverts de terre.

La nature minéralogique, que l'étude des parcelles a fait connaître, se rapporte à des types généraux. Les sols peuvent être siliceux, argileux ou calcaires; les mélanges donnent des *marnes*, des *sables gras*, de la *terre franche*, etc. La grosseur ou la finesse des éléments qui constituent le sol est un point fort important. Les pierres, mélangées en proportion plus ou moins grande, en modifient encore les propriétés d'une façon très notable. La composition du sol se trahit par les plantes qu'il nourrit, ici par exemple des bruyères, là une foule d'arbrisseaux, des légumineuses, du thym, des lavandes.

La végétation basse indique aussi l'état du sol, la profondeur, la fraîcheur et la richesse ; mais c'est surtout la végétation des arbres qui permet d'en juger. C'est d'ailleurs l'influence du terrain sur les essences et sur leur développement qu'il convient d'établir. Les faits parlent ici d'eux-mêmes ; mais il faut les constater et les apprécier. L'expérience de la forêt même et des bois en général est indispensable à cet égard. L'indication de la puissance productive du sol a lieu par une mention du volume que présentent certains peuplements à différents âges et résume bien l'idée qu'on doit s'en faire.

La description générale des peuplements doit porter sur des points négligés forcément dans la description spéciale des parcelles. Ainsi d'abord elle étudiera une à une les essences les plus importantes, la distribution, les exigences, les dimensions et qualités de ces essences dans la forêt, les bois qu'on peut en obtenir. Les essences accessoires feront l'objet d'une simple relation, détaillée ou sommaire, suivant les cas.

En second lieu, cette description, montrant les peuplements considérés dans leur ensemble ou par grands groupes, relatera la proportion générale des diverses essences, la situation relative qu'elles occupent, le rôle principal de chacune d'elles. La proportion des peuplements des différents âges est un point capital, aussi bien que l'avenir de chacune des catégories d'âges; il y a là des faits à établir et des jugements à porter. Cette description se termine par l'exposé des résultats qu'a donnés le traitement appliqué à la forêt. C'est tout à la fois un petit travail d'historique et d'art forestier.

En somme, on voit que l'étude des phénomènes physiques comprend la relation et l'appréciation des éléments de la production. Elle montre donc la nature et l'importance des produits qu'il est possible de demander à la forêt.

Faits économiques.

C'est ici surtout qu'il n'y a pas à donner des règles, mais seulement une indication des faits à interroger. Cette étude se rapporte d'abord à la production du sol, aux produits retirés antérieurement de la forêt, aux besoins en bois de diverses natures qu'elle contribuait à servir. Vient ensuite l'appréciation des besoins de l'avenir incessamment modifiés par tant de causes. Enfin se présente l'examen des moyens offerts au propriétaire pour disposer des produits; cet examen se termine naturellement par la proposition sommaire d'améliorer ou de créer les instruments qui font défaut, tels que routes et chemins, scieries et autres établissements utiles.

La forêt se trouve en bon état de production, ou bien elle laisse à désirer sous certains rapports. Les produits exploités, dans les dernières années au moins et pendant une certaine période assez longue, s'il est possible de les constater, sont passés en revue; on en relate le volume en bloc, l'importance en bois d'œuvre de dimensions fortes et moyennes, de destinations diverses, et la proportion du bois de feu. Les débits et emplois accoutumés, le rendement des bois en divers produits fabriqués et les qualités de ces produits demandent un certain examen. La valeur des bois sur pied et le prix des différents genres de produits font nécessairement l'objet d'un paragraphe très instructif. La mention du revenu donné par les exploitations et celle des frais de tous genres, qui permet de déduire le revenu net, résument d'ordinaire ce qui a trait aux produits récoltés.

L'état actuel et l'état antérieur de la consommation des bois de diverses natures, les emplois principaux qu'en faisait le pays même, les établissements industriels voisins, l'exportation hors de la localité, l'importance relative des divers produits demandés, sont autant de points à passer en revue. Il peut être utile de faire connaître les principaux centres de consommation par leurs noms et un peu par leur état de richesse, de commerce et d'industrie, les scieries et autres usines fabriquant, distribuant ou employant des bois divers, les distances aux principaux marchés, les voies de transport, routes, chemins de fer, canaux et autres faits du même genre.

Il est souvent beaucoup moins long de donner un aperçu des besoins de l'avenir ; mais en revanche cet avenir est incertain. Les besoins de bois sont modifiés sans cesse par la demande générale ou locale, par la concurrence de produits autres que le bois, ou en sens contraire par l'apparition d'emplois nouveaux, par de récents débouchés et par l'extension du marché, par le développement ou la décroïssance de la population et de la richesse du pays. Ce paragraphe, qui se rapporte à des faits où la part de l'appréciation est presque sans limites, est un des plus essentiels de la statistique générale. Il peut être omis; les faits qui s'y rattachent restent néanmoins implicitement la base la plus importante de l'aménagement et de la gestion de la forêt.

L'étude des faits économiques a donc pour objet d'établir les résultats que l'aménagement doit chercher à obtenir. C'est l'étude du pays, plus encore que celle de la forêt. Elle exige des connaissances économiques générales et sûres. Guidé par les principes, on arrive facilement à voir les faits essentiels ; ils sont clairs et frappants par eux-mêmes. Il ne faut pas d'efforts pour arriver à les constater.

La statistique générale d'une forêt importante est toujours un travail intéressant et peut même donner lieu à un beau travail. Il ne convient pas d'en faire une dissertation, mais simplement une étude des faits montrant les produits que l'on peut et que l'on doit demander à la forêt. C'est comme l'exposé des motifs qui permettent de conclure tout à la fois au régime et à l'exploitabilité applicables. Quand il s'agit d'un bouquet de bois d'une centaine d'hectares, qu'on peut embrasser d'un coup d'œil, il est clair que la statistique se réduit à l'indication succincte des points essentiels. Mais il est toujours indispensable de connaître les trois ordres de faits que comprend cette étude. Une bonne statistique est la première garantie d'un bon aménagement.

La statistique d'une forêt aménagée fournit les renseignements les plus utiles aux personnes qui, un jour ou l'autre, ont à étudier la forêt. Elle offre aussi des éléments nécessaires au contrôle ou à la vérification.

CHAPITRE QUATRIÈME

CONSTITUTION DES SÉRIES

Une série est une forêt ou une portion de forêt dont le climat, le sol et les essences sont partout assez semblables pour comporter le même mode de traitement et la même révolution. Pour qu'une série soit bien constituée, il faut de plus que les bois en soient d'âges convenablement gradués.

Il est très rare qu'une série soit régulière. Il faut pour cela que les essences s'y trouvent réparties d'une manière égale, que les peuplements se présentent bien constitués dans chaque parcelle, et enfin que les âges soient assez bien distribués sur le terrain. Ces trois conditions sont des questions de fait généralement indépendantes des opérations d'aménagement.

Le partage en séries permet donc de séparer les portions de forêts dans lesquelles le mode de traitement ou la révolution ne seront pas les mêmes. Il présente encore un grand intérêt au point de vue de la distribution des produits; quels que soient les procédés employés pour déterminer le *quantum* des exploitations annuelles ou la possibilité, il est certain qu'avec plusieurs séries les résultats seront plus approchés en somme et le rapport mieux soutenu qu'ils ne pourraient l'être pour la masse prise en bloc.

D'autre part, chacune des séries offre un centre d'exploitations permanent. Les consommateurs répartis en différents lieux viennent s'approvisionner dans les séries les p lus rapprochées d'eux. Ceci est très important surtout au point de vue des bois de feu, qui forment toujours une portion notable des produits et qui se consomment en masse à proximité des forêts. Les frais de transport sont donc réduits par suite du partage en séries. Le commerce trouve à s'approvisionner sur différents points ; le travail est mis à la portée de tous les ouvriers disséminés autour de la forêt; les établissements industriels restent constamment alimentés par des produits exploités dans le voisinage. Les routes et chemins servant à la traite des bois sont constamment mais partiellement employés, au lieu d'être surchargés à longs intervalles et par suite dégradés en quelques jours. Tous ces avantages se traduisent en profits pour le propriétaire même.

Les règles à suivre pour établir les séries sont de deux sortes : les unes, fondamentales, se rapportent au mode de traitement, à la révolution et à la gradation des âges ; les autres, subsidiaires, sont relatives à la distribution des peuplements, aux limites et à l'étendue des séries.

Un même mode de traitement doit être applicable à toute une série. On séparera donc en séries différentes, dans les futaies, les parties qui comportent le mode des éclaircies et celles qui réclament le mode du jardinage, dans les taillis celles qui doivent être exploitées en taillis sous futaie et celles qu'il peut y avoir lieu de traiter en taillis simple. Il arrive fort souvent que les différences de climat, de sol ou d'essences, n'entraînent pas un mode de traitement spécial, mais influent seulement sur la manière d'effectuer des coupes de même nature. On voit alors s'il y a lieu, ou non, au partage en séries par suite d'autres considérations. Ainsi d'abord il est rare que, quand ces différences sont grandes, elles n'entraînent pas des révolutions inégales.

Une même révolution doit convenir à toute l'étendue d'une série. La durée de la révolution dépend du climat, du sol et des essences, qui varient plus ou moins d'une parcelle à l'autre. Mais il est clair que la différence de durée nécessaire pour justifier la division en séries doit être notable ; ce n'est pas à dix ans près qu'il est possible de fixer le terme d'exploitabilité des futaies des grandes essences, ni à une ou deux années près celui des taillis. Ainsi ce sont des différences de 30, 40 ou 50 ans dans les révolutions des futaies, ou de 5 à 10 ans dans celles des taillis, qui sont nécessaires pour motiver le partage en séries. On ne peut pas déterminer ces différences avant que les séries soient constituées; mais on constate des faits qui les rendent apparentes, ainsi la grosseur ou la maturité des bois à des âges connus.

La gradation convenable des âges est nécessaire dans une série pour que la suite des exploitations ne soit pas interrompue et que les bois soient tous exploités en temps utile. La condition de la gradation des âges est toujours essentielle, au moins dans une certaine mesure; mais, pour donner constamment des bois exploitables en quantités assez égales, il suffit que les principales classes d'âges soient représentées en bonne proportion. Il faut donc en chaque série de vieilles futaies, des futaies, de hauts perchis, de bas perchis et des fourrés, ou d'une manière plus générale des vieux bois, des bois d'âge moyen et de jeunes bois. Et il est clair que si, d'après cette dernière classification, les vieux bois, au lieu de couvrir le tiers de la surface, n'en occupent que la sixième partie, ils sont en proportion insuffisante.

Il est souvent très difficile de réaliser cette condition de gradation. Il en est ainsi quand une classe d'âges est mal représentée dans la forêt, ou trop mal distribuée pour être répartie dans chacune des séries naturelles. Il en résulte une raison majeure de conserver autant que possible comme séries les anciens cantons ou centres d'exploitations, puis encore d'adopter pour lignes séparatives des lignes qui distribuent également les classes d'âges. Cela peut conduire à donner aux séries une étendue très différente. A cet égard, il est d'autant plus facile de former des séries convenables que les révolutions sont plus courtes, les différences des âges extrêmes étant moins grandes dans ce dernier cas.

Il est désirable que la distribution des peuplements présente un certain ordre, de manière à permettre dans chaque série l'application nécessaire des règles d'assiette des coupes. A cet effet la série doit former masse, ou du moins il faut que les différentes parties n'en soient pas entremêlées avec des parties d'une autre série. En second lieu, il convient que les peuplements de chaque classe d'âges y soient groupés sur un ou deux points au plus.

Les limites convenables sont les lignes naturelles, telles que les crêtes en montagne et tout au moins des routes en plaine. En effet, la série doit former un ensemble homogène et un centre d'exploitations ; les coupures arbitraires y seraient tout à fait déplacées.

Tout le monde est d'accord pour admettre que l'étendue des séries ne doit être ni très petite ni très grande. Petites, les séries deviennent nombreuses dans la forêt; par suite les exploitations sont multipliées et disséminées. Il en résulte complication et désordre, frais généraux d'exploitation plus considérables, dommages multipliés dans les parties voisines des coupes, et parfois dangers extrêmes dus à l'ouverture des massifs. Une sapinière peut être compromise par suite de la division en séries nombreuses. Grande, chaque série comprend beaucoup de parcelles. L'aménagement en est moins simple ; les frais de transport et d'exploitation s'élèvent par suite de l'éloignement de certains centres d'habitation et de la surcharge de certaines routes ; il peut y avoir encombrement de produits sur le lieu des exploitations, et enfin la régénération se fait moins bien dans les grandes coupes que dans les petites. Des centaines d'hectares privés d'abri, ou des milliers de mètres cubes en exploitation sur un même terrain, ne se présentent guère sans inconvénients graves. Cela dit, rien n'est moins constant que l'étendue convenable aux séries, et il n'y a pas de limites à proposer à cet égard. Cependant les séries de futaie comprenant 500 à 1,000 hectares, les séries de taillis d'une surface de 150 à 300 hectares sont à peu près exemptes des inconvénients signalés plus haut. Cette différence est due à ce fait qu'à étendue de série égale la coupe annuelle parcourt une surface bien plus grande dans les taillis que dans les futaies. Les produits, moins importants par leur valeur, mais aussi par leur nature, ne donnent pas lieu non plus au grand commerce autant que ceux des futaies.

Avec les données acquises par la formation et la description des parcelles, on établit les séries à l'aide du plan de la forêt. On constate d'abord les grandes divisions naturelles, qui sont d'ordinaire en petit nombre, formées par une arête, une rivière, une grande route ou des terres. Considérant ensuite chacune des masses, on voit facilement les parties qui comportent un mode de traitement particulier ou une révolution spéciale. Alors on prend à part chacune de ces parties en se demandant comment les peuplements des principales classes d'âges s'y trouvent groupés ou divisés; de là surtout résulteront une ou plusieurs séries. Mais si la condition de trouver dans chacune d'elles des peuplements d'âges convenablement gradués s'impose d'une manière essentielle, il faut d'ailleurs apprécier l'avenir des massifs, voir les partis divers qu'il est possible d'en tirer et combiner ces ressources de manière à réduire les inconvénients d'une gradation ou d'une distribution défectueuse. Il n'y a pas de règles à donner à cet égard ; c'est affaire de métier.

CHAPITRE CINQUIÈME

FIXATION DE LA RÉVOLUTION OU DU TERME DE L'EXPLOITABILITÉ

Le premier point à établir dans l'aménagement d'une série, c'est le terme de l'exploitabilité ou la révolution. De là dépendent non-seulement les dimensions et la quantité des bois à exploiter, mais encore la distribution des produits disponibles, c'est-à-dire le *quantum* des exploitations annuelles à entreprendre.

Aux massifs seuls convient une révolution proprement dite. Quant aux arbres isolés ou pris un à un, le terme de l'exploitabilité varie d'un arbre à l'autre avec les phénomènes de la végétation ; pour eux donc on n'a pas précisément à fixer un âge d'exploitation, mais simplement à déterminer l'état ou les dimensions de l'arbre exploitable.

ARTICLE Ier

ÉPOQUE DE L'EXPLOITABILITÉ ABSOLUE

Le résultat de l'exploitabilité absolue doit être le maximum de production en matière. A cet égard, ce n'est pas la masse des produits accumulés dans la forêt qu'il importe de considérer ; ce sont les produits obtenus dans un temps donné, ou la production moyenne du sol. Celle-ci, nous savons qu'on ne peut pas la mesurer à l'aide d'arbres pris un à un; le massif seul la représente. Si donc il était possible de suivre un massif pendant toute la durée de son développement, la question serait simple. Il suffirait de déterminer le volume aux différents âges, d'y ajouter celui des bois tombés dans les éclaircies faites par la nature ou par l'homme, et de diviser le volume total par l'âge correspondant. On obtiendrait ainsi la production moyenne annuelle de la surface jusqu'à chacun des âges considérés; au chiffre maximum correspondrait l'âge du massif arrivé à l'exploitabilité absolue. Mais les expériences exigeraient un siècle peut-être ; il est bon d'en entreprendre quelques-unes sur des massifs dont l'historique sera bien établi (1); le problème à résoudre n'en subsiste pas moins. Il faut donc opérer d'une autre manière pour obtenir la solution spéciale à une forêt.

Au lieu de suivre le développement d'un même massif, on conçoit qu'on peut trouver des massifs d'âges divers placés d'ailleurs dans les mêmes conditions ; ils permettront l'ensemble des expériences comparatives. Celles-ci consisteront alors à déterminer l'âge de chacun des massifs, son volume et celui de l'éclaircie à y faire avant qu'il arrive à l'état du massif qui le suit par l'âge. Le volume total réalisé sur l'unité de surface sera divisé par l'âge, il donnera ainsi la production moyenne correspondante, un des termes de la comparaison à établir. Que par exemple la production moyenne annuelle ait été de 3 mètres cubes à 20 ans, de 5 à 40, de 6 à 60, de 6,4 à 80 ans, et de 6,1 à 100, la révolution correspondante à l'exploitabilité absolue serait d'environ 80 ans.

---

(1) C'est ce qui a été prescrit par la circulaire n° 145 de l'administration des forêts.

Il faut que tous les massifs d'expérience soient aussi complets que possible, puisqu'ils ont à représenter toute la production du sol. On doit les choisir d'ailleurs dans des conditions de fertilité moyenne pour la série, puisqu'on veut établir l'époque vraie pour l'ensemble de cette série. Il suffit que le massif le plus jeune n'ait pas dépassé l'âge auquel les bois deviennent réellement utilisables, et les intervalles entre les âges des divers massifs importent peu. Mais il convient de choisir ces massifs dans un état de consistance qui comporte l'éclaircie. D'abord cet état permet seul de juger s'ils sont aussi complets que possible ; puis, une fois effectué le cubage nécessaire à l'expérience faite sur chacun d'eux, on peut procéder de suite à l'éclaircie et enfin au cubage du bois abattu, élément nécessaire des expériences à faire sur les massifs plus âgés.

Après l'éclaircie on compte le nombre des tiges laissées sur pied. Le massif suivant doit présenter avant l'éclaircie un nombre de tiges à peu près égal. C'est en effet par la comparaison du nombre des tiges aux divers âges qu'on peut voir sûrement si les massifs se correspondent bien, si le suivant représente le précédent simplement modifié par l'âge. La fertilité des sols doit être égale ; or il n'y a pas d'autre moyen de l'établir que le nombre des tiges du peuplement complet, égal d'un côté après l'éclaircie à ce qu'il est de l'autre avant l'éclaircie suivante. En effet, le nombre des tiges est inversement proportionnel à la fertilité du lieu.

La suite complète des expériences est rarement praticable dans une même série ; pour cela il faudrait y trouver tous les massifs d'expérience complets et correspondants ; or, il est même des essences, comme le sapin généralement soumis autrefois au jardinage, dont les massifs ne sont qu'exceptionnellement composés d'arbres de même âge. Une autre difficulté résulte de ce fait que les éclaircies régulières sont d'application assez récente et n'ont eu lieu pour la première fois dans les massifs un peu âgés que depuis vingt ou trente ans; dès lors ceux-ci ne sont pas constitués comme s'ils eussent été éclaircis dès le jeune âge; le degré de l'éclaircie plus ou moins forte n'est pas d'ailleurs sans effet sur la production en matière, et cette influence est peu connue.

Mais si les expériences complètes sont rares, les expériences partielles sont nombreuses et fournissent des données générales fort importantes. Ainsi rien n'est plus facile que de cuber le volume d'un massif uniforme et d'en trouver l'âge. En évaluant d'après des faits connus les produits d'éclaircie qu'il a pu donnner, on obtient approximativement la production moyenne de ce massif depuis sa naissance. Il apparaît ainsi que pour les futaies des grandes essences l'exploitabilité absolue a lieu le plus souvent vers la fin du siècle et d'autant plus tard que ces futaies s'éclaircissent moins sous l'action des forces naturelles. Nous avons des taillis exploités à tous les âges entre 20 et 40 ans; nous en avons même en beaucoup de points qui ont été conservés en vue des conversions et qui sont âgés de 40 à 80 ans. Or, il est facile de reconnaître que la production moyenne d'un taillis simple augmente encore après l'âge auquel on doit l'exploiter pour qu'il rejette bien, et que l'exploitabilité absolue des taillis n'aurait lieu que vers le milieu du siècle, plus tôt ou plus tard, suivant les essences et les sols.

On peut constater même certains caractères ou signes physiques dans les peuplements arrivés à l'exploitabilité absolue. Ils ont passé la période où l'accroissement en hauteur est rapide, et ils ont acquis à peu près toute la hauteur naturelle des fûts. Ils sont arrivés à l'âge de fertilité complète, et le massif ayant cessé de croître rapidement en hauteur, devient un peu moins plein.

Les éclaircies faites de main d'homme hâtent ce résultat ; mais l'influence principale en est due aux pro duits, dont elles permettent de disposer en quantité plus grande et plus tôt que ne l'eût fait seule la lutte naturelle qui accompagne le développement des cimes. Ces produits sont d'ailleurs plus considérables dans la première moitié de la vie des massifs que dans la seconde; il en résulte que dans les calculs ils entrent à partir de l'âge moyen, sinon comme une constante divisée par des âges de plus en plus élevés, au moins comme une quantité croissant moins rapidement que l'âge. Mis en ligne de compte, ces produits diminuent la grandeur relative des accroissements moyens aux âges qui suivent les éclaircies les plus productives, et hâtent ou suffisent même à amener le maximum cherché.

En effet, les différences de production, notables dans la jeunesse des massifs, sont faibles plus tard, en sorte qu'en prolongeant le maintien d'un massif on perd surtout, et parfois presque uniquement, les produits des éclaircies qu'on aurait pu opérer dans le massif créé à nouveau.

Comme résultats généraux, les expériences relatives à la production moyenne montrent les limites entre lesquelles on réalise sensiblement le maximum de production et qui sont : l'état de jeune futaie ou l'âge de fertilité complète d'une part, et d'autre part l'interruption du massif ou la dégradation du sol à la surface.

ARTICLE II

TERME DE L'EXPLOITABILITÉ TECHNIQUE

Un arbre présente le maximum d'utilité sous l'unité de volume lorsqu'il a les plus fortes dimensions qu'il peut acquérir en conservant son bois sain. En effet, ce bois, chêne, sapin ou tout autre, apte aux emplois les plus divers, sera utilisé en général de manière à satisfaire aux plus grands besoins. Or, la destination précise du bois à exploiter dans l'avenir, les usages qui se le disputeront, ne sont pas connus aujourd'hui. Le vrai moyen de produire le bois le plus utile se réduit donc à *obtenir* les bois des plus fortes dimensions, et cela surtout parce qu'ils sont propres au plus grand nombre des emplois.

Le déchet de fabrication étant moindre dans les gros bois que dans les bois plus petits, il en résulte encore que la proportion de matière utilisable y est plus grande sous un même volume en grume. Ceci est plus ou moins important suivant les essences, beaucoup plus quand il s'agit de chêne ou de pin, à large aubier, qu'en ce qui concerne le sapin ou le hêtre, dont l'aubier ne se distingue pas du bois parfait dans l'usage. Souvent encore il est possible d'obtenir un meilleur débit des gros bois ; ainsi on peut les diviser d'abord en quartiers, ou bien y prendre de larges madriers, genres de débit préférables pour certains emplois. Cela est avantageux surtout pour les essences les plus précieuses par leurs propriétés techniques, et notamment pour le chêne, le frêne, etc. En somme, à volume égal, les bois des plus fortes dimensions sont destinés à satisfaire les plus grands besoins, en plus grande quantité et mieux.

Avec l'âge, le bois parfait des arbres ne gagne pas en qualité ; il ne peut que s'affaiblir en perdant lentement une partie de ses éléments, ou même commencer à s'altérer, comme le montrent souvent les teintes diverses que prennent les vieux bois. S'il est désirable d'obtenir de gros arbres, il serait tout aussi regrettable de les laisser s'user sur pied. Or, l'expérience montre que l'altération des bois vivants n'a lieu en général que dans la période du retour. Il faut donc, au lieu d'attendre jusque-là, ne pas laisser dépasser aux arbres la maturité.

Cet état, qui précède le retour, se manifeste par un ralentissement visible de la végétation; les pousses annuelles deviennent très courtes, le feuillage rare et d'un vert terne. Mais le retour se montre par la perte d'organes importants; il meurt quelques branches principales dans le haut de la cime, et il en résulte des vides dans l'appareil foliacé. Pour chaque essence, l'arbre mûr et l'arbre en retour prennent un caractère spécial. Le chêne mûr n'a plus la cime garnie que de feuilles clair-semées, jaunissant de bonne heure à l'automne et tombant du sommet de l'arbre plus tôt que des branches inférieures. En entrant en retour, il se couronne. Le sapin mûr a la tête en forme tabulaire complétement aplatie et les branches basses mal garnies de feuillage. Quand il entre en retour, la cime se déforme, et, de circulaire qu'elle était, devient irrégulière.

Parfois il se produit des altérations prématurées. Elles sont accidentelles et spéciales à l'arbre, ou générales dans la forêt. Accidentelles, elles proviennent d'une branche cassée, par exemple, ou d'autres faits extérieurs. On s'en rend compte en examinant la cime, le fût et l'empattement des racines. Générales dans certains sols, à base imperméable et dépourvus de chaux, par exemple, elles consistent dans la décomposition du bois à l'intérieur avant l'âge. L'expérience des exploitations dans la forêt permet seule de s'en rendre compte.

L'application des conditions de l'exploitabilité technique se fait nécessairement aux arbres qu'on exploite un à un, ainsi aux bois d'œuvre élevés en réserve sur taillis, et aux arbres des forêts jardinées, toutes les fois qu'on veut en obtenir la plus grande utilité. On néglige alors de tenir compte de la production totale du sol, soit qu'on ne veuille pas, soit qu'on ne puisse pas la mesurer. En effet, la perte en matière qui peut résulter du maintien des arbres dominants est faible quand ces arbres sont isolés, car ils produisent eux-mêmes du bois; et d'autre part l'utilité de ce bois est relativement grande en raison des dimensions et souvent des essences.

L'âge de maturité embrasse une période variable avec les essences, assez longue pour le chêne, le sapin, le mélèze, assez courte pour le hêtre, l'épicéa, le pin sylvestre. En tout cas, l'observation de chaque arbre en particulier et l'expérience des faits sont indispensables pour permettre d'apprécier qu'un arbre est en pleine croissance, ou mûr, ou en retour.

ARTICLE III

RÉVOLUTION CORRESPONDANT A L'EXPLOITABILITÉ COMPOSÉE

L'éducation des bois en massif permet seule d'obtenir la production complète du sol, et surtout d'occuper toute la surface à la production des bois d'œuvre de fortes dimensions. Pour réaliser la plus grande somme d'utilité possible, il convient donc d'élever les bois en massif, et l'on peut ajouter même en massif formé d'arbres de même âge, autant que le comportent les exigences des essences croissant en mélange. Or, un massif ainsi constitué donne les produits les plus utiles à sa maturité et les produits les plus considérables à une époque antérieure. Pour obtenir autant que possible les produits les plus considérables et les plus utiles, faut-il exploiter à un âge intermédiaire entre ces deux-là ? Non, certainement. C'est à la maturité même qu'il convient d'exploiter les massifs, comme les blés, les fruits et les produits du sol en général, pour en obtenir la plus grande utilité.

Nous savons que la quantité de la production en matière diminue peu tant que le massif reste complet et formé d'arbres bien venants. Voyons maintenant comment l'utilité s'accroît avec l'âge. Ce sont principalement les dimensions qui permettent les divers emplois des bois. Il en résulte que le commerce classe en général les bois d'après les dimensions, et surtout d'après la grosseur, en catégories différentes. A la première catégorie du commerce correspondent les prix les plus élevés de l'unité de volume, du mètre cube par exemple. C'est qu'en effet les bois ne sont compris dans cette première catégorie que quand ils sont propres à servir aux emplois les plus importants. L'appréciation directe de l'importance des emplois du bois serait toujours incertaine, parce que cette importance dépend tout à la fois de la nature des emplois et de la quantité de bois que chacun d'eux réclame, et parce qu'elle varie avec les lieux et les temps. Mais le prix des bois à l'unité de volume suffit à donner un classement vrai. Tant qu'il augmente d'une manière soutenue et générale, il indique sûrement que les produits servent à des industries qui consentent, pour les enlever à d'autres genres d'emplois, à les payer plus cher parce qu'ils leur sont plus utiles. Il est clair dès lors que l'utilité des produits augmente constamment jusqu'aux dimensions de la première catégorie du commerce.

La comparaison des revenus réalisables aux différents âges suffit d'ailleurs à montrer l'intérêt que présente le développement des bois. La somme des valeurs à recueillir sur une surface donnée depuis la naissance des bois jusqu'à l'âge correspondant aux dimensions de la première catégorie n'augmente pas proportionnellement à l'âge, elle s'accroît plus rapidement. Si, par exemple, une futaie régulière conduite à cet âge, soit à 160 ans peut-être, rend en somme 40,000 francs à l'hectare, exploitée à l'âge de 120 ans elle n'en donnerait pas 30,000 ; à l'âge de 80 ans elle serait loin d'en donner 20,000. L'accroissement des valeurs montre ainsi le développement de l'utilité. En vue de la plus grande somme d'utilité ou du plus grand revenu, il n'y a donc pas lieu d'exploiter avant l'âge correspondant aux dimensions de la première catégorie commerciale. Telle est la limite inférieure de la révolution satisfaisant à l'exploitabilité composée.

Il faut excepter ici les forêts dont le sol ne permet pas aux arbres d'arriver aux dimensions voulues. Il est bien évident que la révolution ne doit pas dépasser la maturité des massifs. Mais comme l'utilité des bois augmente indéfiniment avec le diamètre, la première catégorie du commerce a précisément pour raison d'être les dimensions que les bois d'une essence peuvent acquérir ordinairement, tout en restant sains. Il en résulte qu'en général la maturité des massifs a lieu précisément entre l'âge qui correspond aux dimensions de cette première catégorie et l'âge auquel se manifeste le retour du massif ; l'intervalle compris est plus ou moins long, suivant les essences et les forêts. En tout cas, le retour du massif donne la limite supérieure de la révolution correspondant à l'exploitabilité composée.

Il est donc facile de déterminer cette révolution d'une manière parfaitement sûre, mais non pas à quelques années près. En la conformant à l'âge des massifs arrivés à maturité, on est certain de rester entre les limites voulues sous le rapport de l'utilité et de la quantité des produits.

La maturité du massif, comme celle de l'arbre isolé, se manifeste par un ralentissement marqué dans la végétation. Le massif se montre plus clair que pendant la période du développement soutenu ; sur le sol, le semis des principales essences se produit s'il n'existait pas auparavant, ou commence à se développer s'il existait déjà. Mais ces faits se présentent d'une manière spéciale pour chaque essence.

Les limites de l'exploitabilité composée, dimensions des bois de la première catégorie commerciale et retour des massifs, fournissent toujours, l'une ou l'autre, des repères certains pour fixer la révolution. Quand on part du minimum nécessaire au diamètre des arbres, $0^m,70$ par exemple, on doit s'assurer de l'âge correspondant par des expériences faites sur des arbres abattus. Si l'on avait le choix, on devrait choisir des sujets ayant crû en massif de futaie dans des conditions de fertilité moyenne pour la série, et en compter l'âge ; puis, après avoir éliminé les arbres exceptionnels, il conviendrait d'adopter l'âge le plus élevé, puisque la grosseur voulue est un minimum. Mais, en général, les données nécessaires à l'expérience ne se présentent que d'une manière incomplète ; les vieux massifs ne sont pas dans des conditions de fertilité moyenne, ou n'ont pas encore les dimensions voulues, ou même font défaut. S'il se trouvait des bois de plus fortes dimensions que le minimum nécessaire, il serait facile de déterminer sur la section l'âge auquel ils ont atteint ce minimum. Mais quand ces arbres ont crû à l'état isolé, ce qui se présente souvent, que conclure des dimensions à un âge donné ? Et quand les gros arbres font absolument défaut, ce qui même n'est pas rare, que reste-t-il à faire, sinon à fixer la révolution par analogie ?

En tout cas, on voit que l'appréciation conserve généralement une part considérable dans la fixation de la révolution. Le plus grand danger à courir est sans nul doute d'adopter une révolution trop courte ; elle permet en effet de disposer rapidement des produits constitués, et conduit en peu de temps à couper des bois non exploitables.

ARTICLE IV

CALCUL DU TERME DE L'EXPLOITABILITÉ COMMERCIALE

L'objet qu'on poursuit en soumettant une forêt aux conditions de l'exploitabilité commerciale, c'est le maximum de revenu des valeurs représentées par la forêt. Ces valeurs, considérées comme un capital mobilisable, doivent donc fonctionner au taux de placement le plus élevé possible. Mais le revenu d'une surface boisée est nécessairement périodique ; sur un même point on ne le recueille qu'à des époques plus ou moins éloignées. Le revenu et les valeurs engagées dans la forêt s'accroissent avec le temps dans une mesure différente. La question à résoudre est donc de rechercher l'âge auquel il faut exploiter les bois pour obtenir le plus grand revenu relativement aux valeurs engagées.

Ce problème comporte une solution générale et des cas particuliers fort importants. La solution générale est applicable aux surfaces peuplées de bois de même âge, comme les taillis simples et tous les massifs uniformes. Les cas particuliers les plus importants sont ceux des futaies sur taillis et des forêts jardinées.

1. — *Révolution applicable à un bois formé d'arbres de même âge.*

Soit une parcelle de fertilité moyenne, une seule coupe, un hectare si l'on veut, il suffit de déterminer l'âge auquel on doit exploiter les bois sur cette surface.

Cet âge sera le même pour les autres coupes ou les autres parties de la série placées dans les mêmes conditions de production ; il représente donc la révolution cherchée. La marche à suivre résulte du théorème suivant :

L'exploitation d'un massif uniforme donne un revenu nécessairement périodique, et les âges divers auxquels on peut l'exploiter déterminent des revenus croissant avec l'âge. Chacun des revenus représente les intérêts d'un certain capital accumulés au taux ordinaire des placements en forêts. Ces capitaux, résultant du revenu et de l'âge à l'exploitation, étant différents, le revenu le plus avantageux et, par suite, le terme de l'exploitabilité commerciale correspondent au capital maximum.

Pour trouver le terme de l'exploitabilité commerciale d'un bois formé d'arbres de même âge, on détermine donc le revenu périodiquement réalisable aux différents âges. On cherche ensuite, par un calcul d'escompte effectué au taux ordinaire des placements en forêts dans la localité, la valeur du capital capable de donner chacun des revenus périodiques. Le capital maximum indique la solution cherchée ([1]).

A priori il paraît évident qu'à la plus grande valeur capitale capable de donner la somme indéfinie des revenus périodiques, correspond le plus grand revenu du

([1]) Supposons, par exemple, que le revenu déterminé par expérience soit à :

20 ans	400 francs.
25 —	600 —
30 —	925 —
35 —	1,200 —
40 —	1,450 —

Le capital correspondant à chacun des revenus est donné par la formule $C = \frac{R}{(1+t)^n - 1}$.

Si donc le taux est de 4 pour cent, soit 0.04, le capital capable de capital engagé et le taux de placement le plus élevé. Mais il est facile de le démontrer.

La valeur d'un capital quelconque résulte du revenu que peut en tirer le propriétaire et du taux auquel se font les placements de même nature dans la localité. Une terre qu'on peut louer au prix de 4,000 francs par an, net de frais, vaut $4{,}000 \times \frac{100}{4}$ ou 100,000 francs là où le taux des placements en terres est de 4 p. 100. Là, au contraire, où il n'est que de 2 p. 100 elle vaut 200,000 fr. De même, la valeur C, d'un fonds de bois dont on peut tirer toutes les x années un revenu périodique net, R, est donné par la formule $C = \frac{R}{(1+t)^x - 1}$ là où le taux est égal à t.

Or, à chacun des revenus périodiques que donnerait le bois exploité à divers âges, correspond une certaine valeur capitale. L'une de ces valeurs est plus grande que toutes les autres. Celle-là est la valeur même du fonds

---

donner tous les 20 ans un revenu de 400 francs est égal à $\frac{400}{(1+0{,}04)^{20}-1}$, soit 335 fr. 80 c.; on trouverait de même pour les capitaux donnant le revenu à :

25 ans	360f,18c
30 —	412 ,27
35 —	407 ,28
40 —	381 ,50

Le capital maximum 412 fr. 27 c. montre que l'âge de 30 ans est le terme de l'exploitabilité commerciale.

Si le taux des placements dans la localité était de 3 pour cent, on aurait, pour les capitaux capables des mêmes revenus, à :

20 ans	496f,20c
25 —	548 ,58
30 —	648 ,05
35 —	661 ,56
40 —	641 ,04

Le capital maximum 661,56 montre que l'âge de 35 ans serait alors le terme de l'exploitabilité commerciale.

de bois après l'exploitation, c'est-à-dire du sol forestier avec les souches ou les semis. En effet, tout le monde peut en obtenir le revenu donnant le taux de la localité, puisqu'il suffit d'exploiter en âge convenable. D'ailleurs, on achète le fonds où on le vend à ce prix, déduit, au taux ordinaire des placements en bois, d'un revenu que chacun peut en tirer; le taux même en est la preuve.

Mais cette valeur reste la valeur du fonds de bois, à quelque âge bien ou mal choisi que le possesseur veuille exploiter. Tout revenu périodique autre que le revenu correspondant à ce capital maximum, résulte dès lors d'un taux de placement plus faible que celui de la localité; par suite, il fait rendre au capital engagé une somme de revenus moindre pendant un même temps.

C'est donc à l'âge correspondant au maximum du capital-fonds qu'il faut exploiter pour obtenir le plus grand revenu des valeurs engagées; c'est le seul moyen de les faire fonctionner au taux le plus élevé possible, qui est le taux ordinaire des placements en forêts dans la localité. Ce taux est bien réellement le taux le plus élevé auquel on peut faire fonctionner les capitaux engagés dans la forêt: avant l'âge correspondant, la valeur du sol est trop grande, relativement à la valeur du revenu réalisable, pour que ce taux soit obtenu; après cet âge, c'est le temps nécessaire qui est devenu trop long.

Il importe de savoir que plus le taux est faible, plus le terme de l'exploitabilité est reculé. L'exemple que nous avons donné en note suffit à le faire voir : il en est toujours ainsi. Inversement, plus l'accroissement du revenu est rapide, plus tard on réalise un taux déterminé. C'est que la marche des intérêts composés étant progressive, celle du revenu forestier ne peut soutenir la comparaison que quand elle aussi se montre progressive. Or, le revenu forestier, d'abord irréalisable ou nul, progresse ensuite rapidement, et soutient souvent sa marche pendant quelque temps, mais non pas comme les intérêts composés, dont la progression est régulière et indéfinie. Aussi, est-ce toujours un peu après un accroissement relativement rapide des revenus périodiques qu'a lieu l'exploitabilité commerciale.

Le procédé à employer pour déterminer la révolution d'un massif uniforme dans les conditions de l'exploitabilité commerciale est sûr et facile. On trouve les calculs $\frac{1}{(1+t)^n - 1}$ tout faits dans certains tarifs, et notamment au tarif III du *Cours d'exploitation et débit des bois,* publié par M. Nanquette. Il ne reste donc à opérer que la multiplication de trois, quatre ou cinq revenus périodiques, par un nombre qui est tout trouvé, et à constater quel est le plus grand des produits ainsi obtenus. C'est plus important qu'on ne le croit; la plupart des bois sont coupés trop jeunes par des propriétaires qui ne s'en doutent pas. En exploitant à l'âge convenable, ces propriétaires accroîtraient toujours, et parfois d'un quart ou d'un tiers, le revenu de leurs capitaux placés en bois.

En fait, la recherche de la révolution correspondant à l'exploitabilité commerciale présente des difficultés qu'il faut connaître pour les vaincre ou les tourner. Quant au revenu périodique réalisable à un âge quelconque, à 25 ans par exemple, ce n'est pas autre chose que la valeur des bois sur pied à cet âge. Pour la déterminer, on doit opérer sur un peuplement complet, qui seul représente la production possible, et placé dans des conditions de fertilité moyenne qui donneront un résultat applicable à l'ensemble de la série. Il y a là une question d'appréciation qui n'offre pas de bien grandes difficultés. Mais souvent, le plus souvent, les peuplements d'âges plus élevés que la révolution antérieurement appliquée, font défaut ; ils sont cependant indispensables pour fournir les termes de comparaison. Alors il ne reste qu'à chercher dans les forêts voisines des types analogues, car il est impossible d'imaginer avec quelque garantie de vérité le développement d'un massif.

On a vu que le terme de l'exploitabilité varie avec le taux des placements en bois. Il importe donc avant tout de déterminer le taux ordinaire des placements en forêts dans le pays. Mais les forêts, grandes propriétés par nature, n'ont pas un prix courant très bien établi sur le marché. La détermination du taux est donc aussi difficile qu'importante. Le meilleur moyen d'y arriver est, en général, de partir du taux des placements en terres, en fermes par exemple, propriétés ayant une grande analogie avec les forêts. Celui-ci est bien connu; il reste à se demander si le taux des placements en bois n'est pas un peu plus faible ou un peu plus élevé dans la région, et à fixer avant toute estimation ce taux, base nécessaire des calculs. Avec ces précautions il est toujours facile, sinon de déterminer rigoureusement le terme de l'exploitabilité commerciale, au moins de voir sûrement si l'on doit admettre une révolution plus longue ou plus courte que par le passé.

2. — *Terme de l'exploitabilité commerciale des arbres réservés sur les taillis.*

La question à résoudre est de chercher pour chaque essence de la forêt l'âge auquel il convient d'exploiter les arbres de réserve. Il est évident, en premier lieu, que ce sera un multiple de la révolution du sous-bois, et en second lieu, que la solution trouvée pour un arbre sera également applicable à tous les arbres de l'essence placés dans les mêmes conditions de développement.

Pour trouver l'âge à partir duquel un arbre de réserve cesse de s'accroître au taux ordinaire des placements en bois, il suffit de comparer les valeurs réalisables à chaque âge, d'une part en exploitant cet arbre, d'autre part en le conservant. En l'exploitant, on peut en placer la valeur à intérêts composés au même taux, garantie de la même sécurité, et obtenir un nouveau recru sur l'emplacement dans la forêt ; en le conservant, on peut gagner une plus-value que les arbres plus âgés permettent de déterminer. Tant que cette plus-value est supérieure à la perte des intérêts et du recru, il est avantageux de conserver l'arbre sur pied [1].

---

[1] Soit, par exemple, un chêne de végétation moyenne à réserver sur un taillis exploité à 25 ans, dans une localité où le taux des placements en forêts est de 3 pour cent. Il peut arriver qu'il présente aux divers âges les valeurs respectives ci-après :

Baliveau	de	25 ans	....	1 franc.
Moderne	de	50 —	....	5 francs.
Ancien	de	75 —	....	20 —
—	de	100 —	....	60 —
—	de	125 —	....	120 —
—	de	150 —	....	200 —

En conservant le baliveau de l'âge on gagnera 4 francs ; mais en l'exploitant on pourrait obtenir les intérêts composés de 1 franc placé à 3 pour cent pendant 25 ans, qui sont de 1 fr. 094, et la valeur de la cépée de remplacement, qui peut être de 2 francs, soit en somme 3 fr. 094. A conserver le baliveau, on trouvera donc un bénéfice de 0 fr. 906.

Quant au moderne, la balance s'établit de même entre la plus-value, 15 francs, et la perte d'intérêts, $5 \times 1,094$, ou 5 fr. 47 c., augmentée du déficit en sous-bois, soit par exemple 4 francs, ou en somme 9 fr. 47 c. A conserver le moderne, on réalisera donc un bénéfice de 5 fr. 53 c

De même en conservant l'ancien on gagnera $40 - (20 \times 1,094 + 6)$, soit 12 fr. 12 c.

Mais en gardant le chêne de cent ans on aurait un bénéfice négatif de $60 - (60 \times 1,094 + 8)$, soit — 13 fr. 64 c., c'est-à-dire que l'on perdrait 13 fr. 64 c.

Il convient donc alors d'exploiter de tels arbres comme anciens de quatre âges, à cent ans, et cela dans l'hypothèse du maintien des prix actuels.

L'application présente des difficultés réelles. La première consiste dans la détermination des valeurs de l'arbre moyen, valeurs qui servent de base au calcul. Il faut beaucoup de savoir-faire pour y procéder ; car il n'y a pas deux arbres qui prennent absolument le même développement, surtout à l'état isolé, et il n'y a aucune règle à donner pour reconnaître qu'un arbre de 75 ans en représente un autre de 50 chargé de 25 années en plus.

En second lieu, en faisant choix des arbres à exploiter toutes les fois qu'on opère un balivage, on doit apprécier, non pas seulement l'âge, mais surtout l'état de végétation. Si l'ancien de trois âges est mal venant, il n'acquerra pas la valeur moyenne qui conduirait à le conserver encore pendant une révolution, et il y a lieu de l'exploiter. Mais inversement, si l'ancien de quatre âges a une cime ample et bien fournie, il prendra, dans la révolution à courir, une valeur supérieure à la valeur moyenne des anciens de cinq âges, et il peut être avantageux de le conserver. C'est d'autant plus utile que dans les coupes de taillis sous futaie quelques gros arbres donnent une mieux-value générale à la coupe. Ils attirent des amateurs qui ne se seraient pas présentés et ils aident à faire vendre les petits bois.

La perte résultant du couvert des arbres de réserve n'est pas un élément de premier ordre quand il s'agit d'essences précieuses et à couvert léger, comme le chêne, le frêne, le sorbier et même le tremble. Au pied d'un chêne isolé, quelques tiges s'élèvent ordinairement. Mais il n'en est pas de même sous un hêtre ou sous un charme. L'effet nuisible du couvert dépend aussi de la hauteur des fûts. En tout cas, on peut évaluer la perte en sous-bois par l'estimation à vue du taillis couvert et du taillis découvert.

L'incertitude des valeurs dans l'avenir est un fait bien autrement important, et l'accroissement probable de la valeur des bois d'œuvre est une raison suffisante pour négliger dans les calculs l'influence du couvert. On peut même se borner, dans la plupart des cas, à comparer aux différents âges les valeurs du fût des arbres constitués, abstraction faite du cimeau. Le calcul, ainsi simplifié, donne une approximation suffisante.

3. — *Terme de l'exploitabilité commerciale des bois d'une forêt jardinée.*

Le développement des arbres dans la forêt jardinée est irrégulier, inégal et souvent extrêmement différent d'un arbre à l'autre. Tel sujet a $0^{m},20$ de diamètre à la base à 50 ans, tel autre, arrivé aux mêmes dimensions, compte déjà 100 ans ; le rapport des dimensions à l'âge des arbres est donc entièrement indéterminé. Mais la condition de conserver la forêt s'imposant avant tout, les exploitations ne doivent atteindre les arbres, en général, qu'après l'âge de fertilité, et en particulier qu'au-dessus d'une jeunesse capable de les remplacer. Telle est ici la limite inférieure de l'exploitabilité commerciale ; aller au delà, ce serait courir à la ruine de la forêt, et si la spéculation conduit souvent à détruire les bois, ce n'est plus en vue du placement en forêt.

Or, les arbres de la futaie jardinée, arrivés à l'âge de fertilité, sont en général desserrés par suite de l'exploitation des arbres voisins. On peut, dès lors, en étudier l'accroissement annuel ; il tend à se rapprocher d'une moyenne, sinon dans toute la série, au moins dans chaque parcelle. En cet état, les sapins prennent par exemple 2 1/2 millimètres d'accroissement annuel sur le rayon. Partant de cette donnée, on déduira le temps nécessaire au passage d'une grosseur à l'autre et d'une valeur à une autre valeur. Dans ce cas, il faut 20 ans pour que le diamètre augmente de $0^{m},10$; l'arbre de $0^{m},40$ valant par exemple 25 francs, arrive donc en 20 ans à $0^{m},50$ de diamètre, ce qui peut correspondre à une valeur de 60 francs, et celui-ci, en passant de même à $0^{m},60$, acquerra une valeur de 120 francs, double de la précédente.

Ces données permettent de procéder à la comparaison des valeurs de la même manière que pour les arbres réservés sur taillis. Mais il faut bien prendre garde que la part laissée ici à l'appréciation est encore beaucoup plus grande, tant dans la détermination des bases du calcul que dans l'application à des arbres de végétation très différente.

CHAPITRE SIXIÈME

DE L'ORDRE A SUIVRE DANS LES EXPLOITATIONS

Une fois arrêté le terme de l'exploitabilité d'une série, la nature des produits à en attendre est, par là même, déterminée. Dès lors il serait possible d'en régler les exploitations, de manière à n'abattre jamais que des bois exploitables, ce qui, à vrai dire, est la condition première de tout aménagement. Mais l'ordre à suivre dans la récolte des bois n'est pas indifférent. L'ordre d'exploitation des parcelles se trouve indiqué en premier lieu par l'âge ou l'avenir des peuplements; mais d'autre part l'assiette des coupes est soumise à des règles spéciales dont l'application, toujours utile, est parfois nécessaire; aussi conduit-elle très souvent à modifier l'ordre des exploitations qui résulterait de l'âge seul.

Les règles d'assiette sont établies et étudiées au cours de culture des bois. Elles ont été ramenées à leur expression la plus simple et la plus générale. Les effets de l'application et les résultats de l'inobservation sont nettement indiqués. Mais ce ne sont pas des règles de culture seulement; ce sont en même temps des règles d'aménagement d'une haute importance. Nous en avons déjà rencontré l'application dans la formation des parcelles et dans la constitution des séries. Nous la retrouverons à chaque pas nouveau dans l'étude théorique comme dans la pratique des aménagements.

La condition d'exploitabilité des bois se réalise, nous le savons, entre des limites parfois assez écartées. On peut avancer ou retarder l'exploitation dans une certaine mesure, tout en récoltant des produits de même nature, bien qu'un peu moins avantageux. Une futaie, à laquelle on demande la plus grande somme d'utilité, s'exploitera entre l'âge correspondant aux dimensions de la première catégorie du commerce et l'âge du retour des massifs. Un taillis simple, fonctionnant comme un placement de fonds, s'exploite à quelques années près, suivant le cours du prix des bois, ou par le fait de circonstances accidentelles et, de même, en raison des règles de l'assiette des coupes. On peut donc, en général, rester dans les conditions de l'exploitabilité et satisfaire assez bien aux règles d'assiette. Chacune d'elles influe d'ailleurs, en certains cas, sur l'ordre des exploitations.

La première règle d'assiette est précisément relative tout d'abord à l'ordre des coupes et subsidiairement à la forme. Elle prescrit d'asseoir les coupes de proche en proche, et de leur donner la forme la plus régulière. Or, les coupes étant assises de proche en proche, l'ordre en est le plus simple possible. Cet ordre naturel, outre les avantages culturaux qui s'ensuivent, permet seul l'application des autres règles d'assiette; il assure le contrôle et la surveillance des exploitations, alors groupées ou voisines, ainsi que le repos et le respect des bois en croissance, forcément éloignés de la hache; il garantit, mieux que tout autre soin, le temps nécessaire au développement des bois, puisqu'il s'oppose au retour des exploitations sur le même point avant qu'elles aient parcouru toute la série. La nécessité de cette règle devient évidente dans les forêts où elle n'a point été observée; les plus grands inconvénients du jardinage viennent de là. Le désordre et le mauvais état de nos forêts de plaine ont trouvé là également leur première cause; autrefois les vieux bois y dépérissaient dans certains coins reculés, perdus au milieu des peuplements les plus divers; aujourd'hui encore, des bois mal constitués et sans avenir, épars entre d'autres parcelles, peuvent occuper le sol pendant de longues années, tandis qu'à défaut de bois exploitables on détruit des massifs précieux et trop jeunes. Dans les taillis, la nécessité de la première règle d'assiette s'impose si bien qu'on l'applique naturellement avant toute autre règle et à la seule condition qu'elle n'amène pas la coupe de bois très éloignés de l'exploitabilité.

Si la distribution des peuplements d'âges divers ne permet pas souvent d'exploiter indéfiniment de proche en proche, en revanche ce n'est pas non plus nécessaire. Que l'exploitation d'un canton naturel ou d'un groupe important de peuplements se termine avant que d'autres parties soient entamées, l'ordre suffisant et tous les avantages de la première règle d'assiette seront obtenus. Rarement il est nécessaire de passer sans intervalle d'un canton au canton attenant, et généralement, c'est beaucoup moins utile que de se conformer aux exigences de l'âge ou de l'état des massifs. C'est donc par groupes de peuplements ou de parcelles qu'il convient d'appliquer la première règle d'assiette, c'est-à-dire dans une certaine mesure variable avec les forêts.

D'autre part, quand dans un même groupe les âges sont tellement différents que la première règle d'assiette ne serait applicable qu'au mépris des conditions d'exploitabilité, elle doit leur céder le pas. Il ne faut en excepter que le cas où elle est la condition nécessaire du maintien et de l'existence même des bois. En général, il suffit de tendre vers l'ordre désirable, en se maintenant toujours dans les conditions de l'exploitabilité. A l'exploitation suivante on pourra réaliser cet ordre ou s'en rapprocher encore plus. En tout cas, nous n'avons point à espérer jamais un ordre absolu, car pendant la vie des massifs, il peut survenir des événements imprévus qui dérangent l'ordre prescrit. Il serait donc imprudent de sacrifier à un résultat incertain le développement de produits précieux.

Ce que nous venons de conclure quant à la première règle d'assiette, la plus importante de toutes, s'applique plus ou moins aux autres. La deuxième règle prescrit de disposer les exploitations de sorte que la traite des bois n'ait pas lieu à travers les coupes précédemment exploitées. L'enlèvement des bois et surtout l'extraction des corps d'arbres exige le déplacement de masses considérables en terrain naturel au milieu de la forêt. Le transport en occasionne dans les recrus, et en général dans les jeunes bois, des dégâts énormes et parfois irréparables. La deuxième règle d'assiette donne le moyen de les prévenir. Dans un aménagement on doit l'appliquer d'une parcelle à l'autre, en prescrivant d'exploiter en premier lieu les parcelles les plus éloignées des routes, ou les parties hautes d'un versant rapide dont les bois seront forcément glissés, traînés ou lancés à travers les peuplements des parties inférieures. En ce qui concerne l'application de cette règle, elle se fait en particulier à chacun des cantons ou à chacun des rubans de montagne, et l'un d'eux est naturellement indépendant des autres. Elle est donc limitée sur le terrain à chacun des groupes de parcelles desservies par la même voie.

Dans les taillis, tous les peuplements sont trop jeunes pour permettre la traversée des voitures ou des bois dans leur intérieur. La deuxième règle d'assiette s'impose alors d'une manière absolue et conduit à donner à chaque coupe de taillis au moins une voie de transport indépendante des autres coupes. De là résulte la nécessité de prolonger ces coupes jusqu'aux chemins, de sorte que chacun d'eux desserve des coupes différentes à droite et à gauche; de là aussi l'ouverture des laies sommières.

La troisième règle d'assiette commande de diriger la suite des coupes en marchant à l'encontre des vents dangereux. Elle détermine donc la direction à donner aux exploitations en asseyant les coupes de proche en proche. On doit marcher contre le vent le plus dangereux par sa violence ou sa constance et par l'humidité qui l'accompagne. La principale raison de cette règle est l'abri nécessaire aux arbres de réserve isolés dans les coupes de régénération par l'exploitation de ceux qui les entouraient. Mais la muraille même des hauts massifs de futaie ouverts par les exploitations n'est à l'abri des ravages du vent que quand il ne peut la frapper. Si donc les vents redoutables viennent du sud-ouest, il faut que cette muraille regarde le nord-est; s'ils descendent du haut d'une vallée, il faut que les coupes la remontent.

Cette règle peut donc conduire à modifier l'ordre des exploitations que l'on aurait adopté sans elle pour un groupe de parcelles, et même à suivre la marche toute contraire; il est possible, en effet, que celle-ci permette seule d'appliquer la troisième règle d'assiette, tout en se conformant à la première et en restant, bien entendu, dans les conditions de l'exploitabilité.

Cette troisième règle est toujours applicable, aussi bien en plaine qu'en montagne. Elle est utile, non-seulement au maintien des massifs, mais encore en favorisant la reproduction et la végétation de plusieurs manières. L'abri, souvent nécessaire, presque toujours très utile, exerce son action à une distance assez grande ; en plaine, elle ne cesse complétement qu'à une distance égale à vingt fois environ la hauteur de l'abri. Ainsi, un massif haut de 25 mètres abrite les terres placées sous le vent jusqu'à 500 mètres. Il en résulte des bienfaits autrement grands que le dommage dû à l'ombrage immédiat porté sur une lisière de quelques mètres ; en général on voit l'un et on ne voit pas les autres. Ce n'est pas ici le lieu d'insister, si ce n'est pour établir l'utilité générale de l'abri dans les forêts. Il est plus ou moins utile aux taillis simples suivant la situation ; il est très utile aux arbres réservés dans les taillis sous futaie ; dans les futaies il est nécessaire pour les coupes de régénération ; dans les forêts résineuses il forme la condition première de la reproduction, tant en raison du maintien des arbres de réserve que de la dissémination des graines et de l'état du sol. Dans les hautes régions la condition d'abri s'impose tellement qu'elle prime toutes les autres ; l'abri constant devient alors nécessaire à la conservation de la forêt, ce qui peut entraîner le mode du jardinage, quand cet abri ne résulte pas du relief même du sol.

C'est donc dans des conditions très variables que doit avoir lieu l'application de la troisième règle d'assiette. Elle se fait d'une manière indépendante dans chaque portion de série naturellement abritée. Il est rare qu'elle soit nécessaire sur l'ensemble, de telle sorte qu'on ne doive jamais suspendre les exploitations sur un point pour les reprendre sur un autre. Mais il faut remarquer que l'inobservation prolongée de cette règle est difficilement réparable ; elle peut exiger, en effet, qu'au retour des exploitations on prenne les coupes à rebours, ce que permet rarement la suite des âges.

La quatrième et la cinquième règle d'assiette ne se rapportent qu'aux forêts de montagne. La quatrième établit que sur les terrains inclinés les exploitations doivent commencer par le bas et s'élever de proche en proche. C'est qu'en effet les vents exercent sur les forêts de montagne une action redoutable et de plus en plus puissante, à mesure que l'on s'élève sur un versant. En commençant les coupes par le bas, on assure aux parties en voie de régénération l'abri du massif qui les domine, et de plus les graines qu'il dissémine. Cette règle conduit donc à prescrire pour l'exploitation des parcelles comprises dans un même ruban, la marche de bas en haut.

C'est excellent, mais à condition que la pente ne soit pas trop forte. Quand celle-ci ne permet plus d'enlever les bois sans les faire passer à travers les parties inférieures en les traînant ou en les laissant aller, les recrus seraient inévitablement détruits ou dégradés par la traite des bois. Il en est ainsi en général sur les pentes rapides, c'est-à-dire qui dépassent un tiers. Alors on doit négliger la quatrième règle d'assiette pour satisfaire aux exigences de la seconde, et il faut commencer à exploiter par le haut, mais avec certaines précautions.

Quand le versant présente un grand développement en hauteur, il est rare que l'on n'y trouve pas des gradins qui le divisent, présentent un chemin transversal à la pente, ou permettent d'en établir un. Le versant forme alors plusieurs parties étagées, indépendantes au point de vue de la traite des bois. L'aménagement prescrira d'exploiter successivement les divers étages en commençant par l'étage inférieur, conformément à la quatrième règle ; mais, dans chacun d'eux, l'application nécessaire de la deuxième peut conduire à asseoir les coupes de haut en bas.

En tout cas, une mesure excellente consiste à former, de la partie supérieure de la forêt ou de la croupe de la montagne, quand les bois s'élèvent jusque-là, une portion réservée, un massif intact, sur une largeur assez grande pour se maintenir sûrement pendant l'exploitation des parties inférieures. Dans les hautes régions, ce massif ne comporte que le jardinage. Quand le climat n'est pas très rude, on peut l'exploiter en dernier lieu.

La cinquième règle d'assiette recommande d'asseoir des coupes longues et étroites, présentant la moindre profondeur aux vents. C'est une modification aggravante à l'application de la troisième. Il peut être utile d'agir ainsi même dans les taillis ; mais c'est surtout en montagne que ce procédé doit être employé. Il se rapporte plutôt d'ailleurs à l'assiette des coupes annuelles qu'à l'aménagement. Si utile que soit la cinquième règle d'assiette, on doit éviter cependant de donner aux coupes ou aux parcelles une longueur démesurée dans le sens de la pente, surtout quand celle-ci est très rapide. Les exploitations y deviennent alors onéreuses, et l'aménagement même peut en être affecté. Il est préférable de diviser le versant par une ou deux lignes transversales formant chemins autant que possible.

On voit quelles conditions variées et complexes les règles d'assiette posent aux aménagements. Souvent on y satisfait sans même s'en rendre compte ; mais il n'est pas rare qu'on les néglige de même. L'étude spéciale des diverses parties d'un aménagement montre d'ailleurs comment elles interviennent dans toute l'économie de la forêt.

[illegible]

[illegible]

[illegible]

[illegible]

[illegible]

LIVRE TROISIÈME

Établissement du plan d'exploitation dans les aménagements de futaie

DONNÉES GÉNÉRALES

Après avoir arrêté le régime, le mode de traitement et la révolution ou le terme de l'exploitabilité, qu'il convient d'appliquer à une forêt ou à chacune des grandes masses qui la composent, il reste à prescrire les exploitations, à en régler la marche et à déterminer la possibilité pour chaque série. Ce travail constitue le *plan d'exploitation;* c'est le corps même de l'aménagement et la loi qui régira les forestiers chargés de l'appliquer.

Le plan d'exploitation se résume ordinairement en un ou plusieurs tableaux, où l'on réunit les prescriptions relatives aux exploitations pour qu'il soit facile d'en embrasser l'ensemble. Il prend une forme particulière, suivant le mode de traitement auquel la série est soumise. En effet, la nature et la marche des coupes, ainsi que le genre de possibilité, diffèrent d'un mode de traitement à l'autre, par exemple dans les futaies éclaircies et dans les futaies jardinées.

Les futaies soumises au mode des éclaircies donnent des produits très divers tant par l'âge que par les dimensions. Les bois qui tombent dans les coupes de régénération forment les *produits principaux ;* les coupes d'amélioration, qu'il y a lieu d'opérer pendant le développement des massifs, fournissent des produits de second ordre auxquels on a donné le nom de *produits accessoires* ([1]).

En aménagement, on entend donc par produits principaux les bois des coupes suivies de reproduction, c'est-à-dire des coupes de régénération; les chablis et les arbres morts sont généralement rangés dans la même catégorie. Les produits accessoires comprennent les bois exploités dans les éclaircies et dans les nettoiements, ou, en général, dans les coupes d'amélioration.

Dans les futaies traitées par éclaircies la possibilité des produits principaux se règle par volume. Des étendues égales donneraient des produits souvent très différents; d'ailleurs, il est impossible de prévoir, à quelques années près, la naissance et le développement des semis, qui exigent d'un point à l'autre le maintien d'arbres de réserve plus ou moins nombreux. Toutes les tentatives qu'on a faites pour déterminer par contenance la possibilité des futaies, n'ont donné que des résultats insuffisants et souvent regrettables. Il convient, au contraire, de baser la possibilité des produits accessoires sur l'étendue et non pas sur le volume. C'est plus simple; c'est le plus sûr moyen de régler le retour des éclaircies

---

([1]) Il faut éviter de confondre ces produits, accessoires au double point de vue de la culture et de l'aménagement, avec les produits dits accessoires en langage administratif. Ces derniers sont les produits des forêts communales, ligneux ou autres, qui ne sont pas assujettis à la taxe du vingtième pour frais d'administration; les produits analogues des forêts domaniales reçoivent le nom spécial de menus produits.

à époque convenable ; c'est la seule manière de conserver à ces opérations le caractère essentiel de coupes d'amélioration, en laissant aux agents d'exécution une liberté entière quant au volume à exploiter.

Le plan d'exploitation doit satisfaire à plusieurs conditions fondamentales. Il faut d'abord, autant que possible, qu'il fasse arriver chaque parcelle en tour de régénération vers l'époque marquée par le terme de l'exploitabilité des bois. Il faut aussi qu'il imprime aux exploitations des produits principaux une direction conforme aux règles de l'assiette des coupes.

En outre, il est très important que le rendement d'une forêt se maintienne assez égal pendant toute la durée de la révolution. Cette condition du rapport soutenu, on peut chercher à la réaliser dans les futaies soumises au mode des éclaircies, en exploitant pendant des périodes égales ou des volumes réellement égaux, ou simplement des massifs couvrant des surfaces équivalentes. Là est le point de départ de deux systèmes différents applicables à l'établissement du plan d'exploitation de ces futaies. Ils ont donné naissance à deux sortes de méthodes d'aménagement, *les méthodes dites par volume* et *la méthode par contenance.* Nous les examinerons séparément; mais auparavant il importe de préciser la valeur pratique du principe fondamental, que chacune d'elles a pour but de réaliser, le rapport soutenu.

CHAPITRE PREMIER

DU RAPPORT SOUTENU

Dans les futaies dont la possibilité se fonde sur le volume, il semble qu'on pourrait assurer la condition du rapport soutenu en divisant le matériel total des bois à abattre dans le cours de la révolution par le nombre des années qu'elle embrasse. Mais ce matériel comprendra le volume actuel des bois sur pied et le volume dont ils s'accroîtront jusqu'au moment des exploitations successives. Or, il est impossible de calculer, avec une exactitude suffisante, l'accroissement futur des bois qui ont encore longtemps à attendre avant d'arriver en tour d'exploitation. C'est pourquoi il est de principe en aménagement de diviser la révolution des futaies en un certain nombre de périodes et de calculer successivement la possibilité de la forêt pour la durée de chacune d'elles.

A cet effet, on répartit entre ces périodes les exploitations à faire pendant toute la révolution, de manière à obtenir des produits aussi égaux que possible en des temps égaux. Cette répartition se fait soit par volume, soit par contenance, et c'est en cela que consiste le caractère distinctif des méthodes d'aménagement. Ensuite on détermine la quotité annuelle des produits à exploiter pendant la première période ; on fait de même à l'entrée de chacune des périodes de la révolution, et si, au passage d'une période à la suivante, la possibilité reste sensiblement la même, il est clair que le rapport est soutenu. Réciproquement, si les conditions qui doivent assurer le rapport soutenu ont été bien déterminées, la possibilité ne variera pas, ou du moins elle différera peu d'une période à l'autre.

Assurer le rapport soutenu et calculer la possibilité sont donc deux opérations bien distinctes dans les aménagements de futaie. La première et la plus importante consiste, avons-nous dit, dans une répartition convenable des exploitations entre les périodes de la révolution. Or, de quelque manière que cette répartition soit faite, on comprend, *à priori*, qu'il est impossible d'arriver par avance à équilibrer parfaitement les produits totaux par période. C'est donc non-seulement un problème difficile que celui du rapport soutenu; c'est encore une question dont on ne peut donner qu'une solution approchée. Souvent même il n'est pas possible d'établir le rapport soutenu sans exploiter tardivement ou prématurément certains bois. Il importe, dès lors, de reconnaître tout d'abord jusqu'à quel point l'intérêt du propriétaire demande que le rapport soit soutenu et les produits annuellement ou périodiquement égaux.

Les limites dans lesquelles peut varier le rapport soutenu, ou la possibilité de deux périodes successives, dépendent de l'état et de la situation des forêts et surtout de la qualité du propriétaire.

Si le propriétaire est un simple particulier, son but principal sera de tirer le plus grand profit en argent de sa propriété; il ne tiendra pas compte, en général, de l'égalisation des produits annuels ou périodiques, et n'admettra d'autres règles à cet égard que la satisfaction de ses besoins personnels et l'accroissement de sa richesse, vendant et exploitant beaucoup quand les produits sont recherchés, réduisant ou suspendant les exploitations quand la demande est rare et les prix faibles.

Cependant, pour que le possesseur d'une vraie forêt, qui constitue d'ordinaire une portion notable de sa fortune, puisse négliger le rapport soutenu en suspendant les coupes, il faut qu'il trouve à se procurer ailleurs que dans cette forêt le revenu annuel dont il a besoin. C'est un fait assez rare dans l'état actuel des choses, et souvent la nécessité du rapport soutenu ne se fait que trop sentir; il en résulte alors des exploitations prématurées au détriment du capital et des revenus postérieurs.

Si le propriétaire est un établissement public ou une commune, il faut déterminer la possibilité et le rapport soutenu aussi exactement que possible. En effet, la commune est une réunion impérissable d'individus dont toutes les générations ont droit de jouir au même degré du revenu des propriétés communales, soit par des affouages, soit en vendant les produits pour couvrir les dépenses du budget annuel. Il en est de même des établissements publics. Mais si les communes et les établissements publics tiennent de l'État par leur constitution, les uns et les autres ont, comme les particuliers, des besoins toujours pressants, parce qu'en général leurs ressources sont bornées et ne consistent souvent que dans le revenu de leurs bois. Chaque année, le budget de leurs dépenses est réglé d'après ce revenu, c'est-à-dire d'après les produits présumés de la forêt. Il importe donc que la quotité annuelle de ces produits soit bien déterminée d'avance et présente le moins de variations possible. Il est d'ailleurs indispensable de conserver en temps ordinaire des ressources pour parer à l'imprévu; la loi y a pourvu en prescrivant de mettre en réserve un quart de la forêt pour faire face aux besoins extraordinaires.

Bien souvent la condition du rapport soutenu, qui prévient l'exagération des coupes, se présente dans les forêts communales comme une garantie nécessaire de la conservation de la forêt. C'est pourquoi l'ordonnance réglementaire du Code forestier, tout en évitant d'imposer aux communes des aménagements réglés dans l'intérêt des produits en matière et de l'éducation des futaies, a posé du moins de sages limites aux exploitations. Il est de première importance de les respecter.

Enfin, s'il s'agit des bois de l'État, la question du rapport soutenu pourra être subordonnée au traitement que les peuplements réclament. Le devoir de l'État, comme propriétaire de forêts, est en effet de créer la plus grande quantité possible des produits réclamés par les besoins journaliers de la consommation; c'est aussi d'assurer les ressources nécessaires au service public des grandes constructions civiles ou navales. Les forêts domaniales doivent donc être soumises au régime et au genre d'exploitabilité qui, eu égard aux essences et aux conditions particulières de la végétation, assureront la production en matière la plus utile. Il est évident, en outre, que les besoins de l'État et de la société qui le compose devant se renouveler sans cesse, il faut que les forêts domaniales puissent satisfaire en tout temps, dans la mesure du possible, aux exigences diverses de la consommation. D'où il suit : d'abord que ces forêts doivent être exploitées en coupes annuelles et par produits égaux, et ensuite que dans le traitement et l'exploitation de celles d'entre elles qui sont peuplées des essences les plus précieuses on doit ménager un fonds de réserve toujours disponible; il est appelé à faire face en tout temps à des besoins imprévus, comme ceux de la marine et de l'armée en cas de guerre.

Tels sont les principes qui doivent présider à la distribution des produits des forêts domaniales, principes dont l'application serait facile si toutes les forêts étaient régulières et peuplées des meilleures essences, si chacune d'elles était soumise au régime, au mode de traitement et à la révolution qui conviennent à l'essence principale. Mais beaucoup de forêts sont irrégulières ou peuplées principalement d'essences de second ordre, ou exploitées à un âge et suivant un mode de traitement qui ne comportent pas la production la plus avantageuse. Il importe donc tout d'abord d'améliorer la constitution actuelle de ces forêts et de les amener, peu à peu, à un état meilleur.

Pour opérer la transformation ou l'amélioration d'une forêt, on se trouve souvent obligé de sacrifier pendant quelque temps le rapport soutenu au succès des opérations de culture. Toutefois, l'atteinte ainsi portée à l'un des principes fondamentaux de l'économie forestière peut être plus apparente que réelle; car si, au lieu de considérer une forêt isolément, on tient compte de la production de toutes celles qui sont situées dans le même bassin de consommation, souvent on verra des compensations s'établir entre les produits tantôt exagérés et tantôt restreints de chacune d'elles. Souvent aussi, par l'aménagement, il sera possible de combiner les exploitations de série à série dans une même forêt, de façon que, pour chaque période de la révolution, la possibilité générale ne varie pas d'une manière sensible. Ajoutons enfin que l'amélioration incessante des voies de transport permet aux produits forestiers de se répandre plus uniformément dans toute la France et de se déverser d'une contrée dans une autre, de manière à satisfaire tous les besoins de la consommation dans la mesure du possible.

En résumé, on doit s'efforcer, dans les aménagements de futaie, de combiner les exploitations de manière à délivrer des produits suffisamment égaux dans des temps égaux de la révolution. Cependant, si une forêt se trouve dépourvue de matériel exploitable, il vaut certainement mieux attendre la maturité des bois les plus âgés que de les abattre quand ils sont, pour ainsi dire, à la veille d'atteindre toutes leurs qualités. Si, au contraire, les bois vieux sont abondants, tandis que ceux de la classe d'âge suivante ne sont pas convenablement représentés, il est de bonne administration de répartir entre les deux premières périodes de la révolution l'exploitation du vieux matériel, fût-il actuellement exploitable, afin de réserver à la génération prochaine les gros bois dont elle aura besoin, et de donner aux peuplements plus jeunes le temps d'arriver à maturité.

La production des bois de fortes dimensions est, en effet, la principale raison d'être des forêts domaniales, car on peut demander les autres produits ligneux aux forêts des communes et des particuliers. On s'attachera donc à ménager, autant que possible, ce qu'il en reste dans les forêts de l'État, et l'on se gardera de livrer à l'exploitation des arbres vigoureux, bien constitués et bien venants, avant qu'ils aient atteint les dimensions de l'exploitabilité. Cette recommandation s'applique surtout à nos deux essences principales, le chêne et le sapin, qui, sous le climat de France, donnent des produits d'une remarquable qualité. Nos forêts domaniales, telles qu'elles sont aujourd'hui constituées, ne peuvent plus fournir qu'une faible part des gros bois nécessaires aux besoins du pays, et nous sommes réduits à tirer de l'étranger une grande partie de nos approvisionnements en bois de menuiserie et de tonnellerie. Ils nous viennent les uns par la Baltique, les autres par l'Adriatique. Or, on sait, de source certaine, que les forêts voisines de ces deux mers sont en voie de s'appauvrir et même de s'épuiser, et bientôt, dans moins d'un demi-siècle peut-être, nous serons privés de cette ressource. Il importe donc, maintenant plus que jamais, et tant qu'il est encore possible, de nous appliquer à élever de gros bois, dussions-nous, pour atteindre ce résultat, réduire momentanément le revenu des forêts domaniales, et négliger, pour un temps relativement court, d'exploiter sous la condition du rapport soutenu [1].

---

[1] Aux portes de Paris, la forêt de Fontainebleau se présente aujourd'hui dans un état plein d'enseignements. Sur une étendue de 17,000 hectares, elle comprend 1,000 hectares environ de futaies, 2,000 hectares de perchis âgés de 90 à 50 ans, 13,000 hectares de taillis et de jeunes pineraies, plus un millier d'hectares de roches nues. Sur les seize milliers d'hectares productifs, un seulement porte donc des vieux bois. Ce sont principalement les beaux cantons réservés dans l'intérêt de l'art. Mais, n'eût-on pas cette raison particulière de conserver ces futaies, il n'en serait pas moins utile, au point de vue économique, de n'y toucher qu'avec le plus grand ménagement; il serait bon de mettre à les exploiter un temps assez long pour que les bois les plus âgés après eux aient acquis, et sur une notable étendue, de fortes dimensions. Qu'arriverait-il en effet si, en vue du rapport soutenu, on exploitait annuellement à Fontainebleau la production moyenne? En moins de dix ans les futaies auraient disparu; dans vingt ans il en serait de même des perchis: à la fin du siècle le souvenir des grands bois s'éteindrait avec la génération qui les aurait vus tomber. Peut-être refuserait-on de croire alors que ces sables sont capables de produire des futaies, et, pour un temps illimité, cette forêt serait vouée à la ruine. La plus stricte épargne est maintenant la garantie indispensable de l'avenir de cette belle forêt, et le rapport soutenu doit y rester longtemps entièrement subordonné aux conditions nécessaires d'exploitabilité et de repos.

Il ne faudrait pas induire de là néanmoins qu'on peut, en certains cas, négliger complétement le rapport soutenu, en faire abstraction et suspendre les exploitations, ou même, seulement, les réduire à un chiffre minime. Pour s'en rendre compte, il suffit d'un instant de réflexion. Supposons, par exemple, qu'à Fontainebleau le revenu, réduit à cent mille francs, suffise à peine à payer les frais de surveillance et d'entretien, sans profit immédiat pour le Trésor, ou bien que les produits soient trop faibles pour fournir à la ville enclavée le bois nécessaire aux

CHAPITRE DEUXIÈME

MÉTHODE D'AMÉNAGEMENT PAR VOLUME

ARTICLE Ier

EXPOSÉ DE LA MÉTHODE

Les méthodes d'aménagement par volume se fondent sur la division du temps et des produits matériels en portions égales et correspondantes. Parmi ces méthodes, nous ferons connaître celle de Hartig, qui donna naissance à toutes les autres et qui en résume l'idée générale.

Pour évaluer les produits à récolter, il est indispensable de connaître l'époque à laquelle sera exploité chacun des peuplements de la série. On est donc conduit

---

usages les plus communs, ainsi au chauffage. Il n'est pas admissible qu'un tel état de choses puisse être longtemps maintenu. Bientôt une réaction aurait lieu et l'aménagement trop parcimonieux serait compromis ou rejeté. Une telle rigueur est d'ailleurs inutile; il n'est pas de forêt, si pauvre qu'elle soit, qui ne présente des peuplements de peu d'avenir et ne puisse donner, sans dommage, des produits secondaires d'une certaine importance. Ainsi la condition du rapport soutenu se pose toujours dans une certaine mesure, et toujours se présentent quelques moyens d'y satisfaire. Seulement la mesure et les moyens, extrêmement divers, exigent une appréciation sûre et une entière connaissance des faits.

à prévoir par hypothèse les époques d'exploitation des divers peuplements. La révolution étant arrêtée, l'ordre à suivre dans les exploitations admis, cette hypothèse se présente d'ailleurs d'une manière naturelle et simple.

Après avoir divisé la révolution en un certain nombre de périodes égales, on fait donc une première répartition des parcelles entre ces périodes en suivant l'ordre indiqué par l'âge des bois et par les règles d'assiette. On forme ainsi un tableau divisé en autant de compartiments (1) qu'il y a de périodes dans la révolution et qui s'intitule : *Plan provisoire d'exploitation*. Puis on détermine la quotité des produits matériels que chacune des parcelles devra fournir dans le cours des différentes périodes :

1° *En produits principaux*, en supposant que la régénération de chaque parcelle aura lieu vers le milieu de la période à laquelle l'exploitation en est assignée ;

2° *En produits accessoires*, en supputant la quotité de ces produits que pourra donner chaque parcelle, en coupes d'éclaircie ou autres, pendant les diverses périodes de la révolution.

On fait la somme de tous ces produits par période ; puis on procède à l'égalisation des produits périodiques par des transferts de volumes entre les périodes voisines. Ceci conduit à modifier le premier état de répartition des produits et à former un second tableau qui n'est autre que le *Plan définitif d'exploitation*.

En divisant alors la somme des produits de la première période par sa durée, on obtient enfin la possibilité annuelle ou le nombre de mètres cubes à exploiter chaque année dans la série entière, tant en coupes de régénération qu'en coupes d'éclaircie ou autres.

---

(1) De là le nom de méthode par compartiments adopté en Allemagne.

ARTICLE II

EMPLOI DE LA MÉTHODE D'AMÉNAGEMENT PAR VOLUME

L'analyse de la méthode d'aménagement par volume montre qu'elle exige deux opérations principales :

L'estimation du volume des bois à abattre dans chaque parcelle, tant en coupes de régénération qu'en coupes d'amélioration pendant chacune des périodes de la révolution ;

La répartition de ces produits par quantités égales entre toutes les périodes.

Avant de procéder à ces deux opérations, nous avons dit qu'on classait provisoirement les parcelles dans les périodes où elles doivent être régénérées, en tenant compte de l'âge des bois et des règles d'assiette. Or, les bois devant être abattus en égale quantité pendant chacune des années, on peut considérer que les exploitations auront lieu comme si chaque parcelle devait être régénérée vers le milieu de la période. On s'appuie donc sur cette indication pour déterminer : d'une part, le volume présumé des produits principaux que chaque parcelle pourra fournir dans le contingent de la période pendant laquelle en aura lieu l'exploitation; d'autre part, les époques auxquelles les diverses parcelles seront atteintes par les coupes d'amélioration, et le produit probable que chacune de ces coupes pourra donner.

Constatons d'abord que, pour déterminer ces volumes, il faut se livrer à des calculs d'estimation et d'accroissement compliqués ; il est nécessaire d'évaluer non-seulement le volume que livrera chaque peuplement à l'époque de la régénération, mais encore le volume des bois à extraire de chaque parcelle, en coupes d'éclaircie ou autres, pendant chacune des périodes de la révolution, avant comme après l'époque fixée pour la régénération. Quoi qu'il en soit, on fait la somme des produits par période. Mais la répartition des parcelles n'a eu lieu qu'en raison de l'âge des bois et de l'ordre fixé pour la régénération, sans qu'il ait été tenu compte de l'étendue ni de la consistance des peuplements classés dans chaque période; il s'ensuit que dans le plan provisoire il y a nécessairement des différences assez grandes entre les produits périodiques. De là résulte la nécessité de procéder à l'égalisation de ces produits par les opérations de transfert.

Pour y parvenir, on fait la somme de tous les produits principaux et accessoires à réaliser pendant toute la révolution suivant les indications du plan provisoire d'exploitation; soit, par exemple, 120,000 mètres cubes. On divise cette somme par le nombre des périodes, et le quotient exprime la quotité des produits qu'il y a lieu d'attribuer à chacune d'elles; ce serait alors, si la révolution est divisée en quatre périodes, 30,000 mètres cubes. Puis, si par hasard les exploitations à faire dans le cours de la première période, conformément au plan provisoire d'exploitation, permettent de compter sur un produit total de 35,000 mètres cubes au lieu de 30,000, on réduit le contingent de cette période de 5,000 mètres cubes pris dans les parcelles à régénérer les dernières et reportés à la période suivante. Ou, inversement, si les produits primitivement attribués à la première période ne s'élèvent qu'à 25,000 mètres cubes, on y ajoute 5,000 mètres cubes pris dans les parcelles à régénérer les premières pendant la période suivante.

On continue ainsi, de période en période, pour obtenir une répartition parfaite des produits périodiques. Mais ce résultat n'a lieu qu'après bien des tâtonnements et des calculs ; car les transferts de volumes, de période à période, ayant pour effet de changer l'époque de régénération de certains peuplements, affectent en même temps le rendement des coupes principales et la production des coupes d'amélioration. Par suite, la somme totale des produits à réaliser durant la révolution diffère du volume calculé en premier lieu, et, dans l'hypothèse faite, elle ne sera plus de 120,000 mètres cubes, de même que la moyenne des produits périodiques ne sera plus de 30,000 mètres cubes. Toutefois, ce n'est qu'en constituant le contingent de la dernière période avec le restant des produits que l'on sera éclairé sur ce point et que l'on pourra se décider, suivant l'importance de l'écart, soit à passer outre en admettant le dernier plan d'exploitation projeté, soit à poursuivre une égalisation plus rigoureuse ; dans ce dernier cas, on procède à un nouveau plan sur la base des produits totaux à réaliser d'après le précédent état de répartition, ce qui conduit à une solution plus approchée du problème.

ARTICLE III

APPRÉCIATION DE LA MÉTHODE D'AMÉNAGEMENT PAR VOLUME

Les procédés d'un aménagement par volume sont nécessairement très complexes ; ils comportent le calcul du volume de tous les bois sur pied dans la série, l'évaluation de tous les accroissements que prendront ces bois jusqu'à l'époque d'exploitation, enfin l'appréciation des produits accessoires que fourniront avant la fin de la révolution les peuplements obtenus en remplacement des bois exploités, peuplements qui n'existent pas encore. Il était en effet dans l'esprit de la méthode de déterminer la possibilité annuelle en tenant compte de tous les produits réalisables.

Dans l'application elle donne des résultats d'une incertitude inévitable. Quels moyens en effet mettre en usage pour évaluer l'accroissement que prendront, pendant cinquante ou cent ans, des bois encore très éloignés de la maturité ? Quels qu'ils soient, ces moyens n'offrent pas de garanties suffisantes.

L'incertitude des résultats ne pouvait échapper aux promoteurs de la méthode. Aussi, pour éviter l'accumulation d'erreurs résultant d'un chiffre de possibilité trop fort ou trop faible, appliqué pendant de longues années, prescrivaient-ils de vérifier souvent, tous les dix ans par exemple, le plan d'exploitation. Ces vérifications fréquentes sont le complément nécessaire de toute méthode d'aménagement par volume. Elles consistent dans l'établissement d'un nouveau plan d'exploitation, différent nécessairement du précédent, tous les peuplements ayant été modifiés depuis l'établissement du premier plan. De là une instabilité forcée des prescriptions relatives au traitement et, en somme, de tout l'aménagement. L'époque d'exploitation d'un peuplement dépendant du chiffre de la possibilité varie avec celui-ci, et par suite il peut arriver que toutes les opérations à faire dans la parcelle soient modifiées.

Ces inconvénients, qui résultent du procédé même, auraient suffi à faire rejeter la méthode, surtout en France, où le désir de l'ordre, de la simplicité et de la stabilité dans les aménagements avait conduit à généraliser l'application du mode à tire et aire. Mais les méthodes par volume doivent être rejetées à cause du principe même. Ces méthodes, fondant la répartition des exploitations uniquement sur le volume, ont pour objet essentiel la détermination rigoureuse de la possibilité annuelle. En principe, elles cherchent le rapport soutenu indépendamment de l'amélioration de la forêt. Que les vieux bois soient en excès ou en déficit, un volume donné doit en être exploité chaque année. S'il y en a trop, les derniers dépériront avant d'être atteints par les coupes; s'ils ne sont représentés que d'une manière insuffisante, après un court laps de temps on se trouvera conduit à faire tomber des bois encore éloignés de la maturité, des produits imparfaits. Les méthodes par volume subordonnent donc à la condition du rapport soutenu la production des bois les plus utiles.

Il en est de même du traitement. Elles conduisent en effet à régénérer trop tôt ou trop tard, conditions toujours défavorables, et à opérer des coupes d'amélioration dans l'incertitude de l'époque des exploitations principales ou bien en vue de ces exploitations à une époque autre que celle de la maturité des massifs. Or, dans les futaies des principales essences, le traitement et les opérations culturales qu'il comporte sont souvent bien autrement importants que l'égalisation des produits. Ainsi en est-il dans nos forêts de chêne, dans nos futaies irrégulières, si nombreuses, dans nos sapinières autrefois jardinées, et surtout dans nos taillis à convertir en futaie. En principe donc, les méthodes par volume sont essentiellement défectueuses.

Ces méthodes d'aménagement n'ont pas été appliquées en France. Elles avaient trouvé leur raison d'être en Allemagne à la fin du siècle dernier. Les forêts y étaient alors très irrégulières et parfois même sans gradation d'âges bien marquée. Un grand nombre de ces forêts, riches surtout en hêtres, formaient des futaies appartenant à de petites principautés; elles donnaient à la caisse princière une part notable de ses ressources. Il était impossible de les soumettre au mode des éclaircies en basant lés exploitations sur les surfaces, sans compromettre beaucoup le rapport soutenu. Outre l'avantage de donner ce rapport, nécessaire en ces forêts, la méthode de Hartig eut d'ailleurs un grand mérite : ce fut le premier pas fait dans l'aménagement régulier des futaies. Les défauts en apparurent promptement ; l'application et la discussion montrèrent tout à la fois les inconvénients et la manière d'y remédier. La méthode d'aménagement par contenance en devint une conséquence nécessaire. Celle-ci a été formulée et développée en France suivant le besoin de nos forêts ; elle est enseignée à l'École forestière depuis nombre d'années.

CHAPITRE TROISIÈME

MÉTHODE D'AMÉNAGEMENT PAR CONTENANCE

ARTICLE Ier

EXPOSÉ DE LA MÉTHODE

La méthode d'aménagement par contenance se fonde sur la division du temps et du terrain en portions équivalentes et correspondantes. Elle consiste en premier lieu à partager la révolution en un certain nombre de périodes, ordinairement égales, et l'étendue de la série en un même nombre de parties, qui devront être successivement régénérées pendant les périodes correspondantes. Ces portions d'une même série, recevant le nom d'affectations périodiques, seront exploitées dans des temps égaux ; elles doivent donc être composées de façon que chacune d'elles fournisse, autant que possible, la même somme de produits.

La division corrélative de la révolution en périodes et de la série en affectations périodiques est soumise à des règles que nous examinerons plus loin.

On la présente ordinairement en un tableau où l'on fait figurer en regard de chaque période la désignation et la contenance des parcelles appartenant à l'affectation correspondante. Ce tableau montre le cadre général des exploitations, et la division corrélative de la série et de la révolution constitue le *plan général d'exploitation*. Établi pour toute la durée de la révolution, celui-ci ne doit contenir d'autres indications que celles qui ont trait à la composition des affectations et à l'ordre dans lequel elles seront régénérées.

Mais ces renseignements seraient insuffisants pour guider les agents chargés d'appliquer l'aménagement; il est nécessaire de les compléter en faisant connaître la nature, la marche et la quotité des exploitations à exécuter successivement dans toute la série. Ce travail reçoit le nom de *règlement spécial des exploitations;* il donne lieu à un ou plusieurs tableaux dans lesquels sont consignées les prescriptions relatives aux exploitations pour la durée d'une période seulement.

Ainsi, tandis que le plan général d'exploitation est établi pour toute la durée de la révolution, la marche des opérations de culture n'est réglée et la possibilité annuelle calculée que pour la durée d'une période. Par conséquent, au début de chaque période il devient nécessaire d'établir un nouveau règlement des exploitations, c'est-à-dire de tracer la marche des coupes et de calculer la possibilité pour la durée de cette période. Dans son ensemble, cette opération prend le nom de *révision périodique de l'aménagement*.

Enfin, pour parer aux erreurs d'estimation et aux accidents qui surviennent, il est de règle de vérifier la possibilité une ou plusieurs fois dans le cours de la période et à des époques déterminées.

Après cet exposé sommaire de la méthode par contenance, nous allons voir comment elle s'applique à l'aménagement des futaies que l'on doit soumettre au mode du réensemencement naturel et des éclaircies.

ARTICLE II

ÉTABLISSEMENT DU PLAN GÉNÉRAL D'EXPLOITATION.

L'établissement du plan général d'exploitation d'une futaie aménagée d'après la méthode par contenance réside tout entier dans le partage de la révolution en périodes et de la série en affectations correspondantes.

En ce qui concerne les périodes on admet, pour plus de simplicité, qu'elles seront en général d'égale durée. Quelle sera cette durée ?

On a beaucoup discuté sur cette question, et cependant la solution nous en semble bien simple. Il est de règle que les peuplements arrivant en tour d'exploitation principale dans le cours d'une période doivent être régénérés pendant la durée de cette période. Or, dans la plupart de nos forêts on ne peut obtenir d'une manière satisfaisante, complète et sûre la régénération d'un massif de futaie par le mode du réensemencement naturel et des éclaircies qu'en procédant avec beaucoup de prudence à l'assiette des coupes d'ensemencement, secondaires et définitive. De là résulte la nécessité de donner aux périodes une durée assez longue pour laisser aux agents d'exécution le temps d'établir les coupes secondaires et définitive avec le soin, les précautions et la lenteur qui seuls assurent le succès de ces opérations. D'autre part, la durée des périodes ne doit pas dépasser le nombre d'années au delà duquel on ne peut plus prévoir avec une certitude suffisante les opérations de culture qui seront réclamées par l'état des peuplements. Ces limites de la durée des périodes paraissent aujourd'hui fixées par l'expérience entre 30 et 40 ans, et ce n'est que par exception qu'il peut y avoir intérêt à s'en écarter.

En supposant que l'on ait affaire à une sapinière exploitable à 150 ans, on voit donc qu'il est possible de partager la révolution en cinq périodes égales de 30 ans, durée nécessaire à la régénération.

En même temps il y a lieu de former les affectations périodiques. A cet effet, on s'attache tout d'abord à colloquer dans l'affectation de la première période les parcelles dont la régénération est la plus urgente, c'est-à-dire en général celles qui renferment les bois les plus vieux, et successivement, dans les affectations des autres périodes, des peuplements moins âgés, jusqu'à la dernière où sont classés les bois les plus jeunes. On cherche ainsi à faire arriver chaque parcelle en tour de régénération vers l'âge marqué par le terme de l'exploitabilité des bois. Mais, en faisant cette répartition des parcelles, on n'oublie pas qu'il faut imprimer aux exploitations principales une direction conforme aux règles sur l'assiette des coupes. Et, comme on ne peut satisfaire aux conditions essentielles de l'assiette des coupes qu'en exploitant de proche en proche, il s'ensuit en principe que chaque affectation doit être formée de parcelles contiguës ou d'un groupe de parcelles d'un même tenant.

Réciproquement, les groupes de parcelles qui se présentent dans une forêt en grandes masses peuplées chacune de bois peu différents d'âges, vieux dans l'une, jeunes ou d'un âge intermédiaire dans les autres, déterminent le nombre et la situation des affectations et, par suite, le nombre et la durée des périodes.

Si par exemple la sapinière que nous considérons comprenait quatre groupes à peu près équivalents de peuplements bien distincts sur le terrain et représentant les quatre principales classes d'âges, on se déciderait naturellement à partager la série en quatre affectations et la révolution en quatre périodes au lieu de cinq. Et, comme le chiffre adopté pour la révolution n'est pas divisible par quatre, on serait conduit, si l'on tient à des périodes égales, à réduire ou à prolonger de quelques années la durée de la révolution, ce qui en général est assez indifférent pour une sapinière dont l'exploitabilité a lieu vers l'âge de 150 ans.

Dans l'hypothèse que nous avons choisie, les quatre affectations, naturellement formées sur le terrain, sont de contenances égales ou équivalentes en fertilité et capables de donner les mêmes produits à l'âge d'exploitabilité. Le rapport soutenu est donc assuré, autant qu'il peut l'être, pour la durée de la révolution, et le plan d'exploitation établi sur ces bases remplit les trois principales conditions auxquelles il doit satisfaire.

Il est rare que la formation des affectations puisse avoir lieu dans des circonstances aussi simples. Le plus souvent les peuplements appartenant aux principales classes d'âges ne sont pas répartis d'une manière convenable dans chaque série. Quelquefois même certains âges font défaut, de sorte que, pour pouvoir exploiter avec continuité, on est obligé de colloquer dans l'affectation de la période correspondant à ces âges des bois trop jeunes ou des bois trop vieux. En présence de ces difficultés et de bien d'autres qu'il est impossible d'énumérer, mais qui se rencontrent dans presque tous les aménagements, on peut se trouver fort embarrassé ; il arrive ainsi qu'il est difficile de prévoir au delà d'une période la succession des coupes principales à asseoir dans la série, à plus forte raison de préjuger la quantité des produits à réaliser pendant chacune des périodes de la révolution. Cependant, sans chercher une égalisation parfaite des produits périodiques, on doit tout au moins s'attacher à composer les affectations de manière à éviter des écarts trop considérables dans le rendement, entre deux périodes consécutives. On y parvient en général en donnant aux affectations des contenances égales ou, dans quelques cas particuliers, en leur attribuant des étendues équivalentes en fertilité.

En procédant ainsi de la manière la plus simple à l'établissement du plan d'exploitation, il n'est donc pas toujours possible d'assurer un rendement bien soutenu pendant toute la durée de la révolution; mais, si chaque affectation peut être régénérée intégralement et à son tour pendant la période correspondante, la série entière se trouvera couverte de bois d'âges bien gradués à l'expiration de cette révolution. Ce résultat est désirable assurément; cependant il ne faudrait pas chercher à l'obtenir en exploitant des massifs importants longtemps avant le terme de l'exploitabilité. En effet, le but essentiel de l'aménagement consiste tout d'abord, en établissant l'ordre dans les exploitations, à tirer le parti le meilleur des peuplements existants, et non point à créer à tout prix une succession de peuplements parfaits et d'âges gradués, l'état normal enfin.

Cet état, auquel on doit tendre sans doute, n'est en réalité qu'une fiction; toute forêt, dans le cours d'une révolution un peu longue, sera victime d'accidents divers qui suffisent pour compromettre l'existence de certains peuplements, interrompre la gradation des âges et renverser quelques-unes des prévisions de l'aménagement. Quand donc, en procédant à l'établissement du plan général, on se trouve obligé de comprendre dans une même affectation des peuplements d'âges très différents, il n'en résulte pas nécessairement que tous ces peuplements devront être exploités dans le cours de la période correspondante.

Pour justifier cette proposition, il suffit de citer quelques exemples.

1° Certaines parcelles de tout jeunes bois, semis, fourrés, gaulis ou jeunes perchis, sont contiguës à la masse des bois exploitables. Il tombe sous le sens que les uns et les autres pourront être compris dans la première affectation ; les vieux bois seuls seront régénérés pendant la première période, tandis que les autres n'auront à subir que des coupes d'amélioration, nettoiements ou éclaircies. On peut classer de même dans la dernière affectation, concurremment avec de jeunes peuplements, des arbres exploitables, disséminés ou en massif; il suffira de les exploiter pendant la première période pour établir l'harmonie désirable.

2° Dans la sapinière que nous avons considérée, un beau perchis de 50 à 60 ans est forcément retenu dans la première affectation, parce qu'il se trouve enclavé dans la masse des bois exploitables. Faudra-t-il le régénérer en première période afin d'arriver dans le plus court délai à la régularisation des âges? Non, parce que ce serait faire un grand sacrifice à un intérêt de second ordre et que rien d'ailleurs ne nous garantit contre le retour d'un accident semblable. En ce cas, on se borne à prescrire des éclaircies, en laissant aux agents qui réviseront l'aménagement à la fin de la période le soin de proposer le traitement convenable alors au peuplement enclavé.

3° Une parcelle de bois mûrs et dépérissants se trouve englobée dans la troisième affectation. Elle sera régénérée en première période. On agirait de même à l'égard d'un peuplement jeune encore, atteint d'un dépérissement prématuré.

4° Pour donner la forme la plus convenable aux deux premières affectations d'une série aménagée à 160 ans, on croit devoir classer dans la première une parcelle âgée de 100 ans, et dans la seconde une parcelle à peu près équivalente, mais peuplée de bois âgés de 150 ans. Il y aura certainement avantage, au point de vue de la production, à exploiter la parcelle de deuxième affectation en première période et la parçelle de première affectation en deuxième période. Toutefois, avant de proposer cette permutation, il faut bien s'assurer que, par suite de cette infraction aux règles sur l'assiette de coupes, il n'y aura pas de danger à redouter de l'action des vents.

Ces particularités ne sont pas les seules que l'on rencontre dans les aménagements de futaie. Toute série d'exploitation, si bien constituée qu'elle soit, renferme des parcelles de fertilité différente par suite du sol ou de la situation. Quand ces différences n'affectent pas la production d'une façon très marquée, ou bien quand on peut répartir à peu près également entre chacune des affectations les parcelles douées de la même fertilité, on opère par contenances égales. C'est le cas le plus simple et le plus général. Quand au contraire telle classe d'âges occupe, dans l'ensemble, un sol fertile et telle autre un sol médiocre, on est conduit à comprendre dans les affectations correspondantes une plus grande étendue d'un côté que de l'autre.

Dans tous les cas, la contenance reste la base de la répartition des coupes principales et des produits présumés entre les périodes de la révolution. Il en résulte que le plan d'exploitation a un caractère de précision et de stabilité qui permet de l'établir à demeure sur le terrain. Sur le papier, on peut lui donner la forme très simple du tableau ci-après :

PLAN GÉNÉRAL D'EXPLOITATION DE LA SÉRIE DE LA HOUSSIÈRE, CONTENANT 261 HECTARES

Aménagée à la révolution de 160 ans.

COMPOSITION DE L'AFFECTATION A EXPLOITER EN :											
PREMIÈRE PÉRIODE de 1869 à 1908			DEUXIÈME PÉRIODE de 1909 à 1948.			TROISIÈME PÉRIODE de 1949 à 1988.			QUATRIÈME PÉRIODE de 1989 à 2028.		
Cantons.	Parcelles.	Contenances.	Cantons.	Parcelles.	Contenances.	Cantons.	Parcelles.	Contenances.	Cantons.	Parcelles.	Contenances.
		hect. a.			hect. a.			hect. a.			hect. a.
La Houssière.	A	20 »	La Frèchée. .	F	25 »	La Taillette. .	I	5 »	La Noire-Roche	N	6 25
Id.......	B	15 »	Id.......	G	8 »	Id.......	K	42 50	Id.......	O	35 »
Id.......	C	5 »	Id.......	H	40 »	Id.......	L	6 25	Id.......	P	16 »
Id.......	D	12 »				Id.......	M	15 »			
Id.......	E	10 »									
Total......		62 »	Total......		73 »	Total......		68 75	Total......		57 25

Le plan général établi, il est bon d'en exposer les motifs et l'esprit dans le procès-verbal d'aménagement. Il est utile de le discuter, de montrer pourquoi on l'a préféré à tout autre, d'indiquer l'idée mère qui l'a fait naître.

Cette discussion doit être présentée dans des termes sobres et dégagée de toute considération théorique. Elle mettra en évidence les faits spéciaux à la série, les améliorations qu'elle réclame ou qu'elle comporte. Elle indiquera la mesure dans laquelle le plan d'exploitation tient compte des conditions d'exploitabilité, d'assiette, de rapport soutenu, les motifs pour lesquels les unes priment les autres. Elle marquera la cause, l'agencement et le but des opérations de culture qui devront être successivement exécutées dans toute la série de manière à en procurer l'amélioration.

ARTICLE III

RÈGLEMENT SPÉCIAL DES EXPLOITATIONS

Au début de l'aménagement, et de même au début de chaque période, les exploitations de tous genres à opérer dans la série font l'objet du règlement spécial des exploitations pour la durée de la période. Il doit les prescrire, parcelle par parcelle, en se maintenant dans les limites fixées par le plan général. Ainsi, dans une série régulière, les exploitations à faire pendant la première période seraient : dans la première affectation, des coupes de régénération soumises à la possibilité par volume; dans les affectations intermédiaires, des éclaircies périodiques soumises à la possibilité par contenance; et dans la dernière affectation, peuplée de tous jeunes bois, des coupes de nettoiement et première éclaircie.

Le règlement spécial établit en premier lieu la nature des coupes à effectuer dans chaque parcelle, puis l'ordre dans lequel ces exploitations parcourront les différentes parcelles, et enfin la quotité annuelle, volume ou contenance, des coupes de divers genres.

Ordinairement la marche des exploitations est consignée dans un tableau qui montre au premier coup d'œil l'ensemble des opérations à effectuer pendant la période; souvent la possibilité est relatée de même en un ou plusieurs tableaux comprenant les données qui ont servi à la déterminer.

Marche des exploitations.

Le tableau des exploitations est dressé, par exemple, comme ci-après :

NATURE ET MARCHE DES EXPLOITATIONS POUR LA PREMIÈRE PÉRIODE, DE 1869 A 1908.

DÉSIGNATION DES PARCELLES.							NATURE DES COUPES.		ORDRE à suivre dans les exploitations.
Affectations.	CANTONS.	Parcelles.	Contenances. h.	a.	PEUPLEMENTS.	Ages (fin 1868) Ans.	RÉGÉNÉRATION.	AMÉLIORATION.	
I.	La Houssière.	A.	20	»	Futaie de hêtre et chêne, un peu claire.	150	Coupes de régénération.	»	
		B.	15	»	Futaie de hêtre, chêne et charme, en massif complet	160	Idem.	»	La régénération des parcelles se fera autant que possible dans l'ordre : P. D. A. B. E.
		C.	5	»	Gaulis de hêtre, mélangé de chênes. . .	15	»	Nettoiements et premières éclaircies.	
		D.	12	»	Coupes secondaires sur semis et fourrés, chêne et hêtre.	5 à 15	Coupes secondaires et définitive.	Idem.	
		E.	10	»	Futaie de chêne et charme, sur souches.	120	Coupes de régénération.	Dernière éclaircie.	
II.	La Féchère.	F.	25	»	Futaie de hêtre et chêne, en massif complet.	125	»	Éclaircies décennales.	
		G.	8	»	Jeune futaie de chêne et charme, inégalement répartis.	90	»	Idem.	
		H.	40	»	Futaie de chêne, hêtre et charme. . . .	110	»	Idem.	La marche des éclaircies est établie, année par année, au tableau des coupes par contenance.
III.	La Taillette	I.	5	»	Jeune futaie de chêne pur, provenant de plantations.	70	»	Idem.	
		K.	42	59	Perchis de hêtre, chêne et charme. . . .	85	»	Idem.	
		L.	6	25	Bas perchis de chêne et charme.	45	»	Idem.	
		M.	15	»	Jeune futaie de hêtre, avec réserves de chêne.	70-110	»	Idem.	
IV.	La Noire-Roche.	N.	6	25	Perchis clair, de chêne, hêtre et frêne. .	40	»	Idem.	
		O.	35	»	Gaulis de chêne, charme et hêtre. . . .	25	»	Éclaircies en 2e, 3e et 4e décennies.	
		P.	16	»	Semis de hêtre et chêne, et futaie en coupes secondaires.	8 et 1-140	Coupes secondaires et définitive.	Nettoiements.	

Le tableau des exploitations comprend nécessairement la liste des parcelles, la désignation des coupes à effectuer dans chaque parcelle et l'ordre de succession des coupes d'une parcelle à l'autre.

La liste des parcelles forme une simple colonne de lettres ou de numéros. On complète, en général, cette désignation par le nom du canton et le numéro de l'affectation pour indiquer la situation de la parcelle, par la surface pour en montrer l'importance, et par la mention très succincte de l'état et de l'âge du peuplement, ce qui permet de comprendre le traitement prescrit.

Ce traitement, ou l'ensemble des coupes à faire, est indiqué en regard de chaque parcelle. Ces coupes portent des noms divers suivant leur nature ; ce sont les coupes de régénération dans leur ensemble, ou des coupes secondaires et définitive, ou seulement la coupe définitive ; ce sont des coupes de dernière éclaircie, ou des éclaircies périodiques, ou des nettoiements et premières éclaircies ; ce sont parfois des coupes jardinatoires, ou exceptionnellement des coupes de taillis sous futaie, de taillis simple ou toutes autres. Il importe surtout que les coupes soient définies par leur nom même, de sorte qu'à chaque nom corresponde une idée nette.

L'ordre à suivre dans les coupes doit être simple, mais prescrit dans la mesure que comporte chaque genre d'exploitations. Ainsi, la marche des coupes secondaires et définitive, qui dépend des phénomènes de végétation, reste forcément indéterminée. Il est impossible de prévoir l'année où le semis se produira, celle où il sera assez complet et assez fort pour comporter une coupe secondaire, et la quantité de bois qu'il conviendra d'enlever dans chacune des coupes de régénération sur une surface donnée. On ne doit donc prescrire l'ordre général de régénération des parcelles qu'en ce qui concerne l'assiette des coupes d'ensemencement.

Quant aux coupes d'amélioration, il convient ordinairement de les régler de la manière la plus précise, ainsi par exemple, année par année, dès le début de la période. L'ordre à suivre dans ces exploitations est donné, en même temps que l'étendue à parcourir annuellement, au tableau de la possibilité.

Au sujet du mode d'exécution des coupes, le règlement des exploitations doit rester muet. La disposition à donner à la coupe d'ensemencement, sombre ou espacée, la succession plus ou moins rapide des différentes coupes de régénération, les précautions particulières qu'elles comportent, la manière d'opérer les coupes d'amélioration ou autres, sont choses variables avec les points mêmes où l'on opère et avec une foule de causes naturelles ou accidentelles. En prescrivant des procédés déterminés, on courrait grand risque de faire des prévisions incomplètes et intempestives. D'ailleurs, en fait d'appréciation des phénomènes naturels, on est exposé à se tromper. Or, les données du règlement spécial sont des prescriptions; elles deviennent obligatoires après la décision qui l'approuve. Enfin, les agents d'exécution sont et doivent rester responsables des coupes qu'ils opèrent. Il faut donc qu'ils restent libres de les effectuer comme ils l'entendront.

Si l'on doit éviter de prescrire dans un aménagement le mode d'exécution des coupes, ce n'est nullement une raison pour omettre de s'en occuper et de relater les faits observés. Mais ce n'est pas dans le règlement spécial que cette étude doit trouver place; c'est dans les généralités, à titre de renseignements qui peuvent être des plus utiles, surtout pour les agents nouvellement chargés d'un service. C'est, par exemple, après la statistique générale et en un chapitre particulier suivant celui qui se rapporte au choix du régime, qu'il convient d'étudier la culture des essences propres à la forêt, *l'application du mode de traitement.*

Calcul de la possibilité.

La possibilité annuelle ne doit être réglée, comme la marche des exploitations, que pour la durée d'une période.

Dans les futaies soumises au mode des éclaircies, les coupes de régénération s'exploitent par volume et les coupes d'amélioration par contenance. De là deux sortes de possibilité :

Celle des coupes de régénération ou des produits principaux;

Celle des coupes d'amélioration ou des produits accessoires.

Pour une série régulière de futaie, les produits principaux seraient fournis exclusivement par les arbres à exploiter dans l'affectation de la période en cours. Mais en général les autres affectations renferment, en certains points, des bois mûrs, disséminés ou en massif, qu'il peut être utile ou nécessaire d'exploiter à titre exceptionnel pendant la période. Ordinairement, on confond tous ces produits dans le calcul de la possibilité principale, et on ne les distingue dans le rapport d'aménagement que pour en faire ressortir l'importance relative et pour indiquer aux agents d'exécution les parcelles où ils trouveront à les prendre.

La détermination du volume de ces bois ne présente pas de difficulté. On obtient ce volume en dénombrant les arbres sur pied par catégories de diamètres et en appliquant à tous les sujets d'une même catégorie le volume moyen, préalablement calculé, d'un arbre abattu de même dimension et de même espèce (1).

Mais le matériel total à réaliser pendant la période comprendra, outre le volume actuel des arbres dénombrés, l'accroissement que prendront ceux dont l'exploitation sera plus ou moins différée. Pour déterminer cet accroissement, on remarque que chaque année les arbres à exploiter tomberont sous la hache en quantités égales; on peut donc en calculer l'accroissement futur comme s'ils devaient être exploités tous au milieu de la période. On peut aussi considérer l'accroissement annuel d'arbres voisins de l'exploitabilité comme sensiblement égal à l'accroissement moyen passé et, par conséquent, obtenir le volume futur en multipliant cet accroissement par la moitié du nombre des années de la période.

---

(1) Il n'est pas nécessaire d'obtenir bien exactement les volumes réels, mais il est indispensable d'opérer le cubage des arbres à l'aide d'éléments fixes. C'est le seul moyen d'avoir des résultats comparables, condition indispensable pour l'assiette des coupes et utile lors des vérifications de possibilité. Si, par exemple, dans le calcul on est parti de cette donnée que les arbres de $0^m,40$ de diamètre à hauteur d'homme ont en moyenne un volume de 13 décistères, on admettra dans l'assiette des coupes le même volume moyen pour tous les arbres de $0^m,40$. Que la donnée soit exacte ou simplement approchée, les volumes exploités concorderont avec les volumes calculés; mille mètres cubes de la coupe représenteront réellement mille mètres cubes de la possibilité. Il n'en serait pas ainsi avec l'emploi de tout autre procédé que celui du cubage basé sur des éléments mesurables; on doit donc éviter d'employer dans le calcul de la possibilité par volume, l'estimation à vue, l'estimation à l'aide de places d'essai, ou autres procédés analogues. Il convient, par la même raison, de baser les calculs uniquement sur la mesure du diamètre, parce que celle de la hauteur comporte toujours une certaine appréciation.

Pour déduire la possibilité des coupes annuelles il suffit donc de diviser par le nombre des années de la période la somme des deux quantités qui représentent :

L'une, le matériel sur pied, ou le *volume actuel;*

L'autre, l'accroissement probable de ce matériel, ou le *volume futur.*

Il est toujours facile de déterminer le volume actuel avec une approximation suffisante, tandis qu'on ne peut jamais apprécier le volume futur que d'une manière incertaine. Aussi, à moins de circonstances particulières, néglige-t-on de tenir compte de l'accroissement des bois, parce qu'il vaut toujours mieux rester au-dessous du chiffre réel de la possibilité que de s'exposer à le dépasser. D'ailleurs, les produits accidentels, ainsi ceux des chablis, des arbres morts, etc., qu'il faut réaliser dans toute la série aussitôt qu'ils se présentent, viennent s'offrir en compensation du volume négligé. Enfin l'accroissement dont on n'aura pas tenu compte se retrouvera dans le matériel dénombré lorsqu'on vérifiera la possibilité, et viendra dès lors en augmenter le chiffre pour le reste de la période. Le rendement en matière ira par suite en croissant dans une faible et bonne mesure, ce qui est un des résultats désirables de l'aménagement.

Parallèlement aux coupes à exploiter par volume et qui fourniront les produits principaux, d'autres opérations dites d'amélioration, telles que des éclaircies, seront exécutées sur différents points de la série et ne donneront que des produits accessoires. Ces coupes seront soumises à la possibilité par contenance. Par là, il ne faut point entendre que les éclaircies devront nécessairement parcourir une même étendue de terrain chaque année, ni que ces coupes devront rendre annuellement des quantités de produits sensiblement égales. Bien que le rendement des éclaircies ne soit point à négliger, il ne peut entrer en ligne de compte dans le calcul de la possibilité d'une forêt, parce qu'il est soumis à des variations trop grandes non-seulement par la quantité, mais encore par la nature et la qualité des produits. D'ailleurs, le but principal et pour ainsi dire unique des éclaircies est de favoriser la croissance des arbres d'avenir qui entrent dans la composition d'un massif, en les desserrant en temps opportun par l'enlèvement successif des sujets moins beaux qui font obstacle au développement des cimes. Ces opérations sont souvent fort délicates, et pour les bien faire il faut n'avoir pas à se préoccuper du rendement en matière; il importe en outre de savoir, au moment où l'on désigne les arbres à retrancher d'un peuplement, à quelle époque une nouvelle éclaircie sera pratiquée sur le même point. Cette raison seule suffit pour justifier l'utilité de donner à ces coupes des limites déterminées sur le terrain, de les assujettir à une rotation périodique et de les exploiter par contenance.

Quand on peut répartir ces exploitations par étendues à peu près égales entre les années de la période, cela vaut mieux à tous égards. Mais, au début d'un aménagement, il n'est pas toujours possible d'opérer avec cette régularité. Ainsi, par exemple, il peut arriver que l'on ait à éclaircir d'urgence une étendue considérable de peuplements, et dans ce cas ce n'est qu'au second ou au troisième tour qu'il sera possible d'établir la rotation des éclaircies par étendues à peu près égales, en attribuant à chaque année soit une ou plusieurs parcelles entières, soit une partie aliquote d'une grande parcelle. En tous cas on doit s'attacher à régler les éclaircies de la manière la plus simple en tenant compte de l'état des peuplements et aussi du terrain.

La dernière éclaircie d'un massif de futaie peut avoir pour objet d'amener d'avance et peu à peu la production du semis sous le massif, ainsi, par exemple, dans une sapinière où le semis se produit lentement, mais se maintient bien. Cette dernière éclaircie, appelée souvent coupe préparatoire à l'ensemencement, diffère des autres éclaircies en ce qu'elle doit nettoyer le sol de la végétation buissonnante, enlever les tiges dominées et parfois relever le couvert par des élagages de branches basses. Il est alors utile de la mentionner d'une manière spéciale, par exemple comme *dernière éclaircie*. Le nom de coupe préparatoire, ayant été donné à d'autres exploitations très différentes, pourrait occasionner des confusions.

Les deux tableaux suivants fourniront les données et les renseignements qu'il est utile de produire à l'appui du calcul de la possibilité. Le premier fait connaître le chiffre de la possibilité des produits principaux; le deuxième, l'étendue à donner aux coupes annuelles d'éclaircie, les parcelles qu'elles devront parcourir et l'ordre à suivre dans ces exploitations.

CALCUL DE LA POSSIBILITÉ POUR LA PREMIÈRE PÉRIODE

POSSIBILITÉ DES COUPES PRINCIPALES

PARCELLES		NOMBRE de pieds comptés.		VOLUME actuel.	VOLUME futur	VOLUME total.	OBSERVATIONS
	h.			m. c		m. c.	
A.	20	Chênes	525	2,021	»	10,993	La période étant de 10 ans, la possibilité sera de $\frac{32,168}{40} = 804$ m.c.
		Hêtres	2,272	8,972	»		
B.	15	Chênes	1,181	4,987	»	9,855	Déduction faite chaque année d'un quart pour l'affecter à la formation du fonds de réserve, la possibilité annuelle des coupes principales restera fixée à 603 mètres cubes.
		Hêtres	1,092	3,842	»		
		Charmes	627	1,026	»		
D.	12	Chênes	438	2,007	»	3,022	
		Hêtres	216	1,015	»		
E.	10	Chênes	803	1,021	»	4,294	
		Hêtres	92	295	»		
		Charmes	4,206	3,078	»		
P.	16	Chênes	240	978	»	4,004	
		Hêtres	815	3,026	»		
			12.507			32,168	

CALCUL DE LA POSSIBILITÉ POUR LA PREMIÈRE PÉRIODE

POSSIBILITÉ DES COUPES D'AMÉLIORATION, ÉCLAIRCIES

Années.	Parcelles.	Surface à parcourir par l'éclaircie	Années.	Parcelles.	Surface à parcourir par l'éclaircie	OBSERVATIONS.
		h. a.			h. a.	
1869	E. I. L.	21 25	1889	I. L. C.	16 25	
1870	K.	14 »	1890	K.	21 59	La répartition des surfaces à éclaircir pendant les diverses années de la période aura lieu d'après le présent tableau, de manière à faire passer l'éclaircie aux époques les plus convenables dans chaque parcelle, en prenant autant que possible des parcelles entières ou une partie aliquote de parcelle chaque année.
1871	K.	14 »	1891	K.	21 »	
1872	K.	14 59	1892	F.	25 »	
1873	F.	12 »	1893	H.	20 »	
1874	F.	13 »	1894	H.	20 »	
1875	H.	20 »	1895	O.	17 »	
1876	H.	20 »	1896	O.	18 »	
1877	M.	15 »	1897	M.	15 »	
1878	G. N.	14 25	1898	G. N.	14 25	
1879	I. L.	11 25	1899	I. L. C.	16 25	
1880	K.	21 59	1900	K.	21 59	
1881	K.	21 »	1901	K.	21 »	
1882	F.	12 »	1902	F.	25 »	
1883	F.	13 »	1903	P. D.	28 »	
1884	H.	20 »	1904	H.	20 »	
1885	H.	20 »	1905	H.	20 »	
1886	O.	35 »	1906	O.	17 »	
1887	M.	15 »	1907	O.	18 »	
1888	G. N.	14 25	1908	M. G. N.	29 25	

CHAPITRE QUATRIÈME

DISPOSITIONS COMPLÉMENTAIRES DU PLAN D'EXPLOITATION DES FUTAIES

Le plan d'exploitation terminé par l'établissement du règlement spécial, l'aménagement d'une série est à vrai dire effectué. On peut en effet l'appliquer sans autres données. Cependant il reste à prendre certaines mesures très utiles pour parer aux éventualités capables de troubler l'aménagement, et pour en assurer l'application. Il convient d'établir un fonds de réserve, de prescrire la vérification de la possibilité, de proposer les travaux d'amélioration nécessaires et de prévoir la révision de l'aménagement avant le début des périodes successives.

ARTICLE Ier

FONDS DE RÉSERVE

L'établissement d'un fonds de réserve dans les aménagements de futaie consiste à distraire de la masse des bois à exploiter en coupes principales une certaine quantité de produits destinés à former une épargne. Celle-ci est aussi nécessaire en aménagement qu'en toute entreprise économique d'une longue durée. Sans réserve destinée à parer aux éventualités, un aménagement n'a pas de garantie suffisante; un jour ou l'autre des bois seront exploités prématurément ou bien il y aura un déficit de produits.

Dans l'aménagement des futaies, l'objet essentiel du fonds de réserve est de faire face à des besoins extraordinaires et imprévus étrangers à la forêt, ou bien de parer aux inégalités du rendement au passage d'une période à la période suivante. D'autre part, et selon les cas, cette réserve peut encore avoir pour objet la production d'arbres isolés de fortes dimensions ou bien la compensation de dégâts accidentels. Exemples : Une commune a besoin d'une coupe extraordinaire, l'État réclame des bois pour la défense du pays; il faut pouvoir les servir dans une bonne mesure sans compromettre l'avenir. Vers la fin de la première période il devient apparent que la seconde affectation n'a été dotée que d'une manière insuffisante; il faut trouver le moyen d'atténuer cette insuffisance sans bouleverser l'aménagement. D'autre part, dans une futaie de chêne des arbres d'élite sont encore éloignés de la maturité lors de l'exploitation du massif; il est très bon de pouvoir les maintenir sur pied. Dans une sapinière, les vents ont produit des chablis nombreux sur certains points de l'affectation qui suit celle de la période en cours; on dispose immédiatement de ces produits; il est naturel d'en réserver en compensation dans l'affectation en tour de régénération. Un fonds de réserve suffisant pourvoit à toutes ces exigences.

La formation du fonds de réserve a lieu de plusieurs manières : « Anciennement, disait M. de Salomon, on mettait « en réserve une portion de bois qui avait une assiette « fixe et spéciale; mais on renonça bientôt à ce moyen « comme insuffisant et n'atteignant pas le but que l'on s'était « proposé. Car, excepté le cas où il s'agit d'élever des « bois d'une dimension extraordinaire, on ne pouvait

« choisir d'une manière sûre les peuplements qui, par « leur âge, étaient les plus propres à composer le fonds « de réserve. En effet, si l'on y affectait des bois mûrs « où à peu près, on pouvait se trouver dans l'obligation « d'exploiter ces bois pour cause de dépérissement et « sans qu'ils reçussent l'emploi de leur destination; si, au « contraire, on composait la réserve de jeunes bois et « qu'une coupe extraordinaire fût incessamment réclamée « par des circonstances fortuites, on se trouvait dans la « nécessité de refuser la coupe ou d'exploiter des bois « trop jeunes. »

Ceci s'applique aux futaies, forêts dans lesquelles l'exploitation des produits principaux sur un même point n'a lieu qu'à de très longs intervalles; une réserve établie par contenance y satisferait mal à la condition d'offrir toujours des ressources disponibles, à moins cependant qu'elle n'eût une grande étendue. Mais il est facile d'obtenir les meilleurs résultats en formant un fonds de réserve par volume, ce qui d'ailleurs est tout à fait en rapport avec les exploitations de futaie.

En appliquant la méthode d'aménagement par contenance, on a deux procédés différents à employer séparément ou simultanément pour établir un fonds de réserve en volume. Le premier consiste à négliger de tenir compte de l'accroissement dans le calcul de la possibilité, le second à réduire d'une certaine quantité le volume des coupes annuelles. Pour un massif de 150 ans, l'accroissement annuel est la 150e partie environ du volume actuel de ce massif. Étant données l'affectation et la période, il est donc possible d'en déduire approximativement la réserve faite au moyen de cet accroissement. D'un autre côté, si la coupe annuelle est de 600 mètres cubes, on peut en distraire chaque année 100 mètres cubes qui, n'étant pas exploités, formeront un fonds de réserve. L'épargne annuelle est alors parfaitement connue, tandis que l'accroissement futur reste toujours essentiellement indéterminé.

Dans tous les cas, le fonds de réserve établi en volume se trouve représenté par un matériel exploitable en excès, et parfois encore par des arbres d'avenir réservés. En cas de besoin, toute épargne déjà constituée est disponible, à l'exception des arbres d'avenir. Pour en calculer le montant, il faut se reporter au procédé appliqué et au temps écoulé; pour le réaliser, il suffit de continuer les exploitations dans l'affectation en tour.

L'importance à donner au fonds de réserve est une question d'appréciation pure et simple. Il n'y a d'indication légale à cet égard que la donnée du quart admise par le Code forestier en ce qui concerne les bois communaux d'essences feuillues. Nous croyons qu'en général il est bon de s'en rapprocher aussi dans les futaies, et pour y arriver on peut combiner la réserve de l'accroissement avec celle du quart de la possibilité des produits principaux réguliers et irréguliers [1]. Cette dernière partie, parfaitement certaine et connue, est naturellement destinée à servir aux premiers besoins. L'accroissement futur, au contraire, quantité indéterminée d'avance, correspond assez bien à la réserve des arbres d'avenir ou aux produits accidentels qui se présenteront dans les affectations suivantes, quantités également indéterminées. D'ailleurs cet accroissement ne va pas nécessairement

[1] Il faut remarquer en effet qu'il n'est prélevé aucune réserve sur les produits accessoires non plus que sur les produits accidentels. Il en résulte qu'en épargnant le quart des produits principaux on fait une réserve moindre qu'en distrayant un quart de la surface. Enfin une réserve considérable n'a aucun inconvénient; elle est productive, et toute la difficulté consiste à la constituer au début; dans la suite elle se trouve en réalité représentée par des produits irréguliers, qui se succèdent en quantités variables d'une période à l'autre.

en s'accumulant pendant toute la période, et il se présente partiellement à l'état de volume actuel lors de la vérification de la possibilité.

ARTICLE II

VÉRIFICATION DE LA POSSIBILITÉ

La possibilité des produits principaux, déduction faite du volume à laisser en réserve, sert de base aux coupes principales à opérer pendant la période. Mais il peut s'être glissé des erreurs dans la détermination de ce chiffre ; il peut se produire des différences dans l'application ; enfin l'apport de l'accroissement était incertain et il arrive que des accidents divers affectent les bois pendant une période un peu longue. Il serait donc imprudent d'exploiter pendant toute la durée de la période la quantité de produits fixée au début, sans en contrôler le chiffre ; ce contrôle constitue la vérification de la possibilité.

Cette opération consiste à évaluer le volume des bois restant à exploiter à un moment quelconque de la période et à le diviser par le nombre d'années restant à courir, absolument comme il a été fait au début. Il est nécessaire, en effet, d'employer le même procédé et les mêmes tarifs, sans quoi les résultats obtenus ne seraient pas comparables. Avant d'opérer la division du volume trouvé, il convient d'en déduire la partie encore disponible du fonds de réserve prélevée sur la possibilité annuelle. C'est indispensable en vue de l'avenir ; toute la portion du fonds de réserve non exploitée pour servir à des besoins extraordinaires doit rester disponible jusqu'à la fin de la période, par les raisons mêmes qui motivent l'établissement du fonds de réserve. Quant à l'accroissement réalisé depuis le début de la période, il se trouve nécessairement confondu avec le volume actuel, qu'il a accru ; mais, par contre, les arbres réservés dans les coupes définitives ne doivent pas être comptés et ne feront plus partie du volume servant de base à la possibilité.

Si des exploitations accidentelles d'une certaine importance avaient eu lieu dans l'affectation suivante, il pourrait être utile d'accroître par compensation la réserve à faire pendant la fin de la période. En tout cas, la vérification procurera un nouveau chiffre de possibilité, plus grand ou plus petit que le précédent ; mais elle ne peut entraîner le remaniement du plan général d'exploitation, puisque le calcul de la possibilité est indépendant de la formation des affectations. Il convient de procéder à la vérification de la possibilité des produits principaux une fois au moins pendant le cours de la période, afin de ne pas s'exposer à accumuler sur les dernières années les différences en plus ou en moins.

Quand les coupes par contenance, les éclaircies notamment, ont été fixées au début pour toute la durée de la période, il n'est pas sans intérêt de vérifier aussi la marche de ces coupes et de la rectifier s'il y a lieu. Il est naturel de procéder en même temps, et après dix, quinze ou vingt ans par exemple suivant les forêts, à la vérification de la possibilité par contenance et à celle de la possibilité par volume. Il convient de prescrire ces vérifications en établissant l'aménagement.

ARTICLE III

TRAVAUX D'AMÉLIORATION

Le tableau des exploitations fait connaître la nature des coupes à asseoir dans la série entière pendant toute la période ; mais il ne renferme aucune prescription relative au mode d'exécution de ces coupes. Or, il y a des cas où la réussite des opérations forestières est subordonnée à l'exécution de certains travaux d'amélioration ; ainsi il peut être nécessaire d'opérer des repeuplements artificiels ou de créer des chemins pour la traite des bois. Si dans un aménagement on négligeait de s'occuper de ces travaux et des moyens dont on peut disposer pour en assurer l'exécution, ce serait risquer d'aboutir à la présentation d'un projet inexécutable et de compromettre le succès des opérations prescrites.

Les travaux d'amélioration les plus urgents que réclame chaque série doivent donc être l'objet de l'attention particulière du forestier qui en fait l'aménagement. Le mode d'exécution de ces travaux, l'appréciation du degré d'urgence ou d'opportunité de chacun d'eux, l'évaluation des dépenses qu'ils occasionneront, donnent lieu à une étude d'ensemble trouvant place au procès-verbal. Les travaux indispensables à l'application de l'aménagement font ainsi partie essentielle des études qu'il comporte ; les travaux simplement utiles demandent aussi une mention, mais le plus souvent il est bon de laisser aux agents d'exécution le soin de les proposer en temps opportun.

Parmi les travaux nécessaires on ne peut omettre le contrôle des faits, établi dès qu'ils se produisent. Il convient donc que l'aménagement prévoie et prescrive les moyens d'opérer ce contrôle. Quelle que soit la forme qu'il revête, le contrôle doit relater en premier lieu les exploitations de toute nature et les faits économiques s'y rapportant, puis en second lieu les travaux ou améliorations proprement dites et les phénomènes intéressant la végétation. A ce double point de vue, la base même du contrôle est assurée d'une manière très simple par la tenue d'un compte spécial pour chaque parcelle. Quoi de plus facile que d'attribuer à chacune des parcelles, dans un registre, deux pages en regard, l'une recevant la mention des faits relatifs aux bois exploités dans la parcelle, l'autre celle des faits concernant le peuplement vivant? Chaque année il suffira d'inscrire les faits qui ont eu lieu au compte des parcelles dans lesquelles ils se sont produits. Bientôt ce livre de contrôle fournira l'historique même de la forêt [1].

ARTICLE IV

RÉVISION PÉRIODIQUE DE L'AMÉNAGEMENT

Les mesures complémentaires dont nous venons d'indiquer l'emploi suffisent pour parer aux éventualités et pour assurer le succès des opérations prescrites par le règlement spécial d'exploitation. Mais ce règlement n'est établi que pour la durée d'une période et, par conséquent, il sera nécessaire de le remplacer au début de la période suivante par un règlement nouveau. Comme le précédent, celui-ci aura pour objet de tracer la marche des exploitations pour toute la durée de la nouvelle période et de fixer la possibilité des coupes annuelles ainsi que la quotité du fonds de réserve.

Cette opération, qui constitue la *révision périodique de l'aménagement,* exige à la fin de chaque période une étude nouvelle et approfondie du terrain ; et, en même temps qu'elle sert à constater les résultats obtenus jusqu'alors, elle fait ressortir les modifications qu'il est utile ou nécessaire d'introduire dans l'administration

---

(1) Voy. à l'Appendice une feuille spécimen d'un contrôle d'aménagement tenu séparément pour chaque parcelle.

générale de la forêt. Parmi ces modifications, les unes n'affectent nullement les bases de l'aménagement ; tel serait par exemple le changement à proposer dans le traitement particulier de quelques parcelles. Les autres pourraient avoir pour effet de changer la circonscription des affectations ; mais on ne doit en venir là qu'en cas de nécessité bien constatée. Le cas le plus fréquent sera celui où l'on jugera utile de modifier la révolution ; pour cela il suffit d'augmenter ou de réduire la durée des périodes dans la même mesure, sans rien changer d'ailleurs au plan général d'exploitation.

Dans une forêt bien conduite il arrive ordinairement qu'une portion du fonds de réserve reste disponible à la fin de chaque période dans l'affectation qui vient d'être exploitée. C'est là une bonne condition, et l'emploi de cette réserve est tout naturel. Elle ajoute, à titre de produits irréguliers, un appoint aux ressources de la période suivante. Si des besoins importants se présentaient avant qu'un nouveau fonds de réserve eût été reconstitué, il serait tout naturel d'user de ces produits qui représentent une épargne faite ; au début de l'aménagement, au contraire, on n'aurait pu disposer en pareil cas que d'une épargne projetée, ce qui est une anticipation de jouissance. Le nouveau règlement spécial statuera donc sans difficultés sur l'emploi de cette réserve disponible.

L'exploitation de produits irréguliers est sans inconvénients, pourvu qu'ils se trouvent restreints à une certaine fraction des produits réguliers, n'en dépassant pas le quart par exemple, et qu'ils soient représentés par des bois à enlever prochainement, comme les arbres réservés dans des coupes déjà garnies de semis. Il est facile de voir en effet que dès lors cette exploitation ne compromettra ni actuellement, ni plus tard la condition du rapport soutenu ou celle de l'exploitabilité. Il en serait tout autrement si, au lieu d'être ainsi limités, ces produits dépassaient la mesure, si par exemple ils étaient à peu près aussi importants que les produits réguliers d'une affectation bien peuplée ; une exploitation ainsi exagérée constitue même un grand danger dans l'application de la méthode d'aménagement par contenance.

LIVRE QUATRIÈME

Aménagement des futaies irrégulières

On doit tenir pour irrégulière une futaie qui présente des peuplements malvenants, incomplets ou constitués par des essences de second ordre, ou bien encore une futaie dont la gradation des âges, défectueuse, conduirait à exploiter des bois trop jeunes ou des bois surannés, ou enfin une futaie dont les bois d'âges divers sont entremêlés de manière à ne point permettre l'ordre nécessaire dans les exploitations. Ces forêts sont nombreuses et les irrégularités les plus diverses s'y rencontrent réunies à tous les degrés, avec une infinie variété de formes et de caractères.

L'étude de l'aménagement des forêts jardinées et celle du plan d'exploitation d'une futaie irrégulière de bois feuillus suffiront pour montrer comment la méthode par contenance est applicable aux divers aménagements de futaie. Elles permettront même d'apprécier les moyens que donne cette méthode de réaliser toujours, dans la mesure du possible et, suivant les cas, en les subordonnant l'une à l'autre, les principales conditions de l'aménagement, savoir :

Production la plus utile;
Rapport soutenu ;
Ordre dans les exploitations;
Amélioration de la forêt.

CHAPITRE PREMIER

DU JARDINAGE

ARTICLE Ier

ÉTAT GÉNÉRAL DES FORÊTS JARDINÉES

Le jardinage est né des exploitations primitives. Là où le bois était abondant et la forêt ouverte à tout le monde, chacun allait y puiser suivant ses besoins. Les branches brisées, les arbres renversés, les bois morts sur pied, les perches dépérissantes, les branchages de tous genres donnaient le bois de feu, l'affouage proprement dit, fourni par des produits ligneux d'ordre inférieur. Les bois d'œuvre se prenaient arbre par arbre, suivant les besoins du moment, là où ils se trouvaient, ou bien là où il était le plus facile de les prendre. Les remanents, branches, rebuts, fausses coupes et débris de toutes sortes, étaient le plus souvent laissés sur place.

Tant que les exploitations de ce genre sont très restreintes, il se trouve des arbres à exploiter, et il est possible de procéder ainsi dans toutes les forêts. Cependant, ces extractions d'arbres pris çà et là dans l'intérieur des massifs sont très défavorables au développement des bois feuillus. Aussi n'ont-elles été suivies, en général, que dans les bois résineux. Elles y donnent des résultats différents suivant les essences et suivant la quantité du bois exploité dans la forêt. Dans les régions bien boisées où, par suite, les conditions de la végétation forestière sont bonnes, la forêt jardinée au hasard se conserve assez bien, quelle qu'en soit l'essence, pourvu que le chiffre des exploitations soit faible. C'est ce qui explique le maintien de ce procédé dans la plupart des régions montagneuses inaccessibles au commerce des bois, que les forêts y soient formées de pins ou de sapins. Mais l'état des massifs diffère beaucoup d'une essence à l'autre.

Dans les pineraies, où les arbres réclament une lumière vive et abondante, les sujets s'accommodent mal de ces exploitations. Le massif est très inégal, souvent clair ou clairiéré, constitué par places de brins étiolés et sans avenir. Aussi le jardinage y a-t-il été généralement abandonné dès que le commerce des bois a pris un certain développement. Dans les sapinières, dont le jeune plant se maintient longtemps sous le couvert et dont la flèche pyramidale s'allonge rapidement quand elle est ensuite exposée à la lumière, les massifs jardinés restent pleins, riches et formés de bois de tous âges, tant que les exploitations n'y sont pas exagérées. C'est pourquoi on a pu maintenir le jardinage dans les sapinières des montagnes moyennes, peu écartées des routes et dont les bois descendaient sur le marché général. Bientôt on s'est vu conduit à y soumettre les coupes jardinatoires à certaines règles ; celles-ci ont eu pour objet principal de fixer le chiffre des exploitations. Le jardinage réglé est devenu alors un vrai mode de traitement.

Il consiste à exploiter çà et là les arbres les plus vieux, les bois dépérissants, viciés ou secs, et d'autres en bon état de végétation mais réclamés par les besoins du propriétaire. Le jardinage a été appliqué de la sorte, et souvent avec de bons résultats, au sapin, à l'épicéa et aux forêts de ces essences mélangées de hêtre. L'importance des exploitations, ou le chiffre de la possibilité, s'exprimait ordinairement par un certain nombre d'arbres. Quand il ne désignait que de vrais arbres, et non pas des perches, ce nombre, fixé par série ou par forêt, correspondait à un, un et demi ou deux arbres par hectare. Ainsi, dans les forêts de Levier, il était fixé dans certaines séries à raison d'un arbre, et dans d'autres à raison d'un arbre et demi par hectare; c'est-à-dire que dans telle série de 300 hectares, on exploitait 300 arbres, et dans telle autre de même étendue, 450 arbres par an. Ailleurs, ainsi dans la forêt communale de la Cluse, la possibilité était d'un arbre et quart environ par hectare. On avait soin de ne prendre qu'un très-petit nombre d'arbres sur le même point, un ou deux par exemple, pour éviter de grandes trouées et des dégâts considérables. Cela conduisait à étendre la coupe annuelle sur une grande surface et, en principe, sur toute la forêt; en fait, c'était bien plutôt un canton seulement que la coupe parcourait chaque année.

A la suite d'une longue application de ce mode de traitement, tous les âges se trouvent entremêlés sur le même point, depuis le semis naissant jusqu'à l'arbre exploitable. Le peuplement, même complet, est formé par des cimes étagées. Celles des gros arbres, isolées en général, conservent des branches basses; celles des arbres moyens sont faibles et souvent étriquées; les jeunes bois se trouvent dominés, généralement grêles et languissants. Par exception, à la suite de coups de vent par exemple, de belles parties se présentent en un état presque régulier; mais, le repeuplement étant laissé au hasard, il se forme aussi des clairières et même des vides, qui, plus ou moins multipliés, occupent parfois une étendue considérable.

En fait, la quantité des produits de la forêt jardinée reste inférieure à celle des massifs réguliers. Cette infériorité résulte principalement de la végétation languissante de certains sujets et de l'étiolement de tiges nombreuses. Suivant l'état de la forêt jardinée, cette différence de production est très marquée ou peu importante. La qualité des bois est également moins bonne et laisse même parfois beaucoup à désirer. Les causes principales en sont : la végétation rapide des grands arbres, d'où résultent dans les résineux un bois mou, de gros nœuds, défauts graves pour les sapins et les épicéas, enfin des vices nombreux qui dégradent rapidement le bois de ces essences. Ces vices, de même que l'état défectueux des massifs, sont dus à la dissémination des exploitations ; ce fait multiplie les dégâts de l'abatage et de la traite des bois, favorise les délits de tous genres et expose les arbres dont les cimes sont isolées aux vents, qui les brisent, les déracinent ou les ébranlent. Le désordre est le plus grand reproche que méritent les sapinières soumises à un jardinage modéré.

Ce mode d'exploitation présente, en outre, un grand danger, qui est dans l'exagération des coupes, et peut amener la dégradation générale de la forêt. Si le volume exploité est plus grand que la production, la forêt s'appauvrit rapidement. Les coupes portant sur les arbres les plus gros, il arrive que les bois exploitables disparaissent et que le peuplement se trouve réduit aux tiges plus jeunes et plus faibles ; il s'éclaircit, puis il passe à un état clairiéré, par suite duquel la sapinière dépérit et tombe en ruines. C'est là le vice radical et rédhibitoire du jardinage. C'est donc un mode de traitement déplacé dans les forêts résineuses des régions moyennes, où les conditions de la végétation assurent le maintien des massifs réguliers et permettent une régénération prompte. Le mode des éclaircies donne, en effet, la faculté de réaliser les produits de la manière la plus utile, en évitant les inconvénients et les dangers du jardinage.

La transformation d'une sapinière jardinée en futaie régulière se fait en complétant et en dégageant la jeunesse qui se trouve sous les vieux arbres. Elle comporte les trois coupes de régénération simultanées sur une même surface et d'une exécution très délicate. Ces coupes sont dites alors *coupes de transformation*. Le résultat qu'elles doivent procurer est de laisser après elles de jeunes massifs, sinon réguliers, au moins aptes à le devenir avec le temps. Ces coupes, qui exigent beaucoup de tact et d'expérience, sont décrites et étudiées au cours de culture. Il est nécessaire de s'y reporter avant d'étudier l'aménagement de transformation des forêts jardinées.

Parallèlement aux coupes de transformation opérées sur une partie de la série, il est nécessaire d'enlever sur le surplus les bois mûrs qui s'y présentent. On a donc à y continuer temporairement de véritables coupes jardinatoires ; il convient de les régler de manière à éviter les dangers du jardinage et à en réduire les inconvénients en enrichissant progressivement les massifs. Nos plus belles sapinières, les forêts de Levier, dans le Jura, et celles de la plaine de Sault, dans l'Aude, ont été jardinées ainsi avec modération et sagesse, depuis bientôt un demi-siècle, dans les parties préparées à la transformation. Elles y présentent des peuplements admirables, riches par la production du sol et les bois en croissance, et livrant chaque année d'excellents produits.

ARTICLE II

CONSERVATION DU JARDINAGE

Le jardinage, quand il est modéré, maintient une forêt dans un état de massif irrégulier, mais présentant partout de grands arbres; ceux-ci même, grâce à leurs dimensions, forment la partie principale du peuplement et la catégorie de tiges la plus importante. C'est au point que certains massifs jardinés ont un aspect de futaie régulière. Les perches, en raison de leur diamètre faible et de leur cime étriquée, y sont peu apparentes; les jeunes bois, dominés, bas, incomplets, ne frappent pas beaucoup les yeux. C'est surtout dans les forêts d'épicéa que l'on trouve cet état bien marqué; mais le jardinage permet de maintenir un massif élevé dans les forêts de toute essence.

D'autre part, il provoque constamment la régénération sur tous les points de la forêt. L'arbre étant exploité isolément dans l'intérieur du massif, il en résulte une lumière suffisante sur la place qu'il occupait et un demi-jour au-dessous des arbres voisins, conditions favorables à la production des semis. L'abri, si utile, est d'ailleurs permanent. Ainsi, ce n'est pas une certaine période, un laps de quelques années déterminé, qui est donné au sol pour se garnir de semis; c'est un temps indéfini que le jardinage laisse en tous les points de la forêt à la reproduction et au premier développement des jeunes bois. La forêt jardinée tout entière se trouve donc perpétuellement, pour ainsi dire, en voie de régénération.

Il est facile de comprendre comment le jardinage forme un mode de traitement essentiellement conservateur, à la seule condition d'être modéré et de ne porter que sur des bois réellement mûrs. Il les conserve individuellement et il en assure la reproduction autant que possible. C'est pourquoi il y a lieu de conserver le jardinage dans des cas assez fréquents, et d'abord dans les forêts de protection. Celles-ci ne se présentent guère que sur les points les plus sauvages des régions montagneuses ; c'est là, par exemple, où des éboulements sont à craindre, des avalanches à redouter, des torrents à prévenir, des vents à briser. Ainsi en est-il au-dessus d'un village dominé par un versant abrupt, en un canton exposé à l'avalanche, dans un bassin de réception où se réunissent les eaux, sur un col où vient s'engouffrer le vent. Ces lieux sont bien connus ; ce sont de simples cantons plutôt que de grandes étendues. Mais le maintien de la forêt y est d'autant plus nécessaire qu'il est souvent fort difficile de l'y rétablir une fois qu'elle a disparu.

En second lieu, il est bon de conserver le jardinage dans les forêts dont la régénération est incertaine ou assez lente pour qu'on ne puisse pas l'obtenir en un temps déterminé. Ceci résulte du sol ou du climat. Ainsi, sous un climat excessif par sa rudesse ou par le défaut d'abri, il faut un temps fort long pour que le semis se produise, se développe et reconstitue le massif. La durée nécessaire y est souvent indéterminée ; abandonnée à elle-même, la forêt se reproduira, mais à la longue, en un siècle peut-être. C'est ce qui arrive vers la limite supérieure de la végétation forestière et de même sur des plateaux élevés, sur des croupes relativement basses, sur des lisières battues par des vents constants. Ainsi encore sur un sol ingrat, par sa nature rocheuse ou par sa pente escarpée, le semis complet se fait attendre parfois indéfiniment ; si l'on enlève les arbres avant qu'il y ait de la jeunesse à leur pied pour les remplacer, on s'expose à un déboisement progressif. C'est ce qui a lieu sur des blocs de rochers revêtus d'une mousse épaisse maintenue par le couvert, sur des pierres mobiles fixées par les racines des grands arbres, dans les escarpements et même sur des pentes très raides, où il est impossible de marcher d'un pas assuré, où les graines glissent sur le sol et sont entraînées par les pluies. Toutes ces circonstances de climat et de sol sont souvent combinées entre elles, de sorte qu'on ne peut guère les définir. Mais elles se traduisent par des faits qui montrent les lieux où le jardinage doit être appliqué : le massif y est rarement continu, ordinairement entrecoupé par des vides ou des clairières persistantes; sur les terrains découverts, la roche apparaît à nu ou bien le tapis de gazon reste interrompu par places.

Enfin, et par exception, le jardinage est le mode de traitement le plus convenable à des futaies de minime étendue, dont le propriétaire a besoin chaque année d'une petite quantité de gros bois. Bien que les conditions de la production s'y trouvent bonnes, une futaie peut être d'étendue trop faible pour comporter toute la suite des peuplements réguliers et d'âges gradués. Dans un bouquet de futaie, le jardinage est dès lors le seul mode de traitement qui permette d'exploiter tous les ans de gros bois. Ce mode d'exploitation est donc applicable encore dans un certain nombre de petites forêts, et notamment dans des forêts communales, très précieuses pour le village ou le hameau propriétaire. Il en est ainsi quand l'étendue de la forêt ne permet pas d'y former des affectations de 15 ou 20 hectares, par exemple. L'étendue minima que comporte une série régulière varie avec les essences, en raison du temps nécessaire à la régénération, avec la situation et surtout avec l'état de contiguïté à d'autres forêts ou bien d'isolement. En tout cas, il n'est guère possible d'effectuer, pendant une période de 30 ou 40 ans, des coupes de régénération sur une étendue d'une dizaine d'hectares, avec ordre et sans qu'il en résulte des dégâts de tous genres équivalents à une dévastation.

Parmi les forêts soumises au régime forestier, l'étendue de celles qui se trouvent dans un des trois cas mentionnés ci-dessus n'est pas sans importance. Il en est dans certains coins des Vosges; il en est sur les derniers plateaux du Jura et sur les rochers des montagnes du Centre. Les six départements pyrénéens en ont une étendue notable. Mais c'est surtout la région des Alpes qui présente la masse de ces forêts; sur les 450,000 hectares de bois communaux qu'elle possède encore, il en est peut-être moitié auxquels le jardinage seul est applicable. Ce sont des massifs ou des débris de forêts de sapin, d'épicéa, de hêtre sur certains points de la partie septentrionale de la région, de mélèze, de pin sylvestre et de pin de montagne dans la partie méridionale. Les mêmes essences, sauf le mélèze et l'épicéa, constituent les forêts des hautes régions dans les Pyrénées; en Corse, le pin laricio vient s'y adjoindre. Ainsi c'est par centaines de mille hectares qu'on peut supputer l'étendue des forêts qui resteront soumises au jardinage. Elles comprennent d'ailleurs des bois formés de toutes nos meilleures essences résineuses.

Plus grande est l'étendue des forêts à maintenir jardinées, plus nécessaire est la bonne application du jardinage. Mais celle-ci n'est pas identique d'une essence à l'autre; elle diffère surtout dans les forêts des essences à tempérament délicat, comme le sapin et l'épicéa, et dans les forêts d'essences à tempérament robuste, comme le pin sylvestre et le mélèze. Dans les premières, il importe de n'enlever que très peu d'arbres à la fois sur le même point, un seul par exemple dans une sapinière; le jeune sapin n'exige pour se maintenir qu'une faible quantité de lumière, et l'état de massif plein est une des premières conditions de la bonne végétation de cette essence. On doit se garder ici de faire disparaître sous forme d'éclaircie les perches dominées, tant qu'elles ne sont pas dépérissantes; elles conservent, en effet, la faculté de reprendre vigueur et de s'élancer dès qu'elles viennent à être découvertes et, en règle générale, elles remplacent ainsi immédiatement l'arbre dominant, quand il a disparu par suite d'exploitation ou d'accident. Des procédés analogues, bien qu'un peu différents, sont applicables à l'épicéa, dont le tempérament est un peu plus robuste, la forme de l'arbre plus élancée et l'état du massif moins uniforme.

Pour les pins et le mélèze, il en est tout autrement. Ces essences en massif régulier comportent une coupe d'ensemencement espacée. Dans la forêt de pin sylvestre jardinée, il importe également d'enlever plusieurs arbres à la fois sur le même point, de manière à découvrir une petite surface, deux ou trois ares par exemple, en n'interrompant ainsi le peuplement que de distance en distance par une coupe d'ensemencement fractionnée. Le semis de pin sylvestre exige une lumière abondante pour se maintenir et se développer, et les pins ne s'accommodent pas d'être étagés les uns contre les autres. On doit donc se garder de conserver, après l'exploitation des gros arbres, les perches qui étaient dominées ou serrées par eux; elles sont étiolées, n'ont plus d'avenir et occuperaient le sol sans profit. L'éclaircie est utile et parfois même nécessaire dans les perchis de pin uniformes. Le mélèze a des exigences du même genre, mais il comporte mieux que le pin sylvestre la réserve d'arbres espacés sur les coupes exploitées.

Ces différentes essences ne réclament pas non plus les mêmes soins culturaux. Ainsi, pour obtenir le semis du sapin, de l'épicéa ou du hêtre, une excellente précaution consiste dans l'élagage des branches basses quelques années avant l'exploitation des arbres. Pour les pins et le mélèze, c'est une culture légère ou partielle du sol après l'exploitation, qui, en l'ameublissant à découvert, fournit le meilleur moyen d'y faire naître le semis. Telles sont les principales opérations culturales, très simples, qui conviennent aux forêts jardinées.

Le danger du jardinage mal conduit et surtout exagéré n'est pas moins grand dans les pineraies que dans les sapinières, dans les forêts de mélèze que dans celles d'épicéa. C'est surtout dans les régions élevées qu'il est à craindre, là précisément où le jardinage est d'une application fréquente et délicate. Dans les hautes régions, sous un climat excessif, les années de semence sont rares; l'été, qui succède brusquement à l'hiver, compromet souvent la germination et les jeunes semis; enfin, les bois ont beaucoup à souffrir des actions météoriques, dont la principale est celle des vents.

Dans ces conditions, on peut souvent observer deux phénomènes inverses. Sur un terrain partiellement recouvert de jeunes bois, tels que semis épars, fourrés disposés par taches, gaulis formant des bouquets disséminés, l'abri devient plus efficace d'année en année à mesure que les bois se développent, et la fraîcheur du sol se conserve mieux pendant l'été. La végétation se montre de plus en plus active; les massifs se complètent ou se ferment; la forêt prend possession du sol. Au contraire, quand des arbres à cime élevée, vieux ou simplement d'âge moyen, passent de l'état de massif à l'état clairiéré sur une certaine étendue de terrain, ils sont privés de l'appui mutuel qu'ils se prêtaient auparavant, et le terrain se trouve exposé alternativement aux érosions et à la sécheresse. La végétation se ralentit, les grands arbres meurent successivement, le semis devient de plus en plus rare et le sol reste à la fin déboisé. On peut constater ces deux faits en maintes régions; ils sont surtout fréquents et très marqués dans les pays méridionaux. Le premier fournit un enseignement pour les reboisements à opérer dans les montagnes; le second montre le danger des exploitations jardinatoires exagérées.

CHAPITRE DEUXIÈME

AMÉNAGEMENT DES FORÊTS A MAINTENIR JARDINÉES

L'aménagement des forêts jardinées est aussi élémentaire que la culture de ces forêts. La première règle qu'il comporte est la modération dans les exploitations; il a pour objet de régler celles-ci, autant que l'admet ce mode de traitement, et de prescrire l'exécution des travaux nécessaires. Nous allons voir à quoi il se réduit dans les forêts de protection, quelles mesures il comporte en général dans les forêts des hautes régions, et sur quel point spécial il peut différer dans les futaies de minime étendue.

ARTICLE Ier

FORÊTS DE PROTECTION

Dans les forêts de protection, les services rendus par les bois sont en général d'autant plus grands que les arbres sont plus développés. Le genre d'exploitabilité applicable est alors l'exploitabilité physique, indiquée par la mort naturelle ou le dépérissement complet. Dès lors, l'époque et le chiffre des exploitations restent tout à fait indéterminés ; la production n'a d'ailleurs par elle-même qu'un intérêt secondaire et souvent minime. Il n'y a donc pas lieu de prévoir les exploitations et il convient de laisser aux agents d'exécution le soin de les provoquer, le cas échéant, par des propositions spéciales.

L'aménagement consiste alors dans la simple mise en défends de la partie de forêt ou du canton protecteur, bien délimité sur le terrain. Il peut se faire qu'il ait à prescrire, en outre, certains travaux de défense, tels que fossés, murs ou barrages, et quelques travaux d'entretien, comme des semis partiels dans les vides et des nettoiements d'arbrisseaux faisant obstacle à la reproduction des arbres. Le plus souvent c'est dans la clôture du canton que se trouve le vrai moyen de salut.

ARTICLE II

FORÊTS DES HAUTES RÉGIONS

Nous comprenons dans cette catégorie les forêts dont la régénération est trop incertaine ou trop lente pour qu'il soit possible de l'obtenir dans un temps déterminé, et celles qui sont particulièrement exposées aux ravages des vents. La plupart d'entre elles se trouvent effectivement dans les hautes régions, où l'agriculture proprement dite n'est plus à sa place et qui, en France, ont en général une altitude supérieure à mille mètres; le jardinage est, d'ailleurs, le mode de traitement le plus ordinairement applicable sous de tels climats.

Le premier point à établir dans l'aménagement de ces forêts se rapporte à l'exploitabilité des arbres, qu'on doit généralement choisir un à un pour éviter de faire des trouées donnant prise aux vents. A cet égard, l'article 72 de l'ordonnance réglementaire du Code forestier établit que *dans les forêts jardinées, l'aménagement déterminera l'âge ou la grosseur que les arbres devront atteindre avant d'être exploités.* Cette règle est excellente; elle prescrit, en somme, que les coupes porteront uniquement sur les arbres propres à satisfaire pour le mieux les besoins du propriétaire; dans les bois soumis au régime forestier, elle emporte donc l'application de l'exploitabilité technique, basée sur la grosseur que les arbres peuvent et doivent acquérir pour donner les produits les plus utiles. Quant à l'âge de ces arbres, il ne peut être entendu que comme synonyme d'état de végétation, puisque dans la forêt jardinée il est impossible de connaître l'âge tant que les arbres sont sur pied. On déterminera donc la grosseur qui permet aux arbres de servir aux emplois les plus importants ou de fournir les meilleurs produits.

Cette donnée capitale du problème d'exploitabilité peut varier d'une contrée à l'autre. Dans les sapinières des Vosges, où la grande majorité des gros sapins est destinée au sciage, on constate que les arbres ont atteint le maximum d'utilité à l'unité de volume lorsqu'ils mesurent $0^{m},60$ de diamètre à la base. Au-dessous de cette dimension les arbres débités en planches ont un rendement moins avantageux, tandis que le commerce n'accorde pas généralement de plus-value, par unité de volume, aux sapins de plus fortes dimensions. En général donc, le sapin est exploitable dans une forêt jardinée des Vosges quand il a, au minimum, un diamètre de $0^{m},60$ à la base, c'est-à-dire à $1^{m},30$ du sol. Il est inutile de remarquer que toutes les forêts, et notamment celles des hauteurs, ne sont pas aptes à fournir des arbres de cette grosseur; mais on doit chercher à en approcher autant que le permet la fertilité du lieu. Dans le Jura, on débite aussi une partie des sapins et des épicéas en planches pour la menuiserie; mais les plus beaux, les plus gros et les plus grands arbres s'expédient au loin dans toute leur longueur et légèrement équarris, comme bois de grosse charpente. Ils sont très recherchés et se paient, au mètre cube, plus cher que les bois de sciage; mais il faut qu'ils aient un diamètre minimum de $0^m,70$ ou $0^m,75$ à la base. Dans les forêts dont la fertilité permet d'élever des arbres de cette dimension, il convient donc de fixer sur cette base la grosseur que les sapins devront atteindre avant d'être exploitables.

Pour fixer la possibilité des coupes jardinatoires ou le nombre de pieds d'arbres à exploiter chaque année, on peut se baser sur le chiffre des anciens jardinages ou sur la production du sol en bois exploitables. Si, par exemple, on coupait antérieurement deux arbres par hectare, il convient de maintenir, d'augmenter ou de réduire ce chiffre selon que la forêt se présente bien peuplée, ou couverte d'un matériel en excès, ou pauvre en gros bois. On ne se rendra bien compte de cet état de richesse que par l'étude des peuplements, par l'observation des accroissements annuels des bois arrivant à la grosseur qui les rend exploitables, et enfin par l'examen des résultats du comptage des arbres faits, effectué par catégories de diamètres dans toute la forêt. Si l'on ignore le chiffre des anciens jardinages, on se basera sur la production du sol à l'hectare. Elle est assez bien connue dans chaque contrée par les hommes experts en forêts; c'est un fait qui ressort de l'expérience générale des exploitations; on a d'ailleurs divers moyens de s'en rendre compte, par exemple le cubage du matériel sur pied dans des massifs bien choisis d'arbres de même âge (1).

---

(1) L'étude du développement des arbres permet aussi d'évaluer

La production des sapinières varie ordinairement entre deux et quatre mètres cubes par hectare pour les forêts des hautes régions, entre deux et sept mètres cubes pour les sapinières situées en climat moins rude. En comparant la production moyenne évaluée pour la forêt au volume de l'arbre exploitable, on peut vérifier l'exactitude des appréciations relatives au chiffre des exploitations antérieures et, en tout cas, se prémunir contre le danger de commettre de grands écarts en plus ou en moins. Supposons, par exemple, que la production à l'hectare soit environ de six mètres cubes et que l'arbre exploitable soit le sapin de $0^m,60$ et d'un volume moyen de 4 mètres cubes. Dans ce cas, la possibilité serait fixée à raison d'un arbre et demi, soit, pour une forêt de 200 hectares, à 300 arbres chaque année.

La marche des exploitations dans les forêts jardinées se règle d'une manière très simple. Au lieu d'étendre la

---

la production du sol en bois exploitables. Soit une forêt où les arbres bien venants doivent atteindre $0^m,60$ de diamètre. L'accroissement annuel qu'y prennent en moyenne les arbres constitués, mesuré sur les bois abattus, est par exemple de 2 $^1/_2$ millimètres par an sur le rayon, soit un demi-centimètre sur le diamètre. Il faut alors 60 ans à un arbre pour passer de $0^m,30$ à $0^m,60$. Le temps nécessaire pour arriver à $0^m,30$, très variable d'un arbre à l'autre, peut être en moyenne beaucoup plus long; les souches le montrent. Si l'on estime qu'il est une fois et demie aussi grand, soit alors de 90 ans, le temps nécessaire pour obtenir des arbres de $0^m,60$ doit être porté à 150 ans. D'autre part, les portions de terrain où se trouvent groupés plusieurs arbres de cette grosseur permettent de constater que l'hectare en contiendrait 190, par exemple, en peuplement complet. La production annuelle en bois exploitable s'en déduit. Ce serait alors un arbre et quart, d'un volume total de 4 ou 5 mètres cubes, suivant la hauteur des arbres.

Le rendement de forêts voisines placées dans les mêmes conditions de végétation et bien traitées fournit aussi un repère sûr.

Ces différents moyens se contrôlent mutuellement; mais l'application en exige une certaine expérience.

coupe annuelle sur tous les peuplements de la forêt, on s'est toujours appliqué, et avec raison, à laisser un certain intervalle entre les retours des exploitations sur le même point. Afin d'imprimer un ordre régulier à ces exploitations, il convient donc d'arrêter la périodicité des jardinages. Si par exemple on juge convenable de revenir tous les dix ans dans chaque parcelle, il y a lieu de parcourir la forêt tout entière en dix années par les coupes jardinatoires, ce qui conduit à la partager en dix coupes assises sur le terrain. Limitées autant que possible par des lignes naturelles, ces coupes ne seront pas nécessairement d'égale étendue; cependant on évitera de trop grands écarts de contenance, en même temps que l'on donnera aux différentes coupes une étendue sensiblement équivalente en fertilité. L'assiette des coupes sur le terrain et l'ordre dans lequel on doit les parcourir constituent le plan d'exploitation ou le cadre permanent de l'aménagement.

Au cas où, la possibilité étant d'un arbre et demi par hectare, la forêt serait divisée en dix coupes de 20 hectares chacune, le jardinage devrait enlever tous les dix ans dans chaque coupe 15 arbres par hectare. Si ce nombre paraissait trop considérable, si l'on craignait de compromettre la sûreté des massifs en enlevant jusqu'à 15 arbres à la fois par hectare, on serait amené à augmenter l'étendue des coupes en en diminuant le nombre, en le réduisant à six par exemple. Le jardinage reviendrait alors tous les six ans dans la même coupe, en n'y prenant que 9 arbres par hectare. On voit par là qu'il faut d'abord résoudre l'importante question du nombre d'arbres que l'on peut sans danger enlever par hectare en une seule fois, avant de fixer l'intervalle entre deux jardinages sur le même point et d'arrêter le nombre et les limites des coupes annuelles sur le terrain; le plan d'exploitation est donc solidaire de la possibilité. Dans les futaies jardinées, plus encore que dans les forêts soumises au mode des éclaircies, les combinaisons d'aménagement doivent être subordonnées aux nécessités de la culture, c'est-à-dire aux règles d'exploitation nécessaires pour assurer la conservation de la forêt.

Il est certain qu'en exploitant chaque année un même nombre de pieds d'arbres, quelle qu'en soit la grosseur, on ne donne aux coupes annuelles ni le même volume, ni la même valeur; mais on tend à maintenir ou à ramener la forêt jardinée dans un état de richesse constant. D'abord, il est facile de voir qu'on peut exploiter indéfiniment un même nombre de pieds d'arbres dans une forêt jardinée. En effet, le volume de l'arbre exploitable étant de 4 mètres cubes, par exemple, et la production du sol boisé de 6 mètres cubes à l'hectare par an, il est possible que la forêt se trouve assez bien pourvue d'arbres de tous âges pour qu'on y exploite annuellement par hectare un arbre et demi de ce volume, sans enrichir ni appauvrir le massif. Mais si actuellement cette forêt est pauvre en gros bois, on y coupera nécessairement de petits arbres et par suite moins de 6 mètres cubes par an; elle s'enrichira. En cas contraire, on y abattra naturellement de gros arbres, et par conséquent plus de 6 mètres cubes par an; le matériel se réduira.

Puis si la production du sol boisé n'est pas de 6 mètres cubes, mais de 4 et demi seulement, l'état vers lequel on tendra, même sans le savoir, sera celui qui permettrait d'exploiter un arbre et demi d'un volume moyen de 3 mètres cubes. Ce fait étant général, on voit que dans tous les cas le jardinage par pieds d'arbres tend à mettre la forêt dans un état déterminé et d'autant plus riche que le nombre d'arbres exploité est plus petit.

Le même résultat a lieu d'ailleurs dans chaque coupe en particulier, et c'est là ce qui permet de régler la marche des jardinages par pieds d'arbres. Ce règlement a pour objet de concentrer la coupe annuelle dans une portion de la série ; ceci est pour l'opération de martelage une garantie nécessaire de bonne exécution et, pour l'exploitation, une condition d'économie des plus importantes. D'autre part il en résulte que la coupe s'étend sur une surface assez grande pour qu'on revienne fréquemment dans la même parcelle; ceci permet d'exploiter en temps opportun les bois mûrs ou dépérissants et d'éviter l'abatage d'un grand nombre d'arbres sur une petite surface. Le retour des jardinages doit être plus ou moins fréquent suivant les essences et les forêts. En général, il y a lieu de les ramener tous les 5, 8, 10, 12 ou 15 ans sur le même point, souvent dans les épicéas, rarement dans les mélèzes, plus souvent dans les sols fertiles, plus rarement dans les climats très rudes.

La périodicité des jardinages déterminée, on peut arrêter d'avance les parcelles à jardiner chaque année. Les parcelles riches donneront d'abord de gros arbres, les parcelles pauvres en donneront de petits ; mais un certain équilibre s'établira bientôt, pourvu que les jardinages portent chaque année sur des surfaces à peu près équivalentes en fertilité. Le seul inconvénient de la possibilité par pieds d'arbres est dans l'inégalité du rendement d'une année à l'autre ; il est plus apparent que réel et on y remédie facilement en divisant la forêt en séries, auxquelles il est inutile de donner une grande étendue dans les futaies jardinées.

Tel est le procédé d'aménagement que nous proposons d'appliquer aux forêts dans lesquelles le jardinage doit être conservé. Il nous reste à dire comment l'aménagement devra être suivi et appliqué dans chacune des coupes.

La possibilité ayant été fixée pour toute la forêt et la coupe annuelle devant comprendre un nombre d'arbres déterminé, on désignera pour être exploités les arbres morts, viciés ou dépérissants, et d'autres en bon état de croissance ; ces derniers seront naturellement ceux qui ont les plus fortes dimensions, sans que le nombre total puisse dépasser le chiffre marqué par la possibilité. Les bois morts ou dépérissants qui mesureront moins de $0^m,30$ de diamètre feront aussi partie de la coupe et ne seront pas compris dans la possibilité, n'étant à vrai dire que des perches. Mais les arbres constitués de $0^m,30$ et au-dessus, exploités en raison de leur mauvais état, feront nombre dans la possibilité annuelle. Le précomptage des arbres constitués, nécessairement abattus et plus petits que l'arbre exploitable de $0^m,60$, par exemple, assure le développement d'arbres plus gros conservés en compensation. C'est une balance indispensable, le diamètre de $0^m,60$, par exemple, étant le minimum de grosseur de l'arbre exploitable.

Il est certain d'ailleurs que dans la pratique la détermination du nombre d'arbres à exploiter par hectare ne comporte aucune difficulté. On comprend en effet qu'en coupant à peu près un arbre par hectare et par an dans les forêts jardinées soumises au régime forestier, on donnera au propriétaire, autant que la forêt le comporte, les produits les plus conformes à ses besoins. Il en résultera des arbres d'un volume moyen de 2 mètres cubes dans les forêts dont la production annuelle n'est que de 2 mètres cubes à l'hectare, des arbres de 4 mètres cubes dans les forêts ou cantons où elle est de 4 mètres cubes, et de même ailleurs. N'est-il pas vraiment bon qu'il en soit ainsi?

ARTICLE III

FUTAIES DE MINIME ÉTENDUE

Dans un bouquet de bois soumis au jardinage, bien que placé dans d'excellentes conditions de végétation, l'intérêt du propriétaire, d'une commune par exemple, peut réclamer des coupes annuelles et égales. On déduit alors empiriquement le volume de la coupe du volume moyen des arbres à exploiter, en tenant compte et du nombre de pieds d'arbres qui correspondrait à la production annuelle et du matériel disponible. Ce volume, fixé pour un temps seulement, sera fort ou faible si la forêt est riche ou pauvre en vieux bois. Les inégalités du rendement se trouveront ainsi réparties sur un certain nombre d'années; mais elles se reproduiront forcément de période à période. Quant à la marche des coupes, il n'y a plus à en régler l'étendue, car il serait regrettable d'exploiter beaucoup en des parcelles pauvres et peu dans des parcelles riches ; il n'est possible que de donner l'ordre à suivre en jardinant les parcelles et d'indiquer s'il convient d'imprimer aux jardinages une allure rapide ou lente.

Il est nécessaire de réviser fréquemment la possibilité des forêts jardinées quand elle est fixée par volume et non par pieds d'arbres. Cette révision permet seule d'éviter les inconvénients dus à l'incertitude du chiffre de la production. L'état de la forêt, comparé parcelle par parcelle à l'état décrit au début de la période, et le volume des arbres constitués, comparé au volume des arbres exploités, fourniront les données indispensables pour la nouvelle évaluation à faire.

CHAPITRE TROISIÈME

AMÉNAGEMENT DE TRANSFORMATION DES FORÊTS JARDINÉES (¹)

Une sapinière soumise depuis longtemps au jardinage réglé présente un cas très simple de futaie irrégulière. Les arbres de tous âges étant entremêlés sur chaque point, l'irrégularité est semblable dans toutes les parties de la forêt. Le climat et le sol sont alors les principaux éléments qui déterminent le parcellaire; le peuplement, dont les essences, la consistance et la confusion restent généralement les mêmes d'un point à l'autre, n'intervient qu'à titre secondaire ou exceptionnel. La situation ordinaire, en montagne, des forêts jardinées donne d'ailleurs une grande importance à la configuration du sol, et il est rare que le relief du terrain ne montre pas d'une manière nette le parcellaire naturel. Celui-ci, basé sur les éléments fixes de la production, ne comporte alors que des divisions ou parcelles permanentes.

La constitution des séries se trouve dégagée de la condition la plus difficile à réaliser d'ordinaire, puisqu'il n'y a aucun compte à tenir de la gradation des âges dans une forêt où tous les âges sont représentés sur chaque point. Mais il y a lieu de distraire tout d'abord les cantons dans lesquels il peut être utile de maintenir le

---

(¹) Ce chapitre a spécialement pour objet les sapinières autrefois jardinées. La transformation des pineraies est plus rare et d'ailleurs moins difficile.

jardinage. En raison de l'altitude ou du défaut d'abri, par exemple, la forêt présente parfois certaines parties où les conditions de la régénération et de la végétation deviennent difficiles. Le maintien constant des massifs y est plus important que l'état régulier; ils forment la protection naturelle des parties inférieures et il importe d'y conserver le jardinage pour les conserver eux-mêmes. Ces portions de forêt se distinguent ordinairement par une certaine différence avec les parties qu'il convient de transformer; par exemple, le hêtre ou l'épicéa s'y présente en plus forte proportion, les arbres y sont courts et mal conformés, le massif reste par places incomplet ou inégal, enfin des faits spéciaux et divers permettent d'apprécier les parties ou la zone qu'il convient de maintenir à l'état jardiné.

Cette distraction opérée, on procède au partage de la forêt en séries d'exploitation, en se conformant aux principes généraux, et, comme dans les futaies jardinées tous les âges sont confusément entremêlés, on cherche principalement à réunir autant que possible, dans une même série, des portions de forêt qui comportent la même révolution.

La durée de la révolution doit résulter de la grosseur des arbres qui donnent les produits les plus recherchés par le commerce et les plus utiles au pays. Dans nos meilleures sapinières de l'Aude et du Jura, c'est à partir de 0^{m},70 de diamètre à hauteur d'homme que les sapins sont classés comme gros bois et ont, à volume égal, la plus grande valeur et la plus grande utilité. En de telles forêts on se demandera donc à quel âge les sapins élevés en massif régulier auront acquis cette grosseur. Les arbres de la forêt jardinée y arrivent à des âges très divers, selon qu'il ont été plus ou moins longtemps dominés, qu'ils ont conservé une constitution plus ou moins bonne, qu'ils sont plus ou moins riches en branches. Mais parmi ces arbres il s'en trouve toujours qui se sont développés comme en un massif régulier. Il est facile de les reconnaître à la forme du fût, dénudé jusqu'à une grande hauteur, et, lorsqu'ils sont abattus, à l'aspect des couches concentriques qui représentent les accroissements annuels en diamètre. L'âge de ces arbres qui ont crû régulièrement et dans des conditions moyennes de fertilité, et qui possèdent d'ailleurs les dimensions correspondant au maximum d'utilité, est celui que l'on doit adopter pour terme de la révolution.

Le plan général d'exploitation détermine les parties de la forêt qui seront successivement transformées pendant chacune des périodes de la révolution. Celles-ci seront généralement longues, en raison de l'essence sapin et des conditions climatériques en montagne. En effet, la régénération des sapinières s'opère lentement, et pour l'obtenir avec un plein succès il faut agir avec beaucoup de prudence ; nous n'estimons pas à moins de 25 ans le temps qui doit s'écouler entre la coupe d'ensemencement et la coupe définitive, en passant par des coupes secondaires plusieurs fois répétées.

Les affectations seront égales en contenance, si le terrain le permet, ou mieux encore équivalentes en fertilité. Autant que possible chacune d'elles sera massée et comprise entre des limites naturelles. De là en résultera le plus souvent le nombre, déterminé non plus par des groupes d'âges, mais par les coupures du terrain. Il peut être ici très important de numéroter les affectations de proche en proche, en allant à l'encontre des vents dangereux ; cela d'ailleurs est souvent possible dans la forêt jardinée. Le plan d'exploitation y est donc d'ordinaire bien apparent et en tout cas bien déterminé.

Le règlement spécial est des plus simples quant à la nature des coupes à prescrire : coupes de transformation dans l'affectation en tour, coupes jardinatoires dans les affectations non encore transformées. Le soin de proposer les coupes d'amélioration dans les parties déjà transformées et régulières peut être négligé par l'aménagement et laissé aux agents d'exécution; les nettoiements, lors même qu'ils seraient d'une grande utilité, comme dans une forêt de sapin et de hêtre mélangés, ne sauraient être prévus; les éclaircies, moins utiles dans les sapinières que dans la plupart des forêts, n'y prennent jamais un caractère d'urgence; mal faites, elles y sont d'ailleurs très dangereuses. Le plus souvent donc il est prudent de laisser aux agents qui appliqueront l'aménagement le soin de les proposer en temps et lieu; ils ne le feront qu'en cas d'utilité évidente et ne seront pas chargés d'opérations multipliées, qu'on doit éviter de prescrire surtout en montagne.

Reste à déterminer la possibilité principale pour la durée de la période en cours. Elle comprendra deux éléments : d'une part les produits des coupes de transformation, d'autre part ceux des coupes jardinatoires.

Les coupes de transformation, coupes de régénération avant tout, doivent être assises par volume. Elles porteront généralement sur tous les arbres constitués, autres par conséquent que des perches; c'est inévitable si l'on veut laisser après ces coupes des jeunes bois en massif capables de se raccorder entre eux et de former bientôt une futaie voisine de l'état régulier. On se trouve ainsi forcé de comprendre dans le calcul de la possibilité les arbres de $0^{m},40$ de diamètre, de $0^{m},35$ même dans la plupart des cas. Il est clair que, s'ils sont nombreux, il y a là un sacrifice regrettable à faire pour arriver à la transformation. Quoi qu'il en soit, le comptage et le cubage des arbres, à partir d'un diamètre déterminé, permet d'obtenir facilement le volume actuel. L'accroissement que prendront ces bois jusqu'à l'exploitation n'est pas calculable par le procédé applicable aux massifs d'arbres de même âge. Si l'on veut tenir compte de cet accroissement, il faut, pour l'évaluer, se reporter au chiffre des jardinages antérieurs ou bien à la production du sol. Mais il est préférable de le négliger, sauf à faire plusieurs révisions de possibilité pendant la période.

La possibilité des coupes jardinatoires à effectuer dans les affectations non encore transformées ne présente pas de difficultés. En effet, pour obtenir les meilleurs résultats possibles, il convient de n'extraire que les arbres hors d'état de se maintenir jusqu'à la période de transformation. Cela conduit, si l'on veut opérer à coup sûr, à n'enlever que des arbres mûrs dans chacun des jardinages successifs. En procédant ainsi on arrivera graduellement à enrichir les massifs jardinés ; de période en période, les arbres de faibles dimensions et bien venants diminueront en nombre. L'état général des peuplements à transformer se rapprochera graduellement de celui de vieille futaie, condition excellente au point de vue de l'amélioration des produits, de la régénération des massifs et du rapport soutenu pendant les diverses périodes de la transformation. Tous ces résultats, on les obtiendra en fixant la possibilité des jardinages à un nombre d'arbres restreint, calculé à raison d'un arbre au maximum, ou même à raison d'un demi-arbre par hectare si la forêt est pauvre en gros bois.

Cela posé, nous pensons qu'il convient de régler d'une manière très simple la marche des coupes jardinatoires dans les affectations non transformées. Soit, par exemple, une sapinière de 400 hectares soumise à une révolution de 144 ans divisée en 4 périodes de 36 ans. Est-il bon de parcourir tous les 6 ans les affectations restant à jardiner ? Alors on pourra en partager l'étendue en six coupes. On fixera l'ordre d'exploitation de ces coupes et le nombre de pieds d'arbres à enlever chaque année, soit deux tiers d'arbres à l'hectare, par exemple, et, par suite, 200 dans les trois affectations restant à jardiner pendant la première période.

Si l'on craint de fatiguer les peuplements en ramenant les coupes jardinatoires trop souvent sur le même point, on pourra fixer à 9 années la périodicité de ces exploitations, diviser la surface à parcourir en neuf coupes de contenance équivalente et régler l'ordre et la possibilité de ces coupes comme il vient d'être dit. A la fin de la période, ou même à la révision de la possibilité, les résultats obtenus par ces coupes jardinatoires d'une possibilité restreinte seront constatés et il deviendra facile d'apprécier s'il convient de maintenir, d'accroître ou de réduire le nombre d'arbres fixé au début.

Le jardinage limité aux arbres réellement mûrs, quelles qu'en soient les dimensions, permet de maintenir indéfiniment dans le même état de massif une forêt jardinée ; nos plus belles sapinières en sont la preuve. Ainsi traitées, les dernières affectations à transformer iront en se rapprochant de plus en plus de l'état régulier de vieille futaie, jusqu'à la période assignée à la régénération de chacune d'elles, à condition toutefois qu'on s'abstienne d'y pratiquer l'enlèvement des perches dominées.

D'ailleurs, il est facile de voir que les produits des coupes de transformation dans une partie de la forêt, ajoutés à ceux des jardinages dans le surplus, suffiront, en général, à donner à la première période des produits assez considérables. Les coupes de produits irréguliers, s'il y a lieu d'en opérer sur quelques parties de la série, seront donc restreintes à des points réellement exceptionnels. La répartition doit en être faite aussi sur un temps assez long pour éviter des opérations désastreuses au point de vue cultural, et dangereuses à tous égards. Il est également à conseiller de ne pas abréger la révolution de futaie pour hâter la transformation projetée. Il en résulterait tout d'abord un excès d'exploitations pendant la première période. Ce serait un grand danger à faire courir à la transformation même; telle sapinière surmenée pendant trente ans ne comporte plus ensuite que le jardinage le plus circonspect. Il est, d'ailleurs, impossible de constituer une futaie régulière avec toutes les classes d'âges pendant une révolution abrégée.

Dans les forêts jardinées pauvres en matériel la transformation peut même être préparée pendant une certaine période de temps. Il suffit d'en laisser vieillir un canton en y restreignant les jardinages, ou même en les limitant au surplus de la série. Après cette période de préparation, le canton réservé sera régénéré dans des conditions bien meilleures et sans livrer à la hache une grande quantité de bois trop jeunes.

Dans la plupart des forêts jardinées on trouve des portions déjà régulières, de jeunes bois notamment. Ils sont dus à des faits accidentels ou à des coupes définitives. Pour en tirer le meilleur parti, il suffit de donner à l'affectation qui les contient le numéro convenable, le dernier, par exemple. Mais dans une série pauvre, il est souvent utile de comprendre ces jeunes bois dans la première affectation, pour en occuper une partie de l'étendue; on trouve là le moyen de conserver des bois en croissance sur une surface égale pendant une période de plus et, souvent, d'assurer par là même le succès de la transformation.

Quant aux parties vides ou clairiérées, on doit les remettre en état le plus tôt possible, quelle qu'en soit la place dans le plan général. Il faut d'ordinaire beaucoup de temps pour y arriver dans une sapinière. Les abris naturels de tous genres, arbres, buissons, broussailles, pins ou épicéas à titre transitoire, sont le plus souvent indispensables. Il en résulte que le rétablissement ou la création d'une sapinière est l'œuvre de deux générations d'hommes; il est facile, dès lors, d'en comprendre la difficulté; l'importance ne peut en échapper non plus, si l'on songe qu'il ne nous reste guère que 200,000 hectares couverts de sapins et épicéas soumis au régime forestier, que le surplus des forêts de ces essences est incomparablement moins important, et que nous demandons à l'étranger chaque année une masse de ces bois, tandis que nos montagnes pourraient les produire. Mais les sapinières s'en vont aussi rapidement qu'elles sont lentes à se constituer. Il importe donc d'en régler les exploitations par de bons aménagements et surtout de les ménager le plus possible.

CHAPITRE QUATRIÈME

DES FUTAIES IRRÉGULIÈRES DE BOIS FEUILLUS

ARTICLE Ier

CONDITIONS CULTURALES

Le mode de traitement dit à tire et aire consistait à asseoir les coupes à blanc étoc, par contenances égales, de proche en proche et sans rien laisser en arrière. L'ordonnance de 1669 en avait généralisé l'application aux futaies comme aux taillis. Elle prescrivait la réserve de dix arbres par arpent dans les futaies, l'arpent des eaux et forêts contenant 51 ares.

Elle n'admettait pas, d'ailleurs, le retour des exploitations sur un même point avant la fin de la révolution, si ce n'est le passage accidentel de coupes extraordinaires autorisées par décisions du Conseil du roi. A la suite des exploitations principales, les bois se développaient donc au hasard et sans qu'on fît de coupes d'amélioration d'aucune sorte.

Ce mode de traitement a été particulièrement appliqué aux forêts de plaine, peuplées d'essences feuillues et dont les bois d'œuvre étaient destinés à la consommation générale. Il avait pour objet essentiel la production des bois de fortes dimensions nécessaires au pays et à l'entretien de la flotte. L'ordre absolu que prescrivait l'ordonnance devait assurer, en premier lieu, la maturité des massifs respectés pendant toute une révolution de 160 à 200 ans.

A cet âge le couvert est très élevé, le sous-bois avait disparu et le sol se trouvait garni de semis plus ou moins abondants. Les arbres réservés n'étaient destinés qu'à fournir des pièces de dimensions et de qualités exceptionnelles. En effet, les chênes arrivant à l'âge ordinaire d'exploitation ne donnaient ni de très gros arbres ni du bois très solide, par suite de l'état serré où ils étaient restés jusqu'à la fin. Or, c'était précisément aux forêts de chêne, chêne et charme, chêne et hêtre, que le mode à tire et aire était appliqué.

Le peu qui nous reste d'anciennes futaies de bois feuillus, environ 200,000 hectares à l'État, a été autrefois soumis à ce mode de traitement. Ces forêts, telles qu'elles étaient constituées il y a 50 ans, sont parfaitement décrites dans le *Cours de culture des bois* de MM. Lorentz et Parade; et, bien qu'elles aient été singulièrement modifiées par les exploitations qui y furent pratiquées depuis cette époque, c'est encore de la description qui en a été faite par nos maîtres qu'il convient de s'inspirer pour fixer les règles d'aménagement et de culture applicables à la régularisation de ces futaies.

Presque toutes ces forêts sont situées en plaine ou en coteaux et sous un climat tempéré. Elles renferment, en essences principales et bien appropriées, le chêne, le hêtre et le charme, et, par exception, le pin sylvestre, artificiellement introduit pour réparer des accidents ou des fautes. Le chêne s'y rencontre trop souvent à l'état pur, parce qu'on a cherché à faire disparaître le hêtre et le charme. Le rouvre supporte mieux cet état que le pédonculé; aujourd'hui encore, nous avons ainsi, sans mélange, des massifs complets de chêne rouvre âgés de 150 à 200 ans, bien portants, mais végétant avec une lenteur excessive et qui nuit à la qualité du bois. Nous pourrions en citer plusieurs dont les tiges mesurent à peine $0^m,50$ de diamètre, alors que les chênes auraient atteint au même âge une grosseur presque double s'ils avaient crû en mélange avec le hêtre dans les terrains secs, avec le charme dans les terrains frais. Le pédonculé réclame un terrain plus fertile, plus profond, plus frais. C'est le chêne des terres basses et humides ; il y acquiert un bois très nerveux et les plus fortes dimensions, mais aussi à la condition de vivre en mélange avec d'autres essences. Le charme en est le plus utile auxiliaire (1).

La plupart de ces futaies présentent des cas d'irrégularité plus ou moins nombreux. On y trouve encore quelquefois des réserves surannées ou d'essences diverses, des peuplements sans avenir ou pauvres en essences principales, des parties dégradées ou même entièrement ruinées. Puis, l'ordre de succession des coupes a été rarement observé ; on est allé prendre les bois exploitables là où ils se trouvaient et surtout là où il était facile d'en opérer la traite et la vente ; souvent il en est résulté le plus complet désordre dans les exploitations et, par suite, dans les âges. La contenance des coupes annuelles a varié avec les temps, en raison des besoins ou par suite de changements notables apportés à la durée de la révolution ; de là une gradation d'âges défectueuse. Des faits particuliers ont accru le mal ; ainsi des recépages entrepris à la fin du siècle dernier en maintes forêts dans les peuplements âgés de vingt ou trente ans, ont supprimé toute une classe d'âges. Réitérés parfois, ces recépages ont donné naissance en certains points de ces forêts à de vrais taillis, simples ou composés. Ailleurs des repeuplements artificiels ont produit

---

(1) Dans un perchis âgé de 40 à 50 ans, contenant 2,000 à 2,500 tiges, un ou deux dixièmes de chêne peuvent suffire avec huit ou neuf dixièmes de hêtre et charme.

des massifs d'une faible longévité ou d'un caractère tout particulier. Enfin, des délits ou dégradations de tous genres, tels que coupes d'arbres, écimages ou élagages, enlèvements réitérés des feuilles mortes, pâturage, abroutissement, dégâts du gibier, ont compromis des peuplements entiers et à des degrés très divers.

Il est facile de comprendre que de tels faits ont mis certaines forêts de plaine dans l'état le plus irrégulier. Ces causes ont une influence de longue durée et se reproduisent encore en maintes occasions, quoique le mode à tire et aire ne soit plus appliqué à nos futaies. L'aménagement des forêts est par là singulièrement compliqué et rendu difficile ; il n'en est que plus nécessaire.

ARTICLE II

AMÉNAGEMENT DES FUTAIES IRRÉGULIÈRES DE BOIS FEUILLUS

Après avoir établi le parcellaire, constitué les séries, déterminé la révolution, et quand il s'agit de procéder à l'établissement du plan d'exploitation, il arrive, en général, qu'on se trouve en présence de grandes difficultés ; elles résultent ordinairement de la constitution défectueuse de certains peuplements, de la distribution irrégulière des bois d'âges divers et de la répartition inégale des massifs correspondant aux principales classes d'âges. Souvent alors la formation des affectations devient une opération très délicate. De même que dans les futaies régulières on s'efforcera de les établir conformément aux principes généraux, c'est-à-dire égales en contenance ou équivalentes en fertilité et par masses, autant que possible, d'un même tenant. On cherchera, en outre, à réunir dans chaque affectation un groupe de parcelles convenable; il faut donc que l'ensemble ou, tout au moins, la portion la plus importante de l'affectation présente des peuplements qui arriveront à l'exploitabilité pendant la période assignée pour la régénération.

Quant aux parcelles enclavées et que l'âge des bois, l'état de la végétation, la constitution ou la consistance des peuplements ne permettront pas de régénérer en même temps que la masse de l'affectation, elles seront tenues comme des exceptions; le règlement spécial des exploitations déterminera, au début de chaque période, le traitement applicable à chacune des parcelles pour en tirer bon parti; il aura également en vue d'harmoniser les peuplements et les âges, mais sans faire de grands sacrifices pour arriver à l'uniformité de chaque groupe.

Il est impossible de prévoir toutes les circonstances particulières que l'on peut rencontrer dans l'aménagement de ces forêts; on verra dans l'exemple ci-après, où nous avons réuni à dessein les principales difficultés, par quelles combinaisons d'exploitation il est souvent possible de satisfaire aux conditions d'une bonne culture, en même temps que de réaliser, dans la mesure du possible, les avantages principaux d'un bon aménagement.

Soit une série peuplée de chêne, hêtre, charme et autres bois feuillus, comprenant 600 hectares. La révolution convenable aux peuplements réguliers, étant, par hypothèse, de 180 ans, est adoptée pour servir de base au plan général. On a reconnu d'ailleurs que l'exploitation des massifs ne doit pas avoir lieu avant 160 ans, âge auquel les chênes ont acquis dans cette série un diamètre de $0^m,65$, et qu'on ne peut espérer d'y conserver les bois en bon état au delà de 200 ans. Le terrain et la distribution des peuplements ont conduit à former cinq affectations comprenant les parcelles dont la mention suit:

Affectations périodiques.	Parcelles.	Contenance.	NATURE ET ÉTAT des PEUPLEMENTS.	Age des bois au début de l'aménagement.	Période présumée de la régénération.
		Hectares.		Ans.	
I.	A.	20	Fourrés et gaulis d'essences mélangées. .	10 à 20	»
	B.	40	Vieille futaie, chêne et hêtre.	190	1
	C.	15	Perchis d'aune, clairsemé de vieux chênes.	75	1
	D.	18	Futaie de hêtre.	140	1
	E.	25	Futaie de chêne, avec charmes disséminés.	140	2
II.	F.	42	Perchis de charme et chênes épars	50	2
	G.	28	Futaie de hêtre entrecoupée de vides et clairières	120	2
	H.	42	Demi-futaie de chêne et hêtre	90	3
	I.	12	Perchis sur souches, charme, chêne et bois blancs.	35	2
III.	K.	22	Jeune perchis de chêne pur provenant de plantations.	32	4
	L.	28	Futaie chêne et charme, avec réserves chêne	120	3
	M.	30	Futaie chêne, hêtre et charme.	100	3
	N.	24	Perchis de bois blancs, avec chênes disséminés et charmes.	40	1 et 3
	O.	11	Taillis d'aune.	10	1 et 3
IV.	P.	37	Jeune futaie chêne et hêtre.	80	4
	Q.	13	Perchis chêne et hêtre, surmonté de réserves très nombreuses des mêmes essences.	45	4
	R.	18	Gaulis de chêne et charme, dominé par des bois blancs.	25	5
	S.	8	Futaie de hêtre mélangée de chênes. . . .	100	2 et 4
	T.	26	Taillis sous futaie, pauvre en bois durs. .	5 à 16	1, 2 et 4
	U.	23	Perchis de chêne, hêtre et charme. . . .	60	4
V.	V.	54	Perchis de chêne, charme et bois blancs. .	35	5
	X.	7	Futaie de chêne pur, claire.	180	1 et 5
	Y.	12	Semis de hêtre et chêne surmontés de réserves disposées en coupes secondaires.	5 à 10 et 170	1 et 5
	Z.	16	Perchis de bouleau dominant, avec hêtre et chêne.	65	1 et 5
	AB.	26	Haut perchis hêtre et chêne, bien venant, clairsemé de réserves de deux âges. . .	70, 140 et 200	2 et 5
		600			

Les données de la dernière colonne, déduites de l'état actuel des peuplements, tout incertaines qu'elles puissent être, sont nécessaires pour justifier le plan général et permettre de le proposer. Il en résulterait les exploitations suivantes pendant la première période :

Coupes irrégulières de futaie en X, Y et Z, sur 35 hectares ;

Coupes régulières de futaie en B, C et D, sur 73 hectares ;

Coupes irrégulières de taillis en N, O et T, sur 66 hectares.

La parcelle X, de peu d'étendue, se trouve englobée par sa position dans la dernière affectation. La parcelle Y, dont la régénération est en cours, ne comporte plus que les dernières coupes secondaires et la coupe définitive sur des semis produits, qui donneront des bois exploitables en dernière période. La parcelle Z, formée d'un peuplement sans avenir dans son ensemble et sans grande valeur, sera régénérée, mais avec réserve de toutes les perches de chêne qui enrichiront le massif reconstitué. A ces exploitations irrégulières les parcelles A et E de la première affectation, non exploitées pendant la période, forment une compensation suffisante. La parcelle N sera exploitée en taillis sous futaie de manière à conserver tous les éléments de bois durs qu'elle présente ; avec eux elle offrira un vieux taillis de 72 ans au début de la troisième période, où elle arrivera en tour de régénération par la semence. La parcelle O et la parcelle T seront exploitées de même en taillis vers l'âge de 36 ans, après que la multiplication des bois durs y aura été favorisée par des éclaircies suivies de plantations sous les massifs. Au début de la seconde période on verra s'il y a lieu de répéter encore la coupe du taillis dans ces deux parcelles.

Telles seront en résumé les exploitations principales à effectuer pendant la première période; elles sont limitées à une contenance en rapport avec l'étendue d'une affectation et destinées à renouveler plusieurs peuplements sans avenir; on prévoit en même temps l'exploitation suivante, dans la période convenable, des massifs reconstitués. Ces premières opérations auront ainsi marqué un premier pas vers l'ordre et l'amélioration.

Si l'on fait de même la récapitulation des peuplements dont l'exploitation est présumée pour la seconde période, on voit que celle-ci sera largement pourvue; cela permettra, dans le prochain règlement spécial, de ménager pour l'avenir les peuplements ou les arbres précieux dont le bon état serait alors constaté. Il est bien possible que la parcelle AB, peu à peu dégagée des réserves mûres, puisse être maintenue jusqu'à la quatrième période; que la parcelle S se trouve aussi heureusement modifiée par les éclaircies et n'exige pas en seconde période la régénération du hêtre présumée nécessaire.

On comprend donc qu'il est facile d'entrevoir dans quelle mesure le rapport soutenu sera garanti à chacune des périodes et aux premières surtout; on voit comment les peuplements arriveront successivement à être régénérés par la semence, soit dans la période même que comporterait le plan général, soit dans la période précédente ou dans la suivante; comment l'objet de toutes les opérations sera précisé par la connaissance de la position de chaque parcelle dans le plan général; comment enfin celui-ci, indéterminé mais nécessaire au début, deviendra de période en période mieux assis et bientôt naturel.

ARTICLE III

RÉSULTATS NÉCESSAIRES

La méthode d'aménagement par contenance est aussi simple que le comporte le traitement des futaies. Elle subdivise l'aménagement d'une forêt en deux parties essentielles : le plan général, qui a une assiette fixe sur le terrain et peut être indéfiniment maintenu ; le règlement spécial, qui prévoit et prescrit les opérations à faire pendant un temps nécessairement limité. On saisit d'un coup d'œil l'ensemble du plan d'exploitation et il est facile de le contrôler dans la forêt même.

Si la nécessité d'une méthode d'aménagement pour les futaies n'est pas contestable, il apparaît également que la méthode par contenance donne le point de départ nécessaire à la régularisation ou à l'amélioration d'une forêt. Que faut-il entendre en effet par ces mots, qui expriment une seule et même idée ? C'est en premier lieu la mise en bon état ou la restauration des peuplements, le plus souvent à l'aide du temps, mais aussi par de bonnes opérations, telles que nettoiements et éclaircies. C'est en second lieu le bienfait de certains travaux de culture, tels que repeuplements de places vides, réintroduction de l'essence principale disparue, multiplication d'une essence auxiliaire trop rare. C'est enfin la substitution, par voie de régénération, de peuplements bien constitués à des peuplements défectueux. En ces diverses opérations culturales consiste la régularisation des peuplements, amélioration de premier ordre à réaliser graduellement et avec mesure dans chacun d'eux.

Un autre genre d'améliorations, opérations d'aménagement proprement dites, consiste dans l'ordre à imprimer aux exploitations, dans la gradation convenable à donner aux âges et dans la distribution des peuplements à modifier conformément aux règles d'assiette. Un ordre simple suffit aux exploitations d'une série; l'aménagement par contenance permet de l'établir autant que le comporte l'état actuel de la forêt. La gradation convenable des âges doit assurer à l'avenir des bois exploitables et un rendement soutenu; le plan général d'exploitation tend vers ce double but. La bonne distribution des peuplements a pour résultat de favoriser la végétation des bois et d'assurer l'ordre des exploitations successives; la formation des affectations, d'un seul tenant en général, en est la garantie pour l'avenir.

Les améliorations culturales ou la mise en bon état des peuplements sont, on le comprend, d'une importance majeure, et les améliorations d'aménagement se trouvent suffisamment provoquées par l'application prudente de la méthode par contenance. C'est dans cette prudence nécessaire et dans les ménagements à garder que consistent les difficultés de la méthode. De même que l'amélioration principale résulte du développement des bois, de même le plus grand danger d'un aménagement est dans l'appauvrissement de la forêt. Car, le moment une fois venu de restreindre les exploitations, il est presque toujours impossible de le faire au degré nécessaire. Les bois alors s'exploitent trop jeunes et la pauvreté se perpétue. D'ailleurs en pareil état il n'y a que quelques pas à faire pour arriver par l'abaissement successif des âges et la dégradation des peuplements à la ruine de la forêt. Mais la méthode d'aménagement par contenance donne le moyen sûr d'éviter ce danger et même de reconstituer au plus tôt les âges disparus; elle permet en effet de ménager les exploitations, et il suffit en général, pour arriver à la restauration d'une série, de ne donner à la période en cours que les bois réellement exploitables.

LIVRE CINQUIÈME

Aménagement des taillis

Les taillis sont des peuplements constitués essentiellement par des rejets de souches disposés en cépées, ou par des drageons assis isolément sur des racines mères. On les exploite assez jeunes pour qu'ils se perpétuent par rejets, et le plus souvent on conserve des tiges de choix destinées à vivre encore sans être recépées, des baliveaux.

Les taillis simples se distinguent des taillis sous futaie en ce qu'ils n'ont aucun baliveau ou seulement des baliveaux de l'âge. On sait que les sujets réservés pour se développer pendant que le taillis se reproduira, les baliveaux, reçoivent diverses dénominations. Réservés pour la première fois, ils sont dits baliveaux de l'âge (du taillis) ; quand ils ont été réservés deux fois, on les appelle baliveaux modernes ou, plus brièvement, modernes, et on les désigne sous les noms de baliveaux anciens ou d'anciens, quand ils ont été réservés trois fois au moins. On peut distinguer les anciens de quatre âges et ceux de cinq âges ou plus encore, que l'on confond souvent sous le nom de *vieilles écorces*.

Ce n'est qu'après s'être développés, la cime étalée au-dessus du recru, pendant un âge au moins que les baliveaux forment des arbres constitués (en fût), des arbres dits de futaie. C'est pourquoi le nom de taillis sous futaie ne s'applique qu'aux taillis surmontés de baliveaux réservés au moins deux fois. L'ensemble des baliveaux de tous âges forme la réserve, ainsi désignée par opposition au sous-bois.

CHAPITRE PREMIER

DE LA CONSTITUTION ACTUELLE DES TAILLIS

ARTICLE Ier

TAILLIS SIMPLES

Les peuplements des forêts exploitées en taillis simple sont formés principalement de rejets de souches, accessoirement de drageons et de brins de semence.

La plupart de ces bois se trouvent composés de plusieurs essences vivant côte à côte et diversement mélangées. Sous un même climat la répartition et le mode de végétation des essences dans les taillis varient avec la nature minéralogique du sol et surtout avec la profondeur et le degré d'humidité de la terre végétale. Les principales et les plus répandues sont : parmi les bois durs, les chênes, le charme, le hêtre, le bouleau, le frêne, les ormes, le châtaignier, les érables et les alisiers ; parmi les bois blancs, le tremble, l'aune et le tilleul.

Les unes, comme les chênes, le charme, le frêne, le châtaignier et les érables, l'aune et le tilleul, jouissent de la propriété de se reproduire abondamment par rejets ; les souches elles-mêmes supportent pendant des siècles le mode d'exploitation en taillis, et, par un effet qu'il est facile d'expliquer, elles semblent même en acquérir une longévité plus grande que celle des sujets de franc pied. D'autres espèces, comme le hêtre, le bouleau et le tremble, rejettent peu de souche ; mais le bouleau se reproduit abondamment par la graine et le tremble par drageons dans tous les peuplements où ils sont installés. Le châtaignier est souvent cultivé en taillis, pur et sans mélange d'autres essences ; il ne constitue guère, en France, que des forêts créées de main d'homme par semis ou plantations. Le chêne rouvre, comme l'yeuse et le tauzin, forme aussi à lui seul des peuplements qui s'accommodent très bien de ce mode d'exploitation. Ces taillis d'une seule essence sont, à vrai dire, des exceptions, et la plupart de nos taillis renferment, mélangées dans des proportions variables, à peu près toutes les espèces feuillues compatibles avec le climat.

Dans les plaines basses, humides, en terrain d'alluvion profond et fertile, l'aune occupe souvent la plus grande place dans les taillis, avec des frênes, des charmes, des ormes et des chênes pédonculés disséminés dans le peuplement ; ces taillis sont les plus riches et les plus productifs, et, quand on y élève des réserves, c'est là qu'on trouve les plus gros échantillons de chêne pédonculé, ceux qui fournissent ces bois nerveux et durables si recherchés pour les constructions civiles et navales. Les mêmes essences se rencontrent dans les taillis de plaine situés en sol moins humide, mais suffisamment profond et frais ; elles y constituent des peuplements très riches encore, dans lesquels l'aune devient plus rare, le tremble et le charme plus abondants. En pays de montagnes ou de coteaux, et même dans les plaines où le sol est sec, peu profond et parfois rempli de pierrailles, le chêne rouvre est plus répandu que le pédonculé ; il constitue assez souvent la masse du peuplement avec le charme, le hêtre, et aussi avec le bouleau sur les terrains siliceux.

Dans le Midi, le chêne yeuse occupe les terrains rocheux et secs; ordinairement mélangé de rouvre et d'arbrisseaux, il forme des taillis simples sur de vastes surfaces. Le chêne tauzin fait aussi d'assez bons taillis dans les sols pauvres du sud-ouest de la France.

Tels sont, abstraction faite de quelques baliveaux réservés, les principaux types de peuplement des forêts où le mode du taillis simple est appliqué depuis longtemps. Inutile de dire que chacun de ces types présente un grand nombre de nuances dans la même forêt. Quant aux différences que l'on constate souvent entre la production ou les revenus de taillis placés dans les mêmes conditions de fertilité, on ne peut les attribuer qu'à deux causes: l'état du peuplement et l'âge d'exploitation.

Si la constitution d'un taillis est défectueuse, soit parce que les essences les plus importantes font défaut ou ne sont pas suffisamment représentées, soit parce que les peuplements sont incomplets, on peut chercher à y remédier après l'exploitation de chaque coupe au moyen de plantations. C'est une question de culture que l'on parvient quelquefois à mener à bien en y consacrant les soins, la dépense et le temps nécessaires. Mais cela ne suffit pas pour obtenir d'un taillis les produits les plus avantageux et les meilleurs revenus. Ici, comme dans les futaies, il faut aussi que les bois soient exploités à l'âge convenable.

Les forêts traitées en taillis simple ne fournissent guère que du bois de chauffage ou de charbon, des échalas, des cercles de futailles, des perches et des écorces; mais elles donnent ces produits en quantités très différentes, suivant l'âge d'exploitation. Les jeunes cépées d'un taillis sont d'abord isolées et laissent la plus grande partie du terrain à découvert; tant que cet état persiste, la production ligneuse est faible malgré la vigueur des jeunes rejets. Avec les années ceux-ci se développent, les vides se ferment et le taillis arrive à former massif ; dès lors la production annuelle est considérable, et enfin elle arrive au maximum. Plus tard seulement, quand le vieux taillis s'éclaircit, la production du sol commence à diminuer ainsi que la disposition du taillis à rejeter de souches. Tels sont les faits, et, par suite, le volume des bois sur pied dans les taillis simples s'accroît bien plus rapidement que l'âge (1).

On ne se représente pas facilement le changement énorme que produit dans les taillis une durée de cinq ans ajoutée à une courte révolution ; il faut le constater par l'expérience des faits. Quant au taillis de trente ans comparé à celui de vingt, c'est comme une forêt différente ; il est formé principalement de fortes perches dont les branches seules représentent, dans l'étage élevé des cimes, toutes les ramilles des jeunes taillis ; on pénètre facilement sous bois. Après quelques exploitations retardées les essences se mélangent d'ailleurs tout autrement et mieux dans les taillis ; à ce retard tout est avantage dans la forêt même. Mais ces bois appartiennent pour la majeure partie à des propriétaires particuliers. Tous, ou presque tous, commettent l'erreur de les exploiter trop jeunes, à 12, 15 ou 18 ans, alors que très généralement ils pourraient doubler leurs revenus en doublant la

(1) Il n'est pas rare de voir des taillis de chêne qui, à dix ans, ont à l'hectare un volume de 20 mètres cubes, correspondant à une production moyenne de 2 mètres cubes par an, à vingt ans un volume de 60 mètres cubes résultant d'un accroissement de 4 mètres cubes par an de l'âge de dix ans à celui de vingt, et à trente ans un volume de 100 mètres cubes, non compris 20 mètres cubes qui ont disparu et dont on peut disposer par l'éclaircie ; de vingt à trente ans l'accroissement accumulé a été encore de 4 mètres cubes par an, et la production du taillis de 6 mètres cubes en réalité.

durée de la révolution. Et voici comment : en général, la valeur du taillis de trente ans est au moins quadruple de celle du taillis de quinze ans, 1,200 francs par exemple au lieu de 300, ou 2,000 au lieu de 500 par hectare, de sorte qu'en exploitant moitié surface à trente ans on jouit néanmoins d'un revenu double.

ARTICLE II

TAILLIS SOUS FUTAIE

Sous le nom de taillis composé, taillis sous futaie, futaie sur taillis, on comprend un mode de culture qui consiste à élever sur les taillis des arbres de fortes dimensions, du chêne spécialement, à l'état d'isolement et, par conséquent, dans des conditions de végétation différentes de celles de la futaie pleine.

Produire dans un temps relativement court des chênes de plus fort diamètre et d'un bois plus nerveux que ceux des futaies régulières, accessoirement élever de gros arbres d'espèces précieuses, comme le frêne ou l'orme champêtre qui se prêtent mal au traitement en futaie pleine, tel est l'avantage principal que l'on peut se proposer de réaliser par la culture des forêts en taillis composé. Quant au taillis proprement dit, sans négliger les produits qu'il fournit, on le considère surtout comme un auxiliaire indispensable à la conservation du sol et comme la pépinière des baliveaux destinés à remplacer les arbres qui tomberont dans les exploitations.

Dans les forêts soumises au régime forestier, le balivage, c'est-à-dire le choix et le nombre des arbres à réserver dans chaque coupe de taillis, est réglé par l'ordonnance de 1827 pour l'exécution du Code forestier. Mais il s'en faut bien que les sages prescriptions de cette ordonnance aient reçu partout une entière application. Il faut reconnaître en effet que, si d'une part on s'est généralement attaché à réserver le nombre de baliveaux de l'âge prescrit par l'ordonnance, d'autre part on a très souvent fait bon marché de l'injonction beaucoup plus importante qui recommande de ne livrer à l'exploitation que les arbres *dépérissants ou hors d'état de prospérer pendant une nouvelle révolution* du taillis. Ajoutons qu'on a trop souvent sacrifié de beaux chênes, modernes et anciens, en vue de diminuer l'espace couvert par la réserve et de favoriser la production du sous-bois. De là surtout est née la diversité que l'on remarque aujourd'hui dans la constitution des taillis sous futaie. Elle apparaît souvent d'une coupe à l'autre dans la même forêt et reflète la tendance et la disposition d'esprit des agents qui ont procédé au balivage.

Dans tous les cas, la consistance, la végétation et la production du sous-bois sont nécessairement corrélatives avec la constitution de la réserve. Plus celle-ci est nombreuse, surtout en arbres gros et à couvert épais et bas, plus le taillis est clair, chétif et maigre. On remarque aussi que dans le voisinage immédiat des gros arbres les souches du taillis perdent plus tôt la faculté de se reproduire par rejets. Mais par compensation c'est là que se trouvent en plus grand nombre les brins de semence, les semis de chêne ou d'autres essences, dont les uns fourniront des sujets pour le recrutement de la réserve en baliveaux de l'âge, et dont les autres donneront de jeunes souches, destinées à combler les vides résultant de l'exploitation des gros arbres et à perpétuer le sous-bois.

Les brins de semence des différentes essences se produisent dans les taillis en des conditions très diverses. Les semis de bois blancs et autres essences à graines légères naissent, aussitôt les coupes faites, sur le sol mis à découvert par l'exploitation. Les semis de hêtre et de chêne se produisent d'ordinaire sous les vieux taillis quelques années avant l'exploitation, et ceci a lieu d'une manière générale quand le taillis a un couvert élevé et quand il est riche en arbres de réserve ; cependant les animaux disséminent des faînes et des glands en quantité assez considérable, et il en résulte que les semis épars de chêne ou de hêtre ne sont pas rares sous les vieux taillis. Mais les brins de semence des bois durs disparaissent souvent, sinon tous, au moins en général, par suite de faits particuliers à chaque essence. Les semis de hêtre, qui supportent bien le couvert, périssent dès qu'ils sont exposés au soleil, à moins qu'ils n'aient déjà un certain âge et quelque développement. Le jeune brin de chêne exige au contraire beaucoup de lumière ; mais il se développe lentement dans les premières années, même à découvert, de sorte qu'il dépérit et meurt une fois qu'il se trouve dominé par de jeunes recrus à feuillage épais, comme les rejets de charme ou de tilleul. De là provient la pauvreté d'un grand nombre de taillis en jeunes baliveaux de bonnes essences.

Les chênes rouvre et pédonculé sont les deux espèces que l'on s'est particulièrement appliqué à élever en réserves sur les taillis. Souvent on les trouve croissant côte à côte dans la même forêt, mais, en règle générale, on voit le pédonculé prospérer surtout dans les terrains humides, profonds et fertiles des plaines basses, le rouvre dans les sols moins argileux etdans les terrains graveleux des plaines et des coteaux. On constate aussi que dans presque tous les taillis où la végétation est florissante, le sous-bois est formé d'essences mélangées et renferme en quantité notable les espèces fertilisantes à feuillage épais, aptes à se maintenir et à croître sous le couvert incomplet du pédonculé et même sous le couvert assez plein du rouvre.

On reproche aux chênes que l'on élève en réserves sur taillis de ne pas avoir la hauteur de fût qu'ils auraient pu atteindre s'ils avaient crû en massif, d'être plus sujets que les arbres de futaie pleine aux défauts de conformation, de se trouver plus souvent dégradés par les accidents et les vices qui affectent principalement les bois de chêne. Cela n'est pas contestable; mais il ne dépend pas de nous de faire de la futaie pleine partout, ni de supprimer un mode de traitement en usage dans une très grande partie des forêts de France. Nous croyons d'ailleurs que ce mode de culture du taillis est généralement le plus favorable aux intérêts des propriétaires particuliers; nous pensons qu'en beaucoup de cas il peut satisfaire d'une manière convenable les besoins et les intérêts des communes; il est certain d'ailleurs que, bien appliqué, il permet d'assurer à la consommation, sinon la plus grande somme des produits les meilleurs, du moins une quantité considérable de produits très utiles et de bois plus nerveux que ceux de futaie pleine.

Il importe donc de bien connaître les avantages et les inconvénients du taillis sous futaie; le traitement, le mode d'application, permettent d'atténuer les uns et de développer les autres; l'aménagement en fournit d'ailleurs les moyens. Dans les forêts exploitées en taillis sous futaie la régénération est immédiate et le traitement facile, à peu près comme dans les taillis simples; mais la production et le développement des rejets de souches sont entravés par le couvert des arbres de réserve, et le traitement se trouve compliqué par la difficulté d'obtenir des baliveaux de bonnes essences. Les taillis sous futaie produisent du bois d'œuvre de fortes dimensions, à peu près comme les futaies pleines; mais ce bois y est rare. Cette méthode d'exploitation comporte l'éducation d'arbres isolés, dont les cimes se développent librement, dont le fût grossit rapidement, dont le bois est nerveux ; mais, par suite de l'exploitation périodique à tire et aire, les racines se trouvent dans un sol alternativement couvert et découvert, les fûts restent courts ou se garnissent de branches gourmandes, la cime a des membres morts ou brisés, l'arbre est exposé à des défauts nombreux et à des vices graves. L'exploitation des arbres de réserve peut avoir lieu à l'époque même où chacun, pris individuellement, est le plus utile, ce qui arrive à des âges très différents, surtout pour les chênes ; mais les états divers par lesquels passent ces arbres, amènent le dépérissement prématuré d'un grand nombre d'entre eux.

Tels sont les faits principaux que l'on peut constater dans les taillis sous futaie, faits très divers et d'une importance variable de forêt à forêt, de coupe à coupe, d'un point au point voisin. La bonne application de ce mode de traitement n'est donc pas simple et uniforme, comme on peut être porté à le croire. Elle exige des soins éclairés et incessants dans les balivages, dont l'exécution comporte toujours une large part d'appréciation ; elle présente des difficultés spéciales en raison du mélange des essences et des conditions diverses dans lesquelles les semis naissent et se maintiennent parmi les taillis. L'intelligence de ces faits est indispensable pour obtenir des taillis sous futaie des résultats vraiment bons.

CHAPITRE DEUXIÈME

AMÉNAGEMENT DES TAILLIS SIMPLES

L'aménagement d'un taillis est souvent considéré comme une opération pour ainsi dire toute mécanique, consistant à diviser la forêt en coupes réglées, suivant l'usage local.

C'est là une erreur très regrettable dans un pays dont la plus grande étendue des forêts est exploitée en taillis. Il en résulte des pertes énormes pour un grand nombre de propriétaires dont les bois, disposés en coupes réglées, sont néanmoins mal aménagés, exploités les uns à vingt ans, quand ils donneraient des produits doubles à trente, les autres en taillis simples quand ils devraient l'être en taillis sous futaie.

Dans presque tous les taillis, on trouve un parcellaire tout fait et déterminé tant par les lignes séparatives des coupes précédemment exploitées que par les routes, chemins, ruisseaux et autres limites naturelles. Il faut tout d'abord lever ces parcelles ou tout au moins en faire un croquis, dont on se servira pour étudier et décrire les peuplements et pour les grouper en séries d'exploitation.

En formant les séries, on doit éviter de leur donner une trop grande étendue. Il est avantageux en général de limiter la contenance des coupes annuelles de manière à diviser les exploitations; et à cet égard il est bon, d'ordinaire au moins, de se conformer aux habitudes du commerce dans le pays. Mais le nombre des séries dépend surtout de la configuration du terrain, des routes et de la distribution des âges par suite des exploitations antérieures.

Les séries établies, le point capital de l'aménagement d'un taillis simple est la fixation de la révolution. Autrefois les produits de ces taillis étaient transformés, pour la plus grande partie, en charbon et consommés par les établissements métallurgiques. En vue de cette production, les taillis simples étaient exploités à de courtes révolutions. La situation a changé ; les bois à charbon sont moins demandés ; le bois de corde, surtout le *fort rondin*, et dans quelques contrées certains bois d'industrie, comme les perches de mine, sont plus recherchés et se paient plus cher pour le même volume. L'écorce donne aussi une plus-value marquée aux taillis de chênes. Avant donc d'adopter la révolution de 12, 15 ou 18 ans qui, dans chaque localité, semble fixée par l'usage, on fera sagement de s'assurer des résultats qu'on peut obtenir en la modifiant. Qu'il s'agisse de bois particuliers ou de bois communaux, pour la plupart des taillis simples il y a grand intérêt à porter la révolution à 25 ans au moins et très souvent à 30 ans.

Dans le cas où le taillis appartient à un particulier, la comparaison des capitaux correspondants aux divers revenus possibles est le seul moyen de déterminer la révolution en connaissance de cause [1].

Si le taillis appartient à une commune, celle-ci ayant intérêt à obtenir le plus grand revenu de sa forêt, la simple comparaison des revenus réalisables pendant un même

---

[1] V. l'exemple donné pages 105 et 106, en note.

temps suffit à résoudre la question. Alors, tant que le revenu moyen va croissant, l'intérêt de la commune est de prolonger la révolution. Si, par exemple, le taillis exploité à 20 ans donne 400 francs, à 25 ans 600 francs, à 30 ans 900 francs par hectare, les revenus moyens correspondants sont de 20, 24 et 30 francs par an. En général, ces revenus vont en augmentant avec l'âge et d'une manière rapide ; aussi l'article 69 de l'ordonnance réglementaire du Code forestier, applicable en vertu de l'article 134, prescrit-il de fixer l'âge de la coupe des taillis à 25 ans au moins toutes les fois que c'est possible ; et, en fait, il y a tout intérêt à prolonger la révolution des taillis simples appartenant aux communes jusqu'à l'âge le plus avancé qui permette d'obtenir un recru abondant et vigoureux. Dans les sols secs et superficiels, de mauvaise qualité par conséquent, on n'obtient auparavant que des produits minimes ; dans les bons sols, frais et profonds, on réalise avec les vieux taillis de très riches produits.

La révolution fixée, il s'agit d'établir le plan d'exploitation. Celui-ci consiste d'abord dans la division de la série en coupes d'étendue équivalente. On ne conteste guère l'utilité de cette division, bien qu'à première vue elle semble avoir pour simple résultat d'éviter le soin d'arpenter les coupes annuelles ; mais il est facile de voir que l'assiette fixe des coupes sur le terrain assure l'exploitation de chacune d'elles à l'âge convenable, permet d'obtenir une plus grande égalité des produits, établit un ordre permanent dans les exploitations et montre clairement les améliorations désirables, l'époque, la mesure et la suite qu'elles comportent. Il convient donc d'opérer dans de bonnes conditions cette simple division du terrain. A cet effet, le premier soin à prendre est de déterminer les cantons compris entre des limites naturelles ou les groupes de parcelles qui ont même situation et même sol; c'est la base essentielle de la division à établir. Les limites et le relief de ces cantons étant rapportés sur le plan de la série et les étendues calculées, on divise chacun des cantons en un nombre entier de coupes égales. Si, par exemple, la série comprenant 250 hectares à partager en 25 coupes, un canton naturel, comme un versant bien accusé, renferme 36 hectares, il est bon d'en former trois coupes quand il est moins fertile que la moyenne, quatre au contraire quand il l'est davantage. Cette manière de faire donne le moyen d'obtenir un plan d'exploitation bon et simple en réalité, au lieu de le rendre simple en apparence et sur le plan seulement à l'aide de contenances toutes égales et de lignes toutes parallèles.

On doit appliquer rigoureusement, dans la division d'un taillis en coupe, les deux premières règles d'assiette. Les raisons d'exploiter de proche en proche et de donner aux coupes une forme régulière sont si évidentes qu'on est porté tout naturellement à s'y conformer. L'assiette de toutes les coupes de proche en proche dans un même canton de la série n'est pas toujours possible dès le premier tour des exploitations, mais il est rare qu'on ne puisse y arriver au second tour, à la seconde révolution, et sans inconvénient majeur; soit, par exemple, dans la série aménagée à 25 ans, une coupe mal placée d'après l'âge des bois, et de telle sorte qu'au premier passage de proche en proche elle arriverait en tour d'exploitation à 17 ans. Ce serait évidemment trop tôt; mais, comme elle doit être parcourue deux fois en 17 plus 25, ou 42 ans, on peut l'exploiter chaque fois à 21 ans, si l'on veut, ce qui sera souvent préférable.

Les limites des coupes doivent être formées par des lignes droites ou des lignes naturelles, routes, ruisseaux, arêtes de terrain. Dans tous les cas, il importe de les ordonner autant que possible par rapport aux voies de transport et d'assurer pour chaque coupe la sortie facile des produits.

La nécessité de donner à toutes les coupes une voie indépendante pour la traite des bois conduit fort souvent à former des laies sommières assez larges pour servir de chemins. Mais la division préalable de la série en cantons naturels est le point essentiel pour assurer le mieux possible la distribution et le service des voies de transport.

La largeur qu'il convient de donner aux lignes de coupes varie suivant les cas. Un mètre peut suffire à une ligne dont le relief est tel que les voitures n'y passeront jamais; trois mètres permettent aux voitures de passer facilement; cinq mètres assurent le plus souvent à une laie sommière toute la largeur nécessaire.

La direction à donner à la marche des coupes n'est pas indifférente, même dans les taillis simples. C'est à l'opposé des vents froids et desséchants, ou, par exception, à l'opposé des vents constants qu'il convient de marcher dans chaque canton; mais on comprend que cette règle est moins importante ici que partout ailleurs. L'établissement de cordons permanents le long des coupes est d'ailleurs le meilleur moyen d'abriter les taillis.

Le nombre des baliveaux à réserver dans un taillis simple doit être réglé par l'aménagement, et il convient de déterminer les essences à choisir. Souvent les chênes, les frênes et les bouleaux sont tout à la fois plus utiles et moins nuisibles que les autres essences; cependant il est rare qu'il n'y ait pas intérêt à conserver quelques sujets de toutes les grandes essences. Quant au dommage causé, soit par le couvert, soit par la perte de la souche, il est bien faible tant que le nombre des baliveaux ne dépasse pas quarante à l'hectare.

Dans les forêts communales l'ordonnance réglementaire prescrit d'une manière générale la réserve de 40 à 50 baliveaux de l'âge (art. 137) et celle des baliveaux modernes et anciens capables de prospérer pendant une nouvelle révolution (art. 70 et 134). Le taillis sous futaie reste donc ici la règle et le taillis simple n'est admissible que par exception dans les bois des communes. Les raisons de cette exception doivent être exposées dans tout aménagement qui la propose.

La meilleure distribution des baliveaux dans les taillis simples consiste en général à les disposer en cordons le long des lignes de coupes et sur le périmètre de la forêt. On peut conserver ainsi des baliveaux très nombreux, même tout voisins, et sans nuire au taillis. Ils donnent beaucoup de graines, d'une récolte avantageuse en certaines années; ils fournissent à la coupe un excellent abri, produisent du bois d'œuvre, forment limites et ornent la forêt.

L'établissement des cordons, simples ou doubles, la largeur à leur donner le long des lisières et des laies principales, les sujets à préférer pour les constituer, l'état auquel il convient de laisser parvenir ces arbres et les soins que comporte le renouvellement des cordons doivent être également indiqués par les aménagements.

Les travaux d'entretien et d'amélioration que demandent les taillis simples se réduisent souvent à des faits nécessaires à la défense et au repeuplement des vides. La défense est d'autant plus nécessaire que les bois se retrouvent plus souvent au jeune âge où ils ont à courir tant de dangers, dus principalement au pâturage et aux incendies. A cet égard, les travaux utiles varient avec les forêts, mais celui qui prime tous les autres c'est le travail de clôture. Une bonne clôture, telle qu'un fossé difficile à franchir, est une des meilleures garanties du maintien d'un taillis en bon état. L'aménagement doit assurer cette protection; il doit aussi pourvoir au repeuplement des vides assez fréquents dans les taillis simples.

Le développement des semis ou plantations opérés en essences principales est très lent tant que le massif n'est pas fermé et le sol bien couvert; il faut d'ailleurs au moins une révolution et une exploitation pour former de vraies souches, et même c'est seulement après la seconde coupe que de bonnes cépées se constituent. L'aménagement doit en tenir compte.

CHAPITRE TROISIÈME

AMÉNAGEMENT DES TAILLIS SOUS FUTAIE

ARTICLE Ier

PARCELLAIRE. SÉRIES. RÉVOLUTION. EXPLOITABILITÉ DES RÉSERVES

On procède à l'établissement du parcellaire et à la constitution des séries dans les taillis sous futaie de la même manière que dans les taillis simples et d'après les mêmes considérations. Toutefois, en faisant l'étude et la description de la forêt, il importe de donner une attention particulière à la réserve, non-seulement parce qu'elle représente l'élément principal de la production, mais aussi parce qu'elle fournit par la végétation des arbres le plus sûr indice de la fertilité des sols.

Il est bon de grouper en chaque série des peuplements placés dans les mêmes conditions de fertilité; mais, outre les difficultés que cela présente, il n'y a pas grand inconvénient à comprendre dans une même série des parcelles d'inégale fertilité, pourvu qu'il convienne d'exploiter au même âge les essences du sous-bois.

En principe, la révolution applicable aux taillis sous futaie se trouve soumise à deux conditions : elle ne doit pas atteindre l'âge auquel le taillis ne se reproduirait plus qu'imparfaitement ; elle doit être assez longue pour que les baliveaux de l'âge, à réserver au moment de l'exploitation, aient une hauteur de fût suffisante à de grands arbres et un diamètre assez fort pour résister à l'isolement. Déterminée d'après ces bases, la révolution des taillis sous futaie devrait être généralement comprise entre 30 et 40 ans.

Il est certain qu'une longue révolution, de 36 ou 40 ans par exemple, comportant d'ailleurs une éclaircie vers l'âge de 30 ans, permet d'obtenir dans tous les terrains les meilleurs résultats qu'on puisse attendre du taillis sous futaie (1).

Quant à la réserve, on sait qu'elle est formée de baliveaux, de modernes et d'anciens; or, au moment où chaque coupe arrive en tour d'exploitation, elle ne renferme que des modernes de deux âges et des anciens de trois, quatre, cinq ou six âges. C'est parmi ces réserves des exploitations précédentes que seront choisis et désignés les arbres à abattre dans la coupe. Ce sont d'abord les arbres dépérissants, mal conformés ou mal venants; ensuite, parmi les arbres bien portants, ceux qui étant mal placés gênent le développement d'autres réserves ayant plus de valeur et un meilleur avenir; puis enfin, les arbres mûrs ou exploitables.

---

(1) Il y a un siècle, ou plus encore, la plupart des taillis des communes et de l'État s'exploitaient dans l'est de la France à 30, 35 ou 40 ans; à ce dernier âge on les appelait de *hauts taillis*. Mais, depuis le milieu du siècle dernier, un grand nombre de bois communaux ont été divisés en coupes réglées par des arpenteurs, à peu près au hasard, et partagés en vingt-cinq coupes. C'était là tout ce qui en faisait l'aménagement. Depuis lors, l'exploitation des gros bois y a pris un grand développement; on a coupé la plupart des arbres à 75 ans, au lieu de les conserver jusqu'à 150. Tels sont les deux faits qui ont amené la disparition du chêne de mainte et mainte coupe, et de nos meilleures forêts.

Le terme d'exploitabilité des réserves est donc toujours un multiple de la révolution du taillis ; mais il n'est pas possible de l'exprimer par un chiffre. En effet, dans les taillis de l'État et des communes, les chênes, par exemple, ne sont exploitables que quand ils donnent les produits les plus utiles. Et, comme l'utilité et la valeur d'une tige de bois de chêne s'accroissent dans des proportions très fortes avec la grosseur, il en résulte que les chênes réservés sur taillis ne sont vraiment exploitables qu'à la maturité même de chaque arbre. Donc, tant qu'un chêne reste sain, tant qu'il n'a point de tares apparentes ou cachées, tant que l'aspect de l'écorce et de la cime, la richesse et la vigueur du feuillage ou des rameaux, montrent qu'il est bien portant, ou, pour employer les termes de l'ordonnance réglementaire, qu'il n'est pas hors d'état de prospérer pendant une nouvelle révolution, il faut se garder de le livrer à l'exploitation, quels qu'en soient d'ailleurs l'âge et les dimensions. Telle est la règle simple, relative à l'exploitabilité des chênes réservés sur taillis, quand on veut obtenir de ces arbres toute l'utilité ou toute la valeur possible.

On doit agir de même à l'égard des autres essences que l'on a intérêt à réserver pour produire du bois d'œuvre, le frêne et l'orme champêtre par exemple. Quant aux espèces, comme le charme et même le hêtre, que l'on garderait en réserve pour produire du bois de feu et pour fournir les brins de semence nécessaires à l'entretien du sous-bois, les sujets en sont généralement exploitables à l'état de modernes ou d'anciens de trois âges. Cependant il est des forêts où le hêtre étant l'essence dominante et principale, on a intérêt à en conserver des réserves jusqu'à un âge plus avancé ; mais ce cas est vraiment particulier aux bois communaux. En effet, les taillis domaniaux reposant sur un sol spécialement propre à la culture du hêtre doivent être convertis en futaie pleine et, par conséquent, soumis immédiatement à un balivage réglé en vue de préparer la conversion.

Dans les taillis appartenant à des propriétaires particuliers, le terme de l'exploitabilité des réserves est limité. A partir d'un certain âge, la valeur des arbres ne s'accroîtrait plus au taux ordinaire des placements en forêts dans la localité ; à cet âge donc il convient d'en disposer. Mais il est clair que le terme de cette exploitabilité varie avec les divers arbres en raison de la végétation plus ou moins active et de la valeur que chacun d'eux peut acquérir pendant une nouvelle révolution.

Si, comme nous l'avons dit, le traitement des bois feuillus en taillis sous futaie convient éminemment aux propriétaires particuliers et satisfait assez bien les intérêts communaux, c'est à la condition que le balivage en sera convenablement réglé et opéré. En cela consiste le point capital de l'aménagement et de la culture de ces taillis ; il convient donc d'insister tout particulièrement. Et ici les faits qui concernent la pratique des opérations doivent entrer en ligne de compte aussi bien que les principes mêmes.

ARTICLE II

DU BALIVAGE DANS LES TAILLIS SOUS FUTAIE

Les arbres à réserver pour croître sur les taillis doivent être choisis surtout parmi les espèces qui peuvent fournir du bois d'œuvre. En première ligne viennent les chênes pédonculé et rouvre, dont la culture par pieds isolés a donné naissance au taillis sous futaie et reste encore aujourd'hui la principale raison d'être de ce mode de traitement.

Après le chêne, que l'on rencontre dans presque tous les taillis, nous citerons, par ordre d'importance, l'orme champêtre et le frêne, puis le hêtre, le sorbier cormier, l'alisier torminal, le merisier et le tremble. Toutes ces espèces ne doivent remplir qu'un emploi secondaire dans la constitution de la réserve quand le sol convient au chêne. En général donc, on ne les comprend dans les balivages que pour remplacer le chêne quand celui-ci fait défaut ou quand il n'est représenté que par des sujets sans avenir. Cependant lorsqu'une essence secondaire végète très bien dans un taillis, il est rare que l'on n'ait pas intérêt à en réserver quelques beaux pieds et à les maintenir jusqu'à la maturité ; les arbres d'élite, quelle qu'en soit l'essence, donneront de gros bois toujours précieux. Aussi, l'indication la plus sûre de l'utilité d'une réserve est-elle, après la nature de l'essence, l'état de végétation de l'arbre.

Il convient également de comprendre parmi les baliveaux de l'âge et même parmi les modernes certaines espèces, comme le charme et le bouleau par exemple, dans le but de fournir des semences, puis des plants, qui contribueront à perpétuer le taillis, à protéger le sol, à favoriser la croissance des essences plus précieuses et qui fourniront à chaque exploitation un certain contingent de produits en bois de feu.

Bois soumis au régime forestier.

Dans les forêts où la production des arbres de réserve est plus avantageuse que celle du sous-bois, on peut admettre en principe que tout arbre isolé et capable de prospérer doit être marqué en réserve. Ainsi dans les taillis domaniaux, et spécialement dans ceux qui sont aptes à produire des chênes de fortes dimensions, le nombre des réserves ne doit pas être limité, si ce n'est par la condition que ces arbres ne se toucheront point, ne s'entraveront point dans leur croissance. La même règle est applicable aux bois communaux dans l'intérêt propre de la commune. Elle est établie par le dernier paragraphe de l'article 70 de l'ordonnance réglementaire en ce qui concerne les arbres constitués, c'est-à-dire les baliveaux modernes et anciens. Elle est d'ailleurs à l'abri de tout reproche fondé si, comme le prescrit le premier paragraphe du même article, on ne garde, à chaque exploitation, que 50 baliveaux de l'âge par hectare. Les particuliers eux-mêmes ont généralement intérêt à conserver tous les arbres constitués non encore exploitables, pourvu que les cimes en soient isolées. On voit nombre de taillis ruinés ou dégradés par l'exploitation sans mesure des anciennes réserves ; on n'en voit aucun qui n'ait été bien conservé et enrichi par une réserve nombreuse en gros arbres. Tel est le fait, et c'est sur lui que doit être basé le traitement de nos taillis sous futaie.

Une réserve nombreuse en chênes et riche en gros arbres a d'ailleurs pour résultat cultural de perpétuer cette essence par des semis abondants et d'en assurer des baliveaux dans l'avenir. A la suite de l'exploitation des vieux chênes, le taillis appauvri au-dessous d'eux ne reprend pas immédiatement une grande vigueur ; il est alors complété par des trembles ou des bouleaux, par exemple, sous lesquels les semis de chêne se maintiennent pendant toute la révolution. Grêles et mal constitués, ces brins, recépés à l'exploitation suivante, donnent une pousse maîtresse qui se développe avec vigueur et fournit trente ans plus tard un excellent baliveau. En outre de l'intérêt direct que présente la réserve des arbres faits, elle a donc encore dans les taillis sous futaie des avantages culturaux très importants.

La végétation rapide des arbres réservés sur taillis ayant pour cause première l'état isolé de la cime, cet isolement, complet ou à peu près complet, est la règle principale de la distribution des réserves. Or, il arrive souvent que deux cimes isolées lors du balivage se touchent plus tard et viennent à se presser, l'une compromettant alors le développement de l'autre. On prévient cet état, ou on le fait cesser, par l'exploitation de l'un des deux arbres. Quand ils sont d'essences différentes, le choix n'est pas embarrassant. Quand ils sont de même espèce, le moins bien venant doit tomber ; mais quand ils sont simplement d'âges différents, lequel faut-il choisir pour le conserver? Généralement le plus gros, s'il a bonne végétation, car il produit actuellement plus de bois et du bois plus précieux que l'autre, puis il donnera un arbre exploitable plus sûrement et plus tôt.

On comprend donc que la question à résoudre dans les opérations de balivage n'est pas de chercher à constituer la réserve sur un type déterminé ; c'est au contraire de tirer le meilleur parti possible d'une coupe donnée et des éléments qu'elle renferme. La solution, souvent complexe, varie à chaque pas pour ainsi dire. Mais cette difficulté bien comprise, la question est posée ; l'aménagement du taillis sous futaie doit avoir pour objet d'en assurer une bonne solution.

Dans la pratique, comme les opérations de balivage exigent une attention soutenue, une décision à prendre pour ainsi dire à chaque arbre, il est à peu près impossible de les diriger en tenant le calepin où s'enregistre la réserve. Il est aussi très dangereux de compliquer le balivage par l'estimation simultanée des arbres abandonnés à l'exploitation. Quant à nous, avec la condition de procéder simultanément, nous ne nous croirions pas à l'abri de graves erreurs et dans le balivage et dans l'estimation. D'ailleurs, après le martelage des arbres de réserve, il faut bien peu de temps pour faire l'estimation d'une coupe, à peine un quart d'heure par hectare. Pour peu que l'estimation simultanée ralentisse le balivage, quel est donc le temps perdu?

Ces opérations sont les plus importantes du service forestier. Une journée de balivage correspond à des milliers de francs livrés à l'exploitation et à de grandes surfaces mises en bon ou en mauvais état de production. Il faut donc que les agents y consacrent un temps suffisant et que le propriétaire consente aux frais nécessaires par là même à ces opérations.

Bois des particuliers.

Le balivage n'a pas moins d'importance pour les propriétaires particuliers que pour l'État et les communes, et très souvent il présente dans leurs bois plus de difficultés. Là encore le véritable intérêt de la question réside dans l'appréciation des conditions que les réserves doivent offrir pour être réputées exploitables. Tandis que dans les taillis soumis au régime forestier le terme d'exploitabilité correspond pour chaque arbre à la maturité, dans les bois des particuliers, au contraire, on doit considérer comme exploitable tout arbre dont la valeur au moment du balivage ne paraît plus susceptible de s'accroître au taux ordinaire des placements en forêts jusqu'au retour d'une nouvelle exploitation. En choisissant quelques arbres d'avenir parmi les réserves de chaque catégorie et en comparant entre elles les valeurs moyennes du baliveau, du moderne, de l'ancien de trois âges, etc., on peut se rendre compte approximativement du profit ou de la perte résultant pour le propriétaire de l'éducation d'arbres de 2, 3, 4.... révolutions, et déterminer ainsi l'âge moyen auquel il convient d'exploiter les arbres de réserve ([1]).

Mais, si par le calcul on trouve que l'exploitabilité est atteinte par l'ensemble des chênes de quatre âges, doit-on en conclure que le propriétaire a intérêt à exploiter absolument toutes les réserves de cette catégorie ? Non, car parmi ces arbres il s'en trouve toujours un certain nombre qui, doués d'une végétation exceptionnelle, prennent un accroissement sensiblement plus fort que leurs contemporains. Ces chênes se distinguent à première vue par l'aspect général, par une cime ample et riche, par l'abondance du feuillage et par la grosseur relative ; ils ont, par exemple, un diamètre de $0^{m},60$, tandis que les autres arbres de même âge n'atteignent pas $0^{m},50$. Ils ont par suite une valeur plus grande à l'unité de volume ; cependant il arrive que dans presque tous les cas le propriétaire a intérêt à les réserver pendant une nouvelle révolution ; ce n'est pas seulement pour eux-mêmes et parce que la valeur s'en accroîtra dans une proportion considérable, mais encore parce qu'ils fourniront à l'exploitation suivante de belles et fortes pièces, toujours très recherchées et attirant à la coupe un plus grand nombre d'acquéreurs. Souvent, au contraire, il y a perte à réserver de jeunes arbres mal venants ou sans avenir, et surtout de mauvais baliveaux de l'âge.

Il suit de là : en premier lieu que les arbres à exploiter dans chaque coupe ne doivent pas être désignés par avance au plan de balivage comme appartenant à telle ou telle catégorie de réserves, et en second lieu que le terme de l'exploitabilité des arbres se manifeste pour

([1]) V. l'exemple donné page 110.

chacun d'eux individuellement et au moment du balivage, comme dans les forêts soumises au régime forestier. Quant au choix des gros arbres qu'il convient de conserver à titre exceptionnel, c'est une affaire de tact et de mesure, exigeant du soin, de l'attention, du discernement et une parfaite connaissance de la végétation des réserves et de la valeur qu'elles acquièrent en se développant. En certaines régions de la France il suffit, par exemple, que la grosseur d'un chêne s'accroisse du quart pour que la valeur soit doublée. Ainsi, le chêne de $0^m,40$ de diamètre ayant une valeur de 30 fr., celui de $0^m,50$ peut très bien en valoir 60. De telles données, une fois acquises, permettent, on le comprend, de procéder aux balivages en connaissance de cause.

En fait et quel que soit le propriétaire, *c'est toujours la vigueur d'un sujet qui doit en déterminer le maintien.* Les arbres vigoureux arrivent rapidement à de fortes dimensions et la réserve en est par là même très avantageuse. Un chêne de $0^m,60$ de diamètre vaut par exemple 100 fr. ; s'il n'a qu'une végétation médiocre, il n'arrivera pendant une nouvelle révolution de 25 ans qu'à $0^m,70$ et vaudra, aux prix du même marché, 160 fr. ; mais s'il a une grande vigueur, il atteindra peut-être $0^m,80$, en prenant une valeur de 250 fr. Dans ce dernier cas, peut-on songer à l'exploiter ? Il produit en moyenne 6 fr. par an. Le même raisonnement s'applique à l'arbre de $0^m,80$, comme à celui de $0^m,60$, et on peut avoir les mêmes raisons de le conserver. Toutefois, plus les dimensions acquises sont déjà fortes, plus on doit exiger de vigueur dans les arbres à réserver.

Les gros arbres qui enrichissent les taillis sont généralement des sujets vigoureux, ayant crû rapidement. On voit des hêtres énormes qui, grâce à une large cime, ont grossi de plus d'un centimètre en diamètre chaque année, de manière à mesurer un bon mètre à cent ans. Nous avons vu vendre 1,000 fr. un fût de frêne de $1^{m},03$ de diamètre et jeune encore. On pourrait citer des faits analogues se rapportant à des sujets de toutes les grandes essences ; ce n'est donc pas la grosseur acquise, mais bien l'état de végétation, qui doit entraîner l'exploitation des arbres élevés sur taillis, de sorte que tout balivage comporte une grande appréciation, même dans les bois des particuliers.

La réserve de gros arbres n'a pas d'ailleurs pour unique avantage d'accroître largement le revenu. Ces bois, dont on disposera généralement au retour de la coupe, seront alors la meilleure garantie du respect des jeunes anciens ; quand on ne trouve pas de vieilles écorces à exploiter, il est rare qu'on n'abatte pas des arbres encore bien venants. Les gros arbres forment dans une coupe des brise-vents qui protégent après l'exploitation les baliveaux de l'âge et les modernes, exposés parfois, quand ils sont seuls, à une perte irrémédiable. Enfin ils simplifient le balivage et en assurent la bonne exécution, ne serait-ce qu'en rendant inutile la réserve de nombreux baliveaux de l'âge ayant peu d'avenir, réserve qui fait perdre les meilleures cépées et surcharge le sous-bois. Aussi doit-on tenir pour une excellente méthode dans les balivages celle qui consiste à réserver les plus beaux arbres de chaque essence ; car en même temps les autres sont naturellement appréciés suivant leur vrai mérite.

Quelques mots suffiront comme conclusion de ce qui vient d'être dit au sujet du balivage dans les taillis. Nous possédons en France 1,500,000 hectares de taillis domaniaux et communaux, dont la plus grande partie peut fournir des produits d'élite, des bois de chêne de fortes dimensions. Les deux tiers de cette étendue appartiennent aux communes et resteront longtemps encore, ou même indéfiniment, soumis à ce genre de culture. Si l'on ajoute que les bois des particuliers sont, en majeure partie, traités aussi en taillis sous futaie, il apparaît que la surface occupée par les forêts soumises à ce mode de traitement se mesure par millions d'hectares. Nos taillis sous futaie forment donc incontestablement la principale branche de notre richesse forestière ; ils constitueraient une véritable fortune pour la France s'ils étaient bien traités et pourvus d'une réserve convenable. On comprend dès lors l'importance considérable qui s'attache à l'exécution des balivages et les soins particulièrement assidus que ces opérations réclament des personnes qui les dirigent.

ARTICLE III

PLAN D'EXPLOITATION

§ 1. — *Établissement du plan de balivage.*

Les indications qui précèdent relativement au choix, au nombre et à la distribution des arbres à réserver sur taillis, sont conformes aux prescriptions édictées dans l'Ordonnance de 1827 (¹). Mais nos indications, de même

(¹) Art. 70. — *Lors de l'exploitation des taillis il sera réservé cinquante baliveaux de l'âge de la coupe par hectare. En cas d'impossibilité, les causes en seront énoncées aux procès-verbaux de balivage et de martelage.*

Les baliveaux modernes et anciens ne pourront être abattus qu'autant qu'ils seront dépérissants ou hors d'état de prospérer jusqu'à une nouvelle révolution.

Art. 134. — *Toutes les dispositions des deuxième, troisième, quatrième, cinquième et sixième sections du titre II de la présente ordonnance sont applicables aux bois des communes et des établissements* que les prescriptions de l'ordonnance ont nécessairement le caractère de règles générales ; on comprend qu'il peut être utile de modifier ces règles dans l'application, selon les conditions différentes du sol, du peuplement et de la végétation, et selon la qualité du propriétaire de la forêt. Ce soin appartient à l'aménagement, et l'examen que comporte cette question délicate se traduit pour chaque forêt en un règlement qui fait partie du plan d'exploitation et auquel on donne le titre de *plan de balivage.*

La base du plan de balivage réside dans les conditions d'exploitabilité des réserves de chaque essence. Dans les bois soumis au régime forestier, les réserves destinées à fournir du bois d'œuvre doivent être maintenues sur pied jusqu'à la maturité individuelle des arbres. Le plan de balivage fait connaître les essences comprises dans ce groupe, l'ordre de préférence à garder, la longévité de chacune d'elles et les faits qui en dénotent la maturité. L'appréciation de ces faits est nécessairement laissée aux agents d'exécution. Le plan de balivage énumère aussi par ordre d'importance les essences secondaires, comme le charme, le bouleau et autres, à comprendre dans la réserve. Il donne les raisons d'en maintenir un certain nombre, soit jusqu'à l'état de moderne seulement, soit jusqu'à l'état d'ancien de trois âges ; il signale et motive les exceptions que comportent les prescriptions générales

---

publics, à l'exception des articles 68 *et* 88, *et sauf les modifications qui résultent du titre VI du Code forestier et des dispositions du présent titre.*

Art. 137. — *Dans les coupes des bois des communes et des établissements publics, la réserve prescrite par l'article* 70 *de la présente ordonnance sera de* 40 *baliveaux au moins et de* 50 *au plus par hectare.*

Lors de la coupe des quarts en réserve, le nombre des arbres à conserver sera de 60 *au moins et de* 100 *au plus par hectare.*

du deuxième paragraphe de l'article 70 de l'ordonnance réglementaire, et il prévient par là les inconvénients que pourrait en présenter l'application à toutes les réserves sans distinction d'essences.

Il est impossible de déterminer à l'avance le nombre des arbres de chaque catégorie à conserver lors du balivage des coupes, au moins en ce qui concerne les arbres destinés à produire du bois d'œuvre. Cela résulte de ce que chaque arbre ne doit être abattu que lorsqu'il est arrivé à maturité, à moins qu'il ne soit taré, déformé, ou mal placé. Dans certains cas, les gros arbres approchant de la maturité formeront la catégorie la plus nombreuse ; en d'autres circonstances, ce seront les modernes et les jeunes anciens, sans que par le balivage on puisse établir une proportion déterminée ou désirable entre les uns et les autres. Ces variations dans la distribution et le nombre des réserves se présenteront même d'une coupe à l'autre et aussi d'un point à un autre dans la même coupe ; cela est inévitable, et tout ce que l'on peut prescrire au plan de balivage, c'est de garder comme baliveaux de l'âge les sujets des essences principales bien constitués, en les espaçant de manière que chacun d'eux puisse former une belle cime et d'ailleurs sans limite de nombre. Quant aux essences secondaires, il convient au contraire d'en limiter le nombre des baliveaux entre un minimum et un maximum, parce qu'ils tiennent la place des espèces plus précieuses et qu'ils peuvent même nuire à la reproduction de celles-ci quand ils sont trop multipliés.

On peut donc établir le plan de balivage de la façon la plus simple [1]. Il doit fournir les renseignements indispensables aux agents d'exécution, relater dans les motifs

---

[1] V. l'exemple donné à la fin du chapitre.

à l'appui les faits de végétation les plus importants, établir la nécessité de consulter l'état et la situation de chaque arbre avant de le réserver ou de l'abandonner, marquer le but et les difficultés du balivage, et, par les soins particuliers qu'il recommande de donner à cette opération, la rendre attrayante pour l'agent opérateur ayant souci des intérêts qui lui sont confiés. On est à peu près sûr d'ailleurs d'établir un bon plan de balivage, si l'on part de ce fait que ce sont les gros arbres et non pas les nombreux baliveaux qui font la richesse des taillis sous futaie.

§ 2. — *Division en coupes et tableau des exploitations.*

Le partage d'une série en coupes, ou l'établissement du plan d'exploitation par contenance, est soumis aux mêmes règles dans les taillis sous futaie que dans les taillis simples. On divisera donc chacun des cantons naturels en un nombre entier de coupes égales, limitées par des lignes en rapport avec le terrain ; on prescrira d'exploiter de proche en proche, sauf les exceptions indispensables au premier passage des coupes ; on assurera aux produits de chaque coupe un chemin convenablement établi ; enfin, on donnera aux coupes une marche telle que la troisième règle d'assiette soit toujours appliquée.

Cette règle prescrit de faire marcher les coupes à l'encontre des vents dangereux, et l'application en est très importante dans les taillis sous futaie ; en effet, les arbres de réserve complètement et brusquement isolés à chaque exploitation se trouvent exposés à être déracinés par le vent, ou cassés, ou avariés par la rupture de quelques branches principales. Or, il est constant que la plupart des arbres renversés ou dégradés par le vent dans les coupes de taillis sous futaie subissent ces avaries l'année même de l'exploitation ou encore l'année suivante. Si donc la coupe en exploitation se trouve abritée par le vieux taillis enrichi de tous ses arbres de futaie, les dégâts du vent seront généralement conjurés ; si de plus la coupe n'a qu'une largeur modérée, la protection sera complète ; enfin, dans les cas où il est possible de conserver aux coupes exploitées cette protection pendant deux ans en portant les exploitations alternativement à droite et à gauche d'une laie sommière, les baliveaux de tous âges resteront garantis pendant les deux années critiques et de la manière la plus efficace. Il est inutile d'ajouter que la dernière coupe d'un canton, située sur le bord de la forêt et exposée directement aux vents dangereux, peut être défendue par des réserves nombreuses disposées en rideau sur la lisière et formées surtout d'arbres qui résistent bien aux vents, comme les hêtres de bordure ; c'est là un soin de culture que l'aménagement n'a qu'à conseiller.

Le plan d'exploitation d'une série de taillis sous futaie n'assure pas bien le rapport soutenu ou l'égalité des produits annuels ; et cela est inévitable en raison des différences que présente toujours d'une coupe à l'autre l'élément principal, qui est la réserve. Ce plan ne forme donc à vrai dire qu'un cadre incomplet dans lequel se déroule l'exploitation de peuplements divers ; mais le balivage permet de tirer bon parti de chacun de ces peuplements suivant les ressources qu'il renferme. Quelques soins particuliers que l'aménagement peut étudier et prescrire donnent souvent encore le moyen d'améliorer la forêt dans l'avenir.

Voici, comme exemple de la disposition convenable dans l'aménagement écrit, le tableau du plan d'exploitation d'une série de taillis sous futaie :

Exemple du plan d'exploitation d'une série de taillis.

PLAN D'EXPLOITATION

DE LA SÉRIE DES PETITS BOIS, CONTENANT 127 H. 26 A.

Noms des cantons.	Numéros des coupes.	Contenances.	Ages des taillis en 1870.	Années de la première exploitation.	Ages des taillis à l'exploitation.	Années de la deuxième exploitation.	Ages des taillis à l'exploitation	Observations.
		h. a.	ans.		ans.		ans.	
Le Fays.	1	4 15	32	1871	33	1901	30	Les âges portant sur une étendue moindre que 50 ares ne sont pas relatés.
	2	4 15	32	1872	34	1902	30	
	3	4 15	32	1873	35	1903	30	
	4	4 15	17	1878	25	1904	26	
	5	4 15	17	1879	26	1905	26	
Bois rond.	6	4 62	26	1874	30	1906	32	
	7	4 62	26	1875	31	1907	32	
	8	4 62	26	1876	32	1908	32	
	9	4 63	22	1877	29	1909	32	
Le Vernois.	10	3 80	18	1880	28	1910	30	
	11	3 80	18	1881	29	1911	30	
	12	3 79	18	1882	30	1912	30	
La Rieppe.	13	4 19	17	1883	30	1913	30	
	14	4 19	17	1884	31	1914	30	
	15	4 19	16	1885	31	1915	30	
	16	4 19	15	1886	31	1916	30	h. a.
	17	4 19	13 et 9	1887	30 et 26	1917	30	13 ans sur 2 65 9 — — 1 54
	18	4 17	13 et 9	1888	31 et 27	1918	30	13 — — 2 40 9 — — 1 77
Les Noues.	19	4 41	4	1892	26	1919	27	
	20	4 41	4	1893	27	1920	27	h. a.
	21	4 42	8 et 14	1889	27 et 33	1921	32	8 ans sur 3 44 14 — — 0 98
	22	4 42	14	1890	34	1922	32	
	23	4 42	14	1891	35	1923	32	
Bois banni.	24	4 20	7	1894	31	1924	30	h. a.
	25	4 20	7 et 6	1895	31 et 32	1925	30	7 ans sur 2 05 6 — — 2 15
	26	4 20	6	1896	32	1926	30	
	27	4 20	5	1897	32	1927	30	
	28	4 21	2	1898	30	1928	30	
	29	4 21	2	1899	31	1929	30	
	30	4 21	1	1900	31	1930	30	
		127 26						

Exemple du plan de balivage d'une série de taillis sous futaie.

PLAN DE BALIVAGE

DE LA SÉRIE DES PETITS BOIS APPARTENANT A LA COMMUNE DE...

Les arbres à élever à l'état de réserves dans cette forêt sont, par ordre de préférence : des chênes, des frênes, des trembles et des bouleaux, destinés à produire du bois d'œuvre, puis des hêtres et des charmes, destinés principalement à se reproduire dans le sous-bois, enfin, à titre exceptionnel, quelques sujets de toutes les essences.

Les *chênes* prospèrent dans cette forêt pendant un siècle, deux siècles et plus encore, suivant les sujets et les points qu'ils occupent. Le bois se conserve sain tant que l'arbre n'est pas dépérissant, et quelques branches mortes isolées dans la cime ne causent aucun dommage appréciable. On ne constate la dégradation intérieure que dans les arbres présentant de gros moignons ou des trous et dans ceux dont le haut de la cime est complétement dépouillé par l'âge. C'est l'appauvrissement marqué du feuillage et l'arrêt presque complet du développement des pousses annuelles, qui, en général, montrent ici la maturité du chêne. Les arbres de cette essence seront réservés jusqu'à la maturité, à moins qu'ils ne s'entravent mutuellement ; dans ce dernier cas la préférence sera donnée pour la réserve à l'arbre le plus gros, toutes choses égales d'ailleurs.

Le *frêne,* dont la végétation n'est riche que dans les parties fraîches de la forêt, y croît avec vigueur en conservant un bois sain jusqu'à l'âge de 120 à 150 ans. Mais, quels qu'en soient l'âge et la situation, il cesse de prospérer dès que la cime a ralenti son développement; l'écorce du fût devient noirâtre et se couvre de végétaux cryptogames; il en est de même sur les rameaux extrêmes, courts et irréguliers. L'ensemble de la cime manifeste alors un aspect de langueur. A défaut de chêne, les frênes seront réservés sans limite de nombre, mais à l'état d'arbres largement isolés.

Le *tremble* a une durée très variable entre 30 et 90 ans. Il ne prospère que quand la végétation se montre très active; l'écorce alors reste brillante sur la partie supérieure du fût, et la cime est complète, pourvue de branches développées de tous côtés. Il est mûr quand l'écorce morte apparaît sur toute la hauteur du fût et que les extrémités des rameaux commencent à sécher; dès lors il dépérit en peu d'années. Il est utile de réserver des trembles faute de mieux, mais en général jusqu'à l'état de moderne seulement.

Le *bouleau,* qui montre une végétation moins rapide, a une durée moyenne plus grande. Il se maintient en bon état de végétation jusqu'à soixante ans au moins et le plus souvent jusqu'à la fin du siècle, à la condition surtout d'être complètement isolé. Les bouleaux à patte grosse et trapue sont les plus vigoureux. Il n'y a plus d'intérêt à les conserver quand la cime s'appauvrit en branches et que les ramules commencent à périr; c'est l'indice de la maturité de l'arbre. Le bouleau, utile en réserve par pieds disséminés et jusqu'à l'état d'ancien tout au plus, ne doit pas être multiplié de manière à former une sorte de massif qui étiole le sous-bois et nuit beaucoup au chêne.

Le *hêtre* est utile surtout dans les parties hautes et peuplées de bouleaux, où seul il couvre bien le sol et donne un sous-bois plein. Il convient de l'y conserver en général jusqu'à l'état d'ancien pour en obtenir des semis abondants. Les arbres de forme élancée sont ceux dont le maintien présente le moins d'inconvénients. Il est bon de les distribuer autant que possible parmi les réserves d'essences plus précieuses ; et il y a lieu de les exploiter à trois âges, sauf exceptions rares, en les remplaçant par de jeunes sujets.

Le *charme,* qui abonde dans les parties basses et riches, est excellent en mélange dans le sous-bois ; mais il peut devenir nuisible, surtout en réserve, en occupant la place des autres essences et en s'opposant à leur reproduction. Il suffit d'en conserver jusqu'à deux âges sur les points surtout où il est rare.

L'*aune* peut donner quelques réserves de deux et même de trois âges, mais seulement sur le bord immédiat des ruisseaux et à défaut de chêne et de frêne.

L'*orme* qui se trouve dans la forêt, l'orme à larges feuilles, a un couvert épais et un bois mou qui le rendent inapte à former de bonnes réserves sur taillis.

Après la réserve des arbres constitués dont l'essence, l'état et la situation relative comportent le maintien, réserve qui forme la partie essentielle du balivage, les baliveaux de l'âge seront choisis d'abord parmi les chênes. Tous les sujets de cette essence bien conformés seront conservés, sous la condition qu'ils soient isolés avec une distance de 6 à 8 mètres entre les pieds, afin que chacun d'eux arrive à former une cime complète.

A défaut de chêne, les frênes bien venants, les trembles qui se distinguent par la vigueur et la force acquise et les bouleaux robustes, gardés de distance en distance, compléteront la réserve avec avantage, quel qu'en soit d'ailleurs le nombre.

Il n'en est pas de même des hêtres et des charmes, qu'il est bon de disséminer au nombre de 20 au moins par hectare. En les multipliant sans mesure, il serait à craindre de leur donner la prédominance et de modifier en mal l'état de la forêt. On évitera ce danger en n'en conservant pas plus de 40 à l'hectare, c'est-à-dire en les espaçant par exemple de 15 à 20 mètres, s'ils se trouvent bien répartis sur le terrain.

CHAPITRE QUATRIÈME

OPÉRATIONS COMPLÉMENTAIRES DE L'AMÉNAGEMENT DES TAILLIS

Les travaux que l'aménagement peut avoir à régler sont d'ordres très différents; ils comprennent des travaux proprement dits, nécessaires à la défense, tels que fossés de clôture, à l'exploitation, tels que chemins, à la surveillance, etc. Ce sont, pour ainsi dire, des faits accidentels. Les travaux de culture ont au contraire un caractère général; ce sont, suivant les cas, des coupes d'amélioration, éclaircies et nettoiements, des élagages et émondages, des repeuplements et des assainissements.

Les éclaircies dans les taillis simples auraient généralement en vue, d'abord de favoriser le développement en diamètre des perches du taillis en les desserrant, ce qui n'est bien utile qu'aux essences à tempérament robuste, tremble, chêne et autres [1], puis de donner des produits disponibles avant l'exploitation principale, ainsi des saules, des rejets morts en cime, des arbrisseaux

[1] Pour prospérer, chaque essence exige une place plus ou moins grande au soleil. Celles qu'il faut desserrer le plus sont : le tremble, le frêne, les grands érables, les ormes, le merisier, qui ne prospèrent qu'avec la cime entièrement libre; puis le bouleau, l'aune, le chêne, le tilleul, l'érable champêtre, qui se développent mieux à l'état libre qu'en massif; enfin le charme et le hêtre qui, en massif, prennent de belles dimensions pourvu que la cime ait quelque ampleur.

dépérissants. L'un et l'autre de ces deux résultats sont ordinairement de peu d'importance ; la révolution est d'ailleurs trop courte pour qu'il y ait souvent un intérêt marqué à pratiquer une éclaircie dans un taillis simple.

Il peut en être autrement dans un taillis sous futaie exploité à longue révolution. Cependant l'accroissement des perches du taillis est moins désirable que l'abondance des produits ; la récolte des menus bois qui périssent coûte cher eu égard à leur valeur. Il n'y a donc là que des résultats secondaires à obtenir. L'objet principal de l'éclaircie est alors tout différent de celui qu'on poursuit dans un massif de bois de même âge ; cet objet, c'est le baliveau. L'éclaircie peut en assurer le développement et même la production. Les sujets à conserver comme baliveaux de l'âge à l'exploitation prochaine se trouvent pour la plupart étriqués ou gênés par les perches du taillis ; l'éclaircie permet de les desserrer quelques années avant la coupe, de manière qu'ils prennent de la cime et du corps. Les brins de semence complétement dominés en sous-étage périraient en masse avant le retour de la coupe ; l'éclaircie permet d'en sauver un certain nombre en relevant le couvert au-dessus d'eux. Enfin les semis de bois durs font parfois défaut sous le taillis ; l'éclaircie les provoque en diminuant le couvert et en faisant disparaître forcément une partie des traînants qui gênent le passage de la hache. Pour obtenir ces excellents résultats il suffit de desserrer le massif, mais seulement autour des sujets à conserver comme baliveaux et dans les parties peuplées d'essences exigeant beaucoup de lumière, comme le tremble, le frêne, l'aune et le chêne, puis d'extraire en sous-étage les rejets dépérissants, ce qui relève un peu le couvert. Mais il faut s'abstenir d'élaguer le taillis, de nettoyer le sol et de couper quoi que ce soit sans que la raison en apparaisse clairement. Après une éclaircie bien faite, le simple promeneur ne doit pas se douter que la hache a passé dans le massif.

L'éclaircie proprement dite n'a donc lieu, pour ainsi dire que par places ; dans l'ensemble, il peut arriver que le taillis ne soit pas desserré, mais seulement privé des sujets évidemment nuisibles ou surabondants. Cette opération est toujours délicate ; pour la faire bonne, il faut avant tout être pénétré de cette idée que le sol n'est jamais trop couvert. Souvent on donne à l'éclaircie des taillis le nom de nettoiement; cette dénomination entraîne une idée fausse et un danger réel, puisque l'éclaircie ne doit avoir lieu qu'entre les cimes et éviter au contraire de nettoyer le sol. Dans ces éclaircies on néglige presque toujours de dégager les cimes des modernes et des anciens gênées par les perches du taillis qui tendent à les embrasser. Cependant ces arbres restent exposés ainsi à perdre quelques-unes de leurs branches principales, ce qui amène la dégradation du tronc. Bien souvent c'est surtout aux arbres menacés que l'éclaircie peut être utile, à la réserve donc plutôt qu'au sous-bois, mais à la condition qu'elle soit faite autour des cimes et non pas au-dessous d'elles.

L'éclaircie n'est réellement bonne et sûre que dans les taillis déjà vieux et en bon sol. Il convient que l'aménagement en donne la définition dans la statistique, en même temps qu'il la prescrit au plan d'exploitation, car l'exécution rend souvent cette opération regrettable. Enfin c'est huit ou dix ans avant la coupe principale qu'elle a toute son utilité, et d'une manière générale on peut dire que l'éclaircie ne doit avoir lieu dans les taillis, comme dans les futaies, que quand l'ensemble du massif est formé de tiges dont les dimensions correspondent à celles d'un perchis.

Les nettoiements dans les taillis ont également pour objet spécial le maintien et le dégagement des brins destinés à devenir des baliveaux. Le mélange des essences enrichit les taillis simples, les bois blancs y fournissent des produits abondants et le couvert qu'ils donnent s'élève rapidement ; par suite il n'y a que des cas exceptionnels où les nettoiements soient réellement utiles dans les taillis simples.

Dans les taillis sous futaie le rôle des bois tendres et des essences secondaires varie avec chacune de ces essences. Les recrus d'aune, par exemple, forment dans les premières années d'épais taillis qui semblent défier toute essence de bois dur de persister sous leur couvert. Cependant quand, vers l'âge de vingt ans, les cimes se sont élevées, on retrouve de basses tiges de chêne qui se sont maintenues jusque-là et qui même reprennent quelque vigueur ensuite, si le taillis reste assez longtemps sur pied. Recépées lors de l'exploitation, ou même simplement conservées quand elles sont droites, elles forment des sujets qui pourront suivre le nouveau taillis d'aune, s'élever à la même hauteur, puis le dépasser et vivre des siècles. Le nettoiement, qui découvrirait les semis, n'est guère praticable en raison de la végétation exubérante des aunes ; c'est plutôt l'éclaircie hâtive au-dessus des brins de chêne dominés qui peut donner ici de bons résultats.

Avec les trembles, il n'en est déjà plus de même. Les brins de chêne ne font presque jamais défaut sous ce couvert léger, et il semble même que le tremble précède naturellement le chêne dans les bons sols et lui serve de précurseur dans les taillis. Mais il lui nuit par son abondance, et, comme il ne rejette guère, l'étêtement d'un jeune tremble au-dessus d'un brin de chêne est souvent utile à ce dernier.

Sous des bouleaux, le chêne et les autres bois durs s'introduisent plus vite encore. L'élagage de quelques branches basses des jeunes bouleaux et, un peu plus tard, l'isolement des cimes de l'essence à végétation rapide suffisent à sauver ces chênes.

Les rejets de bois durs sont beaucoup plus nuisibles aux semis et ils en amènent la disparition rapide et générale par l'action d'un couvert immédiat. C'est sur eux surtout que doivent porter les nettoiements proprement dits, les dégagements de semis, dès les premières années du recru. Mais on comprend que ces opérations demandent une main légère et intelligente ; ce sont quelques branches qu'il faut briser ou étêter en se gardant de dégrader le taillis ; c'est sur un petit nombre de points et par pieds isolés qu'il convient de dégager des brins de semence choisis parmi les plus grands et les plus forts, en nombre restreint, à distance les uns des autres et là seulement où un baliveau sera utile.

Le nettoiement dans les taillis sous futaie, plus encore que dans les futaies, est un travail auquel est apte surtout le garde du triage. Il y a peu à faire, mais il faut revenir souvent en raison du prompt développement du taillis. Les nettoiements répétés, suivis, faits à point, opérés uniquement au-dessus des brins d'avenir, donnent d'excellents résultats. Nous en avons de très beaux exemples; mais c'est l'œuvre d'excellents gardes. L'aménagement peut bien prescrire l'exécution des nettoiements, prévoir les années où ils devront être effectués dans chaque coupe, à l'âge de 4, 8 et 15 ans par exemple, et définir l'opération le mieux possible; mais rien n'en peut assurer la bonne exécution, rien que l'activité incessante de l'agent chargé du service et la rémunération suffisante des gardes qui s'acquittent de cette tâche délicate.

L'élagage des arbres de réserve est un véritable fléau dans les taillis sous futaie. On l'opère, en effet, d'une manière pour ainsi dire générale, et dans mainte forêt il serait impossible aujourd'hui de trouver des arbres dont l'avenir ne soit pas compromis par les élagages qu'ils ont subis. Tout arbre fait ne saurait être amputé d'une ou plusieurs grosses branches sans qu'il en résulte un ralentissement de la végétation, un trouble marqué dans les fonctions vitales, et une plaie nuisible par elle-même, souvent désastreuse par les vices qu'elle occasionne dans le corps même de l'arbre.

Parmi les arbres de réserve, les bois d'œuvre tels que le chêne, formant les éléments les plus précieux de la forêt et destinés à vivre plusieurs révolutions, ne comportent pas d'élagage proprement dit. Pour s'en convaincre, il suffit d'ouvrir le tronc d'un chêne autrefois élagué et de constater les altérations qui ont suivi l'élagage. Sauf l'enlèvement sur les baliveaux de l'âge des branches inférieures, grêles et à demi étiolées déjà par le massif, il n'y a pas à toucher à la cime des chênes, frênes, ormes et autres essences d'élite.

Quant aux arbres de réserve destinés principalement à produire des graines et du bois de feu, on peut être porté à croire qu'il est utile d'en élaguer les branches basses pour en élever le couvert et permettre de conserver ainsi un certain nombre de ces arbres, des hêtres, par exemple, sans compromettre l'existence du sous-bois. Ici encore l'élagage est plus nuisible qu'utile, toutes les fois qu'il ne porte pas uniquement sur des branches très faibles et sur de jeunes arbres, baliveaux de l'âge ou jeunes modernes ; dans ce dernier cas, il n'a pour objet que de prévenir le développement de branches basses. Mais les branches développées contribuent à la production ligneuse de l'arbre plus qu'elles ne diminuent celle du sous-bois. Il faut donc toujours éviter de déshonorer des arbres faits en leur enlevant de grosses branches ou une portion notable du feuillage ; il serait préférable d'en réserver un plus petit nombre que de les dégrader.

L'élagage proprement dit, ses effets dans la forêt et la mesure qu'il comporte forment donc une étude à relater dans la statistique de cette forêt ; mais l'aménagement n'a rien à prescrire à cet égard, si ce n'est une révolution assez longue pour opérer l'élagage naturel des fûts jusqu'à une hauteur suffisante.

Il n'en est pas de même des émondages. Dans la plupart des taillis sous futaie l'enlèvement des branches gourmandes qui se produisent le long du fût des arbres de réserve après la coupe du taillis est une amélioration très importante ; c'est le complément naturel d'un mode de traitement qui place alternativement les arbres à l'état de massif et à l'état isolé. En beaucoup de forêts médiocres cette opération devient nécessaire pour prévenir le dépérissement prématuré des chênes ; l'aménagement peut donc avoir à étudier cette amélioration dans la statistique et à la prescrire à la suite du plan de balivage. C'est là le meilleur moyen de l'obtenir en temps utile, par exemple à la fin de l'été qui suit l'enlèvement des bois exploités. En général, il convient de couper rez-tronc les jeunes branchettes et il suffit de pousser l'émondage jusqu'aux deux tiers de la hauteur des fûts ; mais il peut être utile de le réitérer après deux ou trois ans.

Il n'est pas rare que des repeuplements soient nécessaires en certaines places vides, dans les taillis sous futaie comme dans les taillis simples. L'aménagement doit étudier et prescrire ces travaux pour en assurer l'exécution convenable, opportune et suivie. Quand les vides sont nombreux, il peut être préférable d'en attendre le repeuplement naturel en laissant vieillir le taillis en ceinture autour d'eux, sur une largeur de dix à quinze mètres, pendant une nouvelle révolution, au lieu de l'exploiter sur toute la surface de la coupe. Conservée d'une exploitation à l'autre autour des vides, une ceinture de haut taillis les réduira nécessairement et suffira presque toujours à les combler par l'action prolongée de l'ombrage et de la fraîcheur, de l'abri et des graines.

L'aménagement prescrira les éclaircies nécessaires tous les dix ou douze ans dans ces larges cordons. Si les vacants s'étendent sur des surfaces de plusieurs hectares, il peut ordonner de les repeupler, tout en les ceinturant, à l'aide d'essences à végétation rapide, pins, bouleaux ou aunes, par exemple, suivant les sols. Sous ces essences au couvert léger le chêne reviendra naturellement ; mais l'aménagement doit prévoir les diverses opérations utiles dans ces peuplements. Quant à réintégrer ou à multiplier une essence précieuse au milieu des taillis, en général il n'est guère possible d'y arriver qu'avec une révolution convenable, au moyen d'une réserve bien constituée et à l'aide des coupes d'amélioration, éclaircies et nettoiements. Les plantations dans les taillis entraînent d'ordinaire des dépenses sans résultat.

Les assainissements sont encore plus rarement utiles. Il n'y a que les sols marécageux où l'eau soit nuisible, parce qu'elle y est stagnante ; mais les mares forment le plus souvent des taches dont l'assainissement coûte plus cher qu'il ne donne au sol de valeur réelle. Quant aux fossés ouverts dans les terrains humides ou aquatiques, dont l'eau se renouvelle, ils ont pour effet de ralentir la végétation et ils amènent parfois le dépérissement des chênes déjà développés ; ils modifient en mal la qualité du bois dans les chênes, ormes ou frênes, et compromettent enfin le mélange des bois tendres.

La tenue d'un sommier de contrôle est fort utile dans les taillis sous futaie, principalement par la mention des arbres de réserve. Il appartient à l'aménagement de prescrire la tenue d'un contrôle simple et suffisant. Si dans le balivage on s'astreignait à ne classer parmi les modernes que les arbres ne dépassant pas 0^m,30 de diamètre et à noter au calepin tout ancien de 0^m,50 et plus, il serait facile de distinguer au contrôle les vieilles écorces, qui ont la plus haute importance, les arbres de 0^m,35 à 0^m,45 comprenant les anciens, déduction faite des vieilles écorces, les arbres de 0^m,30 et au-dessous comprenant tous les modernes, et enfin les baliveaux de l'âge. Le chêne mis d'un côté et toutes les autres essences de l'autre, on trouverait au contrôle les renseignements les plus précieux sur la forêt. Puis encore, si cette mesure était généralisée, l'administration des forêts pourrait savoir combien il reste de gros chênes en France et combien elle en élève pour les remplacer.

CHAPITRE CINQUIÈME

DES QUARTS EN RÉSERVE

ARTICLE Ier

DESTINATION LÉGALE

Le quart des bois des communes doit former une réserve distraite du surplus qui reste seul affecté aux coupes ordinaires. L'article 93 du Code forestier formule cette prescription comme il suit :

« *Un quart des bois appartenant aux communes et* « *aux établissements publics sera toujours mis en ré-* « *serve, lorsque ces communes ou établissements posséderont au moins dix hectares de bois réunis ou divisés.*

« *Cette disposition n'est pas applicable aux bois peu-* « *plés totalement en arbres résineux.* »

L'étendue des quarts en réserve établis sur le terrain par suite de l'exécution de cette loi se trouve actuellement de 275,000 hectares. Elle représente ainsi une portion notable et très importante du domaine forestier des communes.

Les quarts en réserve dans les bois communaux remontent à une date bien antérieure au Code forestier de 1827 ; la mesure qu'il édicte n'est que la reproduction de l'article 2 du titre XXV de l'ordonnance de 1669. Cet article portait que : *le quart des bois communs sera réservé pour croître en futaie dans les meilleurs fonds et lieux plus commodes.* Les quarts en réserve existent donc depuis fort longtemps, et souvent même ils comprennent les meilleures parties de la forêt. Mais l'objet du Code n'est plus de les laisser croître en futaie, comme le voulait l'ordonnance de 1669 ; il est simplement de ménager à la commune des ressources en cas de besoins extraordinaires, et en fait la plupart des quarts en réserve sont soumis au même régime que la série des coupes ordinaires.

En vertu des articles 16 et 90 du Code forestier, les coupes de quarts en réserve sont comprises parmi les coupes extraordinaires, dont aucune ne peut être faite sans une ordonnance spéciale du chef de l'État. Si importants que soient les quarts en réserve, il n'y a donc pas lieu d'en régler par avance les exploitations, d'en faire l'aménagement.

L'ordonnance réglementaire du Code forestier précise l'objet des quarts en réserve en fixant le terme de l'exploitabilité des bois. A cet égard l'article 140 s'exprime ainsi :

« *Hors le cas de dépérissement des quarts en réserve,*
« *l'autorisation de les couper ne sera accordée que pour*
« *cause de nécessité bien constatée et à défaut d'autres*
« *moyens d'y pourvoir.* »

Ces prescriptions sont d'une grande sagesse et révèlent un esprit de prévoyance né de l'expérience parfaite des besoins des communes. La marche à suivre pour les appliquer apparaît clairement. Lors d'une demande de coupe extraordinaire présentée par la commune propriétaire, il ne peut y avoir que deux questions fondamentales à résoudre, l'une par l'administration forestière : Les bois sont-ils dépérissants ? l'autre par l'autorité administrative : Y a-t-il nécessité bien constatée et défaut d'autres moyens d'y pourvoir ?

Les inconvénients résultant de cet état de choses sont nombreux ; mais on ne saurait les mettre en balance avec les avantages du quart en réserve, ressource perpétuelle contre la misère et garantie nécessaire de la conservation de la forêt tout entière. Ainsi les demandes des communes peuvent être mal fondées, regrettables ; il n'importe, c'est dans leur intérêt propre que le quart de réserve a été établi et que la charge de le gérer dans ces conditions toutes spéciales a été confiée à l'administration. Le traitement de cette portion de forêt ne consiste pour ainsi dire qu'en coupes imprévues ; c'est inévitable, mais en fait, grâce aux règles particulières dont il est l'objet, le quart de réserve est ordinairement la portion de la forêt communale dont l'état est le plus satisfaisant. L'ordre des exploitations n'est pas assuré dans une partie de forêt non aménagée ; c'est vrai, mais il est facile de prévoir l'ordre désirable et de s'en rapprocher à chaque exploitation.

ARTICLE II

ÉTAT DESCRIPTIF

Si, en effet, l'aménagement des quarts en réserve n'est pas compatible avec le service de besoins extraordinaires et imprévus, il n'est pas non plus indispensable d'aménager un canton de cinquante hectares, et même en général d'une étendue moindre, pour y mettre de l'ordre dans les exploitations. Le parcellaire peut suffire à cet effet. La division en parcelles, simplement établie d'après les âges et le terrain, rapportée sur un plan avec les contenances des diverses parties du quart en réserve, voilà ce qui est indispensable. Il est toujours facile de joindre à ce plan un état descriptif des parcelles et de tenir le contrôle du quart en réserve au courant de la situation en affectant à chaque parcelle une feuille sur laquelle seront mentionnés les exploitations et les faits qui auront eu lieu dans la parcelle. L'ordre désirable dans la suite des exploitations peut être étudié et indiqué; en beaucoup de cas, des numéros donnés aux parcelles suffisent à l'assurer dans l'avenir.

Rien ne s'oppose d'ailleurs à l'ouverture et à l'entretien des lignes de parcelles, qu'il convient de disposer en se conformant au terrain et de manière à faciliter la traite des bois bien plutôt qu'en donnant aux parcelles des contenances égales. En un mot, toutes les mesures d'ordre sont compatibles avec le maintien des quarts en réserve, sauf la prévision de l'époque et même de la nature des coupes, qui restent forcément indéterminées.

La question d'ordre, très secondaire dans un quart en réserve de dix, vingt ou trente hectares, prend une importance croissant avec l'étendue, et peut quelquefois même s'imposer dans un grand quart en réserve qui constitue à lui seul une véritable forêt. Mais alors les parcelles sont nombreuses, les chemins ou laies sommières subdivisant la masse deviennent indispensables, les coupes extraordinaires sont fréquentes et l'ordre à suivre, indiqué à l'état descriptif, s'établit bientôt, pour peu que les agents prennent le soin de s'y conformer. Il en résulte alors sur le terrain même une sorte d'aménagement, qui reste indéterminé seulement dans la mesure nécessaire, c'est-à-dire quant à la prévision des exploitations.

Nous donnons ci-après un exemple d'état descriptif d'un quart en réserve.

ÉTAT DESCRIPTIF

DU QUART EN RÉSERVE DE LA COMMUNE DE VELLE.

CANTONS.	PARCELLES.	CONFINS [1].	CONTENANCE [2].	SITUATION ET SOL [3].	AGES en 1878.	PEUPLEMENTS [4].	OBSERVATIONS.
			hect. a.		ans.		
Bois des Chailles.	1.	A l'ouest, parcelle 2. Au sud, route de Velle à Falun.	8.52	Seuil et pente douce au nord ; argile sableuse avec minerai de fer.	29	Taillis de chêne presque pur, avec modernes rares, élancés, et dégradés par les branches gourmandes.	Cette parcelle a été exploitée la dernière fois à l'âge de 52 ans, après une coupe préparatoire.
	2.	A l'est, parcelle 1. Au S.-E., route de Velle à Falun.	6.90	Versant nord ; même sol.	15	Taillis de chêne, charme et bois blancs ; réserves rares de chêne avec quelques hêtres.	
	3.	Au N.-O., parcelle 2. Au S.-O., parcelle 4.	4.15	Versant à l'est ; sable argileux, frais et profond.	19	Taillis formé surtout de chêne et de bois blancs ; belles réserves de chêne ; végétation active.	
	4.	Au N.-O., parcelle 3. Au sud, chemin des Rayons.	9.95	Cirque évasé, ouvert au nord ; même sol.	19	Taillis de chêne, charme et bois blancs ; réserves rares, mais élancées.	
	5.	Au nord, chemin des Rayons. A l'est, parcelle 6.	6.37	Plateau et pente douce au sud ; argile sableuse avec chailles.	1	Jeune taillis de chêne presque pur ; réserve très nombreuse de baliveaux et modernes chêne.	Ce taillis de chêne, de création récente, vient d'être exploité pour la troisième fois.
	6.	A l'est, parcelle 5. Au nord, chemin des Rayons.	4.12	Pente très douce au sud ; même sol.	5	Taillis de chêne pur, surmonté d'une réserve très nombreuse de modernes et baliveaux chêne de végétation moyenne, émondés des branches gourmandes.	Même origine.
La Brande.	7.	A l'ouest, laie sommière. Au sud, parcelle 8.	4.40	Plateau et pente courte au nord ; sable argileux avec chailles.	26 et 25	Taillis simple de charme, chêne et bois blancs ; quelques bouleaux ; bonne végétation.	Bois planté en 1818, recépé dix ans plus tard et exploité une première fois seulement.
	8.	Au nord, parcelle 7. A l'ouest, laie sommière.	6.83	Même sol.	24 à 20	Même peuplement.	Même origine.
	9.	A l'est, laie sommière. Au sud, parcelle 10.	3.94	Plateau ; sable argileux avec chailles ; quelques bruyères par places.	26 et 25	Même peuplement, moins plein.	Même origine.
	10.	Au nord, parcelle 9. A l'est, laie sommière.	4.85	Même sol.	24 à 20	Même peuplement.	Même origine.
			60.12				

L'ordre désirable dans les exploitations, en vue surtout de l'abri très utile aux arbres de réserve, comporte le passage successif des coupes dans les parcelles 7, 8, 9, 10 ; puis 1, 2, 3, 4, 5, 6. Pour en obtenir les meilleurs résultats, il serait utile d'éclaircir dès à présent le peuplement de la parcelle n° 1, dont il convient de différer l'exploitation jusqu'après celle du canton de la Brande.

---

[1] Les confins aux aspects non relatés sont des terres arables.
[2] Toutes les parcelles ont été séparées entre elles par des laies ouvertes sur deux mètres de largeur.
[3] La situation générale est en plaine, à 300 mètres d'altitude, et le sol appartient aux argiles oxfordiennes, partiellement recouvertes des sables argileux à minerai de fer pisiforme ; ce terrain est siliceux et assez compacte.

[4] La végétation simplement moyenne est meilleure, surtout pour les arbres, partout où le charme se trouve représenté dans le sous-bois.

ARTICLE III

TRAITEMENT

Le traitement des quarts en réserve a beaucoup plus d'importance que l'aménagement même. A cet égard, la presque totalité des quarts en réserve établis sur le terrain s'exploitant en taillis, bien que le Code ait évité seulement de prescrire l'éducation en futaie, et que l'Ordonnance n'admette comme terme d'exploitabilité nécessaire que le dépérissement des bois, il convient surtout d'indiquer les règles et les principaux soins applicables aux coupes extraordinaires de taillis sous futaie.

D'abord, en ce qui concerne l'âge d'exploitation, la plupart des peuplements constitués en taillis peuvent être maintenus sur pied avec grand profit et exploités en taillis sous futaie jusqu'à l'âge de quarante ans. Il arrive assez souvent qu'un taillis de cet âge donne en valeur quatre fois autant qu'un taillis de vingt ans, et les baliveaux de l'âge valent huit ou dix fois plus. Seulement il est bon d'y faire auparavant, à partir de l'âge de trente ans par exemple, une éclaircie adaptée au peuplement. Cette opération permet d'améliorer la végétation du taillis et celle des baliveaux en donnant des produits disponibles et en provoquant forcément des semis qui seront utiles dans l'avenir.

Les balivages sont réglés par les articles 70 et 137 de l'Ordonnance. L'article 70, par son second paragraphe applicable d'une manière générale, interdit, nous le savons, d'exploiter les baliveaux modernes et anciens à moins qu'ils ne soient dépérissants ou hors d'état de prospérer pendant une nouvelle révolution. A cet égard il n'était pas possible de prescrire davantage pour les coupes extraordinaires que pour les autres. Quant aux baliveaux de l'âge, le nombre en est fixé, pour les coupes ordinaires, à 40 au moins et 50 au plus à l'hectare par le premier paragraphe de l'article 137, ainsi conçu : Dans les coupes des bois des communes et des établissements publics la réserve prescrite par l'article 70 de la présente ordonnance sera de quarante baliveaux au moins et de cinquante au plus par hectare. Mais dans les quarts en réserve ce nombre doit être de 60 au moins et de 100 au plus, en vertu du deuxième paragraphe de l'article 137, tout spécial et portant textuellement :

« *Lors de la coupe des quarts en réserve, le nombre* « *des arbres à conserver sera de soixante au moins et de* « *cent au plus par hectare.* »

Il ne faut nullement entendre par là que ces chiffres limitent le nombre total des baliveaux des diverses catégories ; ils ne sont relatifs qu'aux baliveaux de l'âge, non compris les modernes et les anciens, si nombreux qu'ils soient. Ce fait a été parfaitement constaté par M. Bagneris dans son *Manuel de sylviculture*, où sur ce point il s'exprime ainsi : « On a argué du mot arbre, employé dans le second paragraphe de l'article 137, pour dire que le nombre prescrit comprend les baliveaux de toutes catégories. D'abord l'article 137 ne le dit pas ; il ne déroge qu'au premier paragraphe de l'article 70, le seul qui formule un nombre de baliveaux de l'âge à conserver. En second lieu, par baliveaux de l'âge on entend généralement des sujets de l'âge d'un sous-bois soumis à une révolution ordinaire de taillis ; or, l'article 140 porte que les quarts en réserve ne doivent, en règle générale, être exploités qu'au moment de leur dépérissement, c'est-à-dire quand toutes les tiges sont devenues des arbres dans l'acception ordinaire du mot ; dans l'incertitude de l'âge d'exploitation, on a donc mis le mot arbre, et il faut entendre par là des tiges de l'âge du sous-bois, sans préjudice de la réserve prescrite par le second paragraphe de l'article 70 pour les baliveaux des autres catégories. Il serait d'ailleurs déraisonnable de prétendre que le législateur a montré moins de sollicitude pour les quarts en réserve que pour les coupes ordinaires. Enfin, on serait tout aussi fondé à dire que, le premier paragraphe de l'article 137 ne spécifiant pas qu'il s'agit de baliveaux de l'âge, le nombre de quarante au moins et de cinquante au plus s'applique également aux baliveaux de toutes catégories ; cela n'a jamais été soutenu. »

Le Code ayant évité d'imposer l'éducation des quarts en réserve en futaie, il était bon que l'ordonnance réglementaire prescrivît le balivage en futaie sur taillis. Si les habitants d'une commune peuvent avoir un certain intérêt à trouver beaucoup de bois de feu dans l'affouage des coupes ordinaires, il est toujours désirable que les quarts en réserve produisent principalement des bois d'œuvre ; ceux-ci sont les seuls que réclament directement les besoins extraordinaires, de même qu'ils font la principale richesse des coupes.

Quelques quarts en réserve, en très petit nombre, ont des peuplements de bois feuillus constitués en futaie ; le plus souvent l'essence principale en est le hêtre, qui forme, dans une ou plusieurs parcelles, des perchis et même quelquefois de hautes futaies. Ces bois se reproduiraient mal par rejets, tant à raison de l'essence que de l'âge des perchis ; il serait donc extrêmement regrettable de les exploiter à tire et aire, comme des taillis ; ce serait provoquer la dégradation et parfois la ruine du canton. Or, les perchis de hêtre admettent des éclaircies assez larges et très productives ; réitérées fréquemment en cas de besoins extraordinaires, ces éclaircies donnent des produits importants et renouvelés jusqu'à l'âge de fertilité, qui a lieu vers 60 ou 70 ans par exemple. Dès lors le semis se produit en sous-étage. A partir de ce nouvel état de choses il est possible de servir les besoins extraordinaires de la commune, largement et sans compromettre la production; par des coupes secondaires répétées à intervalles rapprochés, si ces besoins le réclament.

A ces délais nécessaires dans la disposition des produits d'une futaie, qu'y a-t-il à reprocher ? S'il faut attendre trente ans au moins avant d'exploiter un taillis, il faut en attendre le double avant de renouveler un peuplement de futaie ; mais ce dernier donne à intervalles fréquents des produits accessoires et finalement une valeur supérieure au rendement de coupes de taillis réitérées. Seulement il convient que les agents forestiers prennent l'initiative des propositions d'éclaircies, utiles pour améliorer les peuplements et pour provoquer le semis qui permettra de disposer des bois en cas de nécessité. Ce traitement par éclaircies, qui permet d'exploiter les futaies à un âge même peu avancé, n'était pas connu autrefois en France ; il est facile, et même il convient en beaucoup de cas aux particuliers propriétaires de bois constitués en futaie.

Nombre de personnes sont portées à croire que les valeurs engagées dans les futaies, quelles que soient celles-ci, ne s'accroissent nécessairement qu'à *un taux très faible*; mais le taux du placement en bois, bien loin qu'il doive régler l'exploitation par les communes, reste le plus souvent tout à fait indéterminé. Il est certain que, quand on achète un taillis exploité à courte révolution et dont le revenu est connu, on peut déterminer le taux du placement en comparant le revenu au prix d'achat ; cependant il est souvent fort avantageux, au point de vue même du taux, de reculer assez loin l'époque d'exploitation. Mais, quand il s'agit d'arbres de futaie, qui pourrait dire à quel taux ils fonctionnent? Si l'on conserve un arbre, c'est pour vingt-cinq ans au moins. Le taux du placement dépend alors de la valeur actuelle de cet arbre et de la valeur qu'il aura dans vingt-cinq ans; or, cette dernière est inconnue et dès lors le taux l'est également.

Le fait à constater, le fait sûr, c'est l'accroissement des bois, rapide ou lent, le grossissement par exemple. Abattez un arbre et voyez l'épaisseur des dernières couches annuelles; si vous trouvez 3 millimètres, l'arbre gagne en diamètre 6 millimètres par an, ce qui fait 15 centimètres en vingt-cinq ans. Le hêtre ayant aujourd'hui $0^{m},35$ aura $0^{m},50$ après ce laps de temps; le volume en sera plus que doublé, puisqu'il s'accroît au moins comme le carré du diamètre. Le placement, dans une futaie composée d'arbres semblables, aura eu lieu à 3 p. 100, si le prix du mètre cube est simplement le même pour l'arbre moyen que pour le petit, et si les prix ne varient pas en vingt-cinq ans. Mais les variations étant inévitables, le placement sera-t-il à 3, à 4 ou bien à 6 p. 100? Nul ne le sait. L'avenir est incertain, et l'avantage sera, ici encore, aux plus habiles et aux plus sages.

Trop souvent il arrive qu'une commune, ayant des dettes dont l'intérêt court à cinq, ne se trouve en présence que de jeunes bois dans son quart en réserve; ils ne produisent pas 5 p. 100, dit-on. D'abord, ce n'est pas sûr; puis, à ce compte il faudrait vendre la forêt tout entière, qui n'est pas de nature à produire 5 p. 100. En vaut-elle moins? Et les communes s'enrichissent-elles en vendant leurs forêts? Quand le quart en réserve n'a pas de bois exploitables, c'est aux coupes ordinaires qu'il faut demander le paiement des intérêts ou le remboursement même de la dette; là seulement est le remède à la misère.

Des conditions analogues à celles des cantons de futaies feuillues se présentent dans les réserves peuplées de bois résineux et dans les vieux taillis de cinquante, soixante ans, ou plus encore, dont la reproduction par la semence n'exige pour ainsi dire que l'exploitation partielle en plusieurs coupes opérées à intervalles rapprochés, comme nous le verrons au livre suivant sur les conversions (1).

Dans les aménagements de futaies résineuses appartenant aux communes, il est d'usage actuellement de mettre en réserve, non plus le quart de l'étendue de la forêt, mais le quart du volume à exploiter chaque année. Cette mesure, entièrement conforme à l'esprit du Code et de l'ordonnance est excellente, à deux conditions. L'une est que la réserve ne soit pas considérée comme disponible au début de l'aménagement, tant qu'elle est simplement projetée, car ensuite elle ferait défaut le jour du besoin. L'autre condition, c'est que le volume réservé représente bien le quart des produits totaux, principaux, accessoires et accidentels, car il doit faire face et aux besoins extraordinaires de la commune et aux exigences de l'aménagement ; pour être suffisant, il faut donc qu'il soit considérable.

(1) Les taillis du quart en réserve de Chargey-lès-Port (Haute-Saône), soumis à des éclaircies à partir de 1832, avaient l'âge du siècle, cinquante ans en 1850. Depuis lors, on exploita ces vieux taillis en trois ou quatre reprises différentes, après avoir balivé très serré au premier passage. Les semis étaient alors si peu apparents que les habitants de la commune croyaient le canton dévasté. Il porte aujourd'hui un jeune perchis, hêtre, chêne et charme, de toute beauté.

LIVRE SIXIÈME

Conversion des taillis en futaie

CONSIDÉRATIONS GÉNÉRALES

Les forêts soumises au régime de la futaie fournissent des produits plus utiles dans l'ensemble et plus considérables que si elles étaient exploitées en taillis. On en conclut que l'État a le devoir de convertir en futaie les taillis qu'il possède. L'objet de la conversion est de substituer aux taillis formés de rejets, des massifs de futaie formés de brins. Si vieux, en effet, que devienne un taillis, c'est toujours un ensemble de rejets de souches. Il ne se développe pas comme un peuplement de futaie; il a, d'ailleurs, une fertilité hâtive et la végétation se ralentit de bonne heure; il dépérit enfin prématurément sans donner, comme la futaie, des bois d'œuvre de fortes dimensions. Ainsi, par le développement comme par l'origine, au point de vue économique comme au point de vue cultural, le taillis diffère toujours essentiellement de la futaie. On n'obtiendrait donc pas la conversion d'un taillis en futaie par des coupes de transformation, par des modifications apportées aux peuplements de taillis. Des éclaircies, des extractions d'arbres ou autres opérations du même genre, n'auraient pour résultat que de conserver les taillis en les modifiant. La conversion consiste donc essentiellement dans la régénération des bois par la semence sur toute l'étendue de la forêt, de manière à créer des futaies de tous âges, depuis les jeunes semis jusqu'aux massifs exploitables.

Les communes propriétaires de taillis semblent se trouver dans la même situation que l'État. Mais on comprend, à première vue, que pour remplacer les peuplements âgés de 1 à 30 ans, formant le capital superficiel d'un taillis, par la masse plus considérable du matériel ligneux d'une futaie régulière, il faut consentir à une épargne qui entraîne forcément une réduction dans les exploitations antérieures et une diminution dans la jouissance. Cette diminution peut être faible ou forte selon les ressources que renferment les peuplements du taillis à convertir en futaie; elle peut être quelquefois atténuée par de sages dispositions d'aménagement et répartie plus ou moins également entre les périodes successives de la révolution de conversion; mais elle est inévitable. La conversion d'un taillis en futaie exige donc de la part du propriétaire l'effort d'économiser une partie de ses revenus et de l'ajouter au capital superficiel des bois sur pied, au profit des générations à venir. Cet effort, on ne peut l'exiger des communes, et, sauf des exceptions motivées par des faits particuliers, il est peu probable que de longtemps les communes consentent à modifier le régime de leurs forêts. Par conséquent, ce sont les forêts de l'État que nous aurons principalement en vue en traitant la question de conversion des taillis en futaie.

Si l'État a le devoir de convertir les taillis qu'il possède, nous pensons qu'il est sage de marcher progressivement dans cette voie et de n'entreprendre l'opération que dans des forêts présentant les ressources nécessaires pour en assurer le succès. Pour justifier cette opinion, il suffit de rappeler que l'objet de toute conversion est de remplacer les taillis existants soit par des semis naturels, soit par des plantations et des semis artificiels. Or, la conversion d'un taillis en futaie par voie de repeuplements artificiels est une opération tellement chanceuse, difficile et coûteuse, que mieux vaudrait y renoncer que de l'entreprendre directement par de tels moyens[1]. Cette proposition n'admet d'exception que pour une forêt assise sur un sol ruiné ou très pauvre, sur lequel le taillis végète misérablement et peut être facilement et avantageusement remplacé par des résineux. Ce cas excepté, la conversion des taillis en futaie par voie de repeuplement naturel reste la seule méthode qui doive être appliquée,

---

[1] Le mélange des rejets de souches aux brins de semence est le plus grand danger des conversions en futaie. Le développement des brins ne devient rapide qu'après la première jeunesse, vers l'âge de trente ans par exemple, tandis qu'au début quelques années suffisent aux rejets de souches pour étioler ces brins de semence mélangés avec eux. Une fois que les rejets reçoivent une lumière abondante, il faut pour les combattre nettoiements sur nettoiements ; c'est onéreux d'abord, puis bientôt le travail se multiplie, déborde, et il peut arriver que quelques années d'omission suffisent à rendre le sol au taillis. En tous cas, un mélange de brins et de rejets forme deux étages discordants ; les rejets dominent les brins et en entravent le développement, à tel point que, si le bas perchis, formé en général vers l'âge de quarante ans, n'est pas entièrement composé de brins de semence, il est fort à craindre de n'avoir qu'un peuplement sans avenir. Il faut donc ici que l'aménagement laisse aux opérations culturales tous les moyens de prévenir ce résultat.

Si le mélange des rejets de souches est aussi dangereux et exige autant de soins dans un semis naturel, que serait-ce au-dessus de repeuplements artificiels ? Ici les plants, nécessairement rares et retardés dans leur développement, sont à peu près fatalement condamnés à disparaître au milieu des rejets après un petit nombre d'années. La création d'une forêt sur un sol nu est certainement une opération moins dispendieuse et plus sûre que la conversion d'un taillis en futaie par voie artificielle. Ce procédé n'est donc applicable que dans les parties vides des taillis ruinés. Quant aux parties mal peuplées, uniquement couvertes de bois blancs, ou privées de sujets de l'essence principale, comme un taillis de charme, il est plus sûr d'en modifier graduellement l'état, par exemple en y opérant une ou plusieurs coupes de taillis sous futaie, que d'en chercher la conversion immédiate.

non-seulement parce que les semis naturels s'obtiennent d'une manière plus sûre et sans frais, mais aussi parce que les repeuplements naturels sont toujours mieux constitués que les peuplements obtenus par les procédés artificiels.

Nous devons ajouter également que, dans la plupart des taillis, les semis naturels ne sont produits en abondance que par les arbres de réserve et par les vieux perchis sur souches dont le couvert est suffisamment élevé. Quand un vieux taillis, exploitable comme tel, est maintenu sur pied, il continue à se développer; le couvert s'élève longtemps encore et, dans les taillis d'essences mélangées, il s'éclaircit d'autant plus tôt que les cépées d'essences peu longévives disparaissent plus rapidement. La fertilité se développe à mesure que la faculté de produire des rejets diminue; mais elle ne devient complète qu'avec le temps, quand les cimes ont pris une certaine ampleur et que les vieux rejets ont formé de petits arbres. C'est souvent vers l'âge de soixante ans que les taillis de chêne et de hêtre arrivent à l'état de complète fertilité; le fait se manifeste d'ailleurs sur le terrain par des semis qui se montrent bientôt de tous côtés. Pour régénérer un taillis par la semence, il suffit donc de lui permettre de se développer jusqu'à ce qu'il soit devenu bien fertile et de procéder alors à des coupes de régénération adaptées aux essences. L'état favorable est réalisé d'autant plus tôt et d'autant mieux que le taillis est plus riche en arbres de réserve.

De ces observations il résulte que la conversion en futaie des taillis domaniaux ne devrait être entreprise que dans les peuplements renfermant en eux-mêmes les éléments propres à assurer la régénération par semis naturels de l'essence ou des essences à élever en futaie. Quand ces éléments font défaut ou sont insuffisants, mieux vaut retarder l'époque où l'on entreprendra la conversion et continuer l'exploitation en taillis sous futaie jusqu'à ce qu'on ait créé une réserve apte à produire l'ensemencement à peu près complet du terrain. Alors seulement l'entreprise sera réellement opportune parce qu'on pourra obtenir la régénération sans frais et avec un plein succès, pourvu que les opérations de conversion soient conduites avec la prudence et le soin nécessaires.

Telles sont les conditions de peuplement dans lesquelles il nous paraît convenable d'entreprendre la conversion en futaie d'un taillis composé. Nous allons examiner maintenant dans quelles conditions de sol il semble nécessaire ou simplement utile d'élever de la futaie, urgent ou désirable de convertir en futaie les taillis appartenant à l'État.

On a dit avec raison que plus un sol forestier est pauvre, plus on doit s'attacher à le maintenir couvert et, par conséquent, plus il importe d'y élever de la futaie. Théoriquement, cette conclusion est rigoureusement juste, pourvu toutefois que les essences à cultiver en futaie soient appropriées au sol et au climat; pratiquement, elle comporte des exceptions et demande tout au moins des explications.

Dans certains sols profonds, mais cependant légers et peu fertiles par eux-mêmes, le régime de la futaie s'impose comme seul apte à conserver la fertilité du terrain et à prévenir la ruine de la forêt. Les plus belles futaies de France, Bersay, Bellême, Perseigne et Fontainebleau, en sont la preuve. Elles reposent sur des sables siliceux, à peu près purs, dont toute la fertilité est due aux massifs mêmes de la futaie. Que le couvert soit enlevé par des exploitations mal faites ou par un accident, la terre végétale perd aussitôt ses plus précieuses qualités sous l'action du soleil; le sol est envahi par la bruyère, et c'est en vain qu'on lui demanderait de produire, par le traitement en taillis, ces magnifiques arbres, chênes ou hêtres, qui forment les massifs de futaie pleine. Les taillis ruinés de Fontainebleau même, d'Ermenonville et de mainte autre forêt située sur le sable, en fournissent la preuve trop évidente. Dans ces terrains, le régime est donc impérieusement commandé; sans la futaie, les forêts se dégradent rapidement et ne donnent plus qu'une production restreinte et de médiocre utilité. Le chêne rouvre, le hêtre et le charme en mélange, sont les essences principales à cultiver dans ces forêts; le bouleau s'y trouve, d'ailleurs, généralement répandu.

Les terrains formés par les calcaires jurassiques sont ordinairement assez accidentés. Souvent ils constituent des plateaux découpés par des vallées sinueuses et terminés par des pentes raides. La terre végétale, résidu de la roche calcaire lessivée par les eaux de pluie, n'est qu'un mélange de sable siliceux, d'argile, d'oxyde de fer et de pierrailles calcaires. Cette terre rouge n'a ordinairement que très peu de profondeur, 15, 20 ou 30 centimètres; elle est très prompte à se dessécher, parce que l'humidité qui la pénètre, sous l'action des pluies, filtre avec la plus grande facilité à travers les assises de roches fissurées formant sous-sol. Cependant, les forêts des plateaux calcaires ne sont pas aussi exposées à s'appauvrir sous l'influence du traitement en taillis que les bois des terrains siliceux; après chaque exploitation, les sols à base calcaire se recouvrent d'une végétation herbacée et arbustive, variée et abondante, qui les défend contre l'action directe du soleil. Aussi voit-on les forêts situées dans ces conditions se maintenir pleines et conserver toute leur vitalité, même après des siècles d'exploitation en taillis ; seulement, on constate que les taillis ont une végétation lente et ne donnent à l'âge de 25, 30 ou 35 ans que de menu bois de chauffage. Telles sont les forêts de Haye, d'Auberive, de Châtillon-sur-Seine, de Braconne, et beaucoup d'autres, car les terrains que nous venons de décrire sont très développés et occupent la place la plus étendue dans la statistique forestière de la France. Or, il est bien certain que le régime de la futaie convient essentiellement à ces forêts, à condition qu'on y élève comme essence dominante le hêtre qui, seul parmi les bois feuillus, peut y croître avec une certaine vigueur et acquérir de belles dimensions. Mais il est bon de lui associer le chêne rouvre et de conserver, pour remplir et compléter les massifs, le charme toujours plus ou moins abondant en ces taillis et qui, plus que toute autre essence, a contribué à les conserver.

D'autres terrains, où l'argile entre en plus forte proportion dans la terre végétale, sont aussi livrés à la culture du taillis sur de grandes surfaces. Ils se trouvent généralement en plaine, quelquefois en coteaux, plus rarement en montagnes de faible élévation. Ils appartiennent à des formations géologiques très diverses, telles que les schistes argileux, les grès bigarrés, les marnes irisées, le lias, les grès verts, le terrain Bressan, etc. Ces sols, ordinairement plus profonds, toujours plus frais et plus fertiles que les précédents, sont généralement propres à la culture du chêne. Les forêts qui les recouvrent y supportent parfaitement le régime du taillis; mais il est incontestable que dans ces terrains de moyenne fertilité, convenables au chêne, le régime de la futaie produit des résultats bien supérieurs à ceux du taillis. Telles sont, par exemple, les forêts de Champenoux en Lorraine, de Trois-Fontaines en Champagne, de Chaux en Franche-Comté et de Longchamps en Bourgogne.

Le chêne rouvre dans les parties sèches ou en coteau, le pédonculé dans les cantons frais ou humides, associés l'un et l'autre au hêtre et au charme, sont les essences que l'on peut y cultiver avec le plus d'avantage.

Continuant à remonter l'échelle de fertilité des sols forestiers, si l'on considère les forêts situées sur des terrains d'alluvions anciennes ou modernes, frais, divisés, profonds, comme on en rencontre sur les bords de la Saône et de l'Adour, ou dans des situations analogues à celles des forêts du Mont-Dieu dans les Ardennes, de Coucy-Basse dans l'Aisne et à la plupart des forêts des plaines septentrionales de la France, on pourra regretter de ne voir que des taillis là où se développeraient des futaies de chêne de la plus belle venue. Mais le chêne pédonculé, le seul que l'on puisse cultiver avec succès dans ces terrains riches et humides, a un couvert très léger; même à l'état de massif, il ne donne qu'un abri insuffisant au sol pour en conserver la fertilité et l'empêcher de se gazonner, à sa propre tige pour la préserver des branches gourmandes. Quand on veut l'élever en futaie, il faut, bien plus encore que pour le rouvre, lui associer une essence à feuillage épais, comme le charme, pour compléter le couvert.

Dans ces mêmes terrains, le chêne pédonculé élevé en réserve sur taillis, prend un accroissement rapide et une belle hauteur de fût; il produit un bois nerveux, moins propre que celui du rouvre à la menuiserie et à la fente, mais précieux pour les constructions civiles ou navales et, en général, pour tous les emplois qui demandent de la force, de l'élasticité et de la durée. Grâce à la légèreté du couvert et à la hauteur de cime de ces arbres, grâce aussi à la fertilité exceptionnelle du terrain, favorable au tremble, au frêne et à l'aune, les taillis qui croissent entre les réserves fournissent eux-mêmes des produits considérables en matière, et dans certaines contrées, où les perches de toutes essences sont employées comme bois de mine, ces produits ont une grande valeur industrielle.

Une futaie de chêne pédonculé bien constituée donnerait, nous le croyons, des produits plus précieux. Mais, quant à présent, elle n'existe nulle part en France, dans les conditions que nous venons de décrire ; aussi, en raison de la difficulté de substituer la futaie au taillis dans un sol très fertile, exposé à être envahi par une végétation plantureuse de hautes herbes et de bois blancs aussitôt que le couvert est interrompu, nous pensons que pour le moment mieux vaut apporter au traitement actuel de ces forêts les faciles améliorations qu'il comporte que de les soumettre à des opérations de conversion très difficiles et dont le succès pourrait être douteux.

CHAPITRE PREMIER

AMÉNAGEMENTS DE CONVERSION DES TAILLIS EN FUTAIE

ARTICLE Ier

OPÉRATIONS PRÉLIMINAIRES

Le but d'ensemble d'une conversion est de créer une série de futaie présentant la suite complète des âges. Il convient donc d'opérer successivement la conversion des différentes parties d'une forêt pendant un temps égal à la révolution applicable à la futaie ; en général, cette conversion graduelle est suffisante. Elle commence naturellement par les parties les mieux disposées et permet de soumettre les autres, en les améliorant, à une préparation éloignée.

Si, en effet, il est nécessaire de préparer un taillis, simple ou sous futaie, à la conversion en le laissant vieillir, il n'y a pas lieu de procéder ainsi sur toute l'étendue de la forêt en même temps. Cette préparation prochaine n'est opportune que pendant la période précédant immédiatement la conversion sur chaque point. On peut exploiter encore en taillis une ou plusieurs fois les parties de la forêt dont la conversion est différée, et même, en général, il convient de le faire ; on renouvelle ainsi les taillis en disposant de bois exploitables et indispensables au propriétaire.

Il est facile dès lors d'entrevoir la marche générale de la conversion. Étant donné un vrai taillis, formé principalement de rejets de souches, l'aménagement déterminera le temps que doit embrasser la conversion de toute la forêt, les périodes successives de la révolution et les portions à convertir, ou les affectations à régénérer par la semence, pendant chacune d'elles. Il prescrira ensuite, pour chaque période, la préparation d'une affectation mise en réserve, la conversion de l'affectation préparée pendant la période précédente et l'exploitation en taillis sous futaie des affectations à préparer pendant les périodes suivantes. Telle est l'idée mère des aménagements de conversion en général; elle est aussi simple que bonne.

Nous allons maintenant faire connaître les combinaisons d'exploitation et les opérations de culture que comporte la conversion en futaie des taillis composés. Nous admettons comme condition nécessaire que ces taillis renferment en eux-mêmes les éléments de la régénération naturelle en futaie. Nous ne parlerons pas des taillis simples, parce que la conversion en futaie de ces taillis ne peut se présenter que comme un cas particulier.

Les travaux préliminaires à un aménagement de conversion sont les mêmes que pour un aménagement de futaie. Il suffira donc de constater les points spécialement importants dans l'étude des parcelles, l'établissement des séries et la fixation de la révolution.

Parcellaire.

Les lignes séparatives des anciennes coupes de taillis servent, provisoirement du moins, de limites aux parcelles. Les lignes naturelles du terrain viendront ensuite les remplacer ou s'y adjoindre.

Dans l'étude des parcelles, on doit s'attacher à bien marquer l'importance de la réserve, sous le rapport de l'essence et de la qualité, du nombre et de la répartition, de la vitalité et de la hauteur des arbres réservés. On analyse parallèlement la constitution du sous-bois au point de vue de la végétation et de la distribution des essences, de la proportion des rejets de souches et des brins de semence, de l'état plus ou moins complet du peuplement et des causes qui ont amené cet état. On ne perd pas de vue que cette étude a pour principal objet de constater les ressources disponibles pour la conversion en futaie par voie de semis naturels.

La situation et le sol sont décrits et appréciés comme dans tout aménagement. Mais en général le meilleur criterium de la fertilité, pour chaque parcelle, est dans le mode de végétation de la réserve, dans la forme, la hauteur et le degré de vigueur des arbres constitués.

Les études précédentes servent tout d'abord pour la constitution des séries de la futaie à créer et pour la détermination de la révolution convenable à chacune d'elles.

Séries.

Quand il s'agit d'une grande forêt exploitée tout entière en taillis composé et divisée en plusieurs séries, il est bon de grouper dans chaque série de futaie un certain nombre de séries de taillis; cela permet, par exemple, de former chacune des affectations périodiques ou d'une série de taillis ou de portions contiguës et semblables de séries différentes. Ce cas est assez rare, mais quand on le rencontre, il offre des avantages pour l'établissement du plan d'exploitation, pour la répartition des produits et pour la préparation des peuplements aux opérations de conversion qui viendront les atteindre successivement de période en période.

En tout cas, chaque série de futaie comprendra, en général, plusieurs séries ou parties de séries de taillis. Le point capital est qu'elle présente au début de la révolution de conversion une portion d'étendue notable apte à être régénérée immédiatement par la semence et à former ainsi la première affectation.

L'état des autres parties de la série n'est pas non plus sans importance. Il est à désirer aussi d'avoir une seconde affectation riche en réserves et bien constituée en sous-bois, de manière à donner des produits suffisants et à procurer la régénération naturelle pendant la seconde période. Il convient de trouver encore en dehors de la première affectation des taillis assez âgés pour comporter des coupes productives au début de la conversion et d'âges assez bien gradués pour prévenir toute interruption dans les coupes à y effectuer.

On comprend facilement comment une période d'attente consacrée à la préparation nécessaire permet dans la plupart des cas d'assurer tous ces résultats.

Sauf exceptions, telles sont les conditions essentielles à réaliser dans la constitution des séries de futaie en y englobant des peuplements de taillis qui peuvent d'ailleurs être très divers.

Révolution.

Par révolution de conversion, nous entendons le temps nécessaire pour créer une suite de peuplements de futaie convenablement gradués, convenablement répartis entre les principales classes d'âges de la futaie, depuis le jeune semis jusqu'au massif exploitable. Quand on peut entreprendre immédiatement la conversion ou la régénération en futaie, la révolution de conversion doit être égale à la révolution normale de la futaie constituée. C'est en effet le temps nécessaire pour obtenir une suite complète de peuplements de futaie d'âges gradués jusqu'au terme de l'exploitabilité.

Mais si l'on doit attendre un certain temps avant d'entreprendre la régénération en futaie, si, par exemple, il est nécessaire de consacrer 30 ans à laisser vieillir et à préparer les taillis qui devront être régénérés les premiers, la conversion entière de la série ne sera consommée qu'après un temps marqué par la durée de la révolution normale augmentée de 30 ans.

Dans tous les cas, la durée de la révolution de conversion est subordonnée à celle de la révolution de futaie, que l'on déterminera ou que l'on appréciera d'après les mêmes considérations économiques et culturales que pour les aménagements ordinaires de futaie (1).

---

(1) Les arbres des taillis sous futaie ne permettent pas de déterminer la durée de la révolution de futaie. Ils se sont développés à l'état isolé; le fût en est resté court, mais il a grossi plus vite que celui des arbres qui croissent en massif de futaie. Au même âge les dimensions des uns et des autres seront différentes; à l'aide des éléments du taillis sous futaie on ne peut donc qu'apprécier la durée nécessaire pour obtenir les dimensions convenables aux principaux emplois. En tous cas cette durée doit être assez longue pour qu'on soit sûr de trouver des bois exploitables à la fin de la révolution.

ARTICLE II

PLAN GÉNÉRAL D'EXPLOITATION

Pour chaque série prise à part, on procède à l'établissement du plan général d'exploitation, c'est-à-dire au partage de la révolution en périodes, ainsi que de la série en affectations périodiques, et au classement de ces affectations dans l'ordre où elles devront être parcourues par les coupes de conversion ou de régénération en futaie. Les considérations d'après lesquelles on forme les affectations et les périodes dans les aménagements de conversion se déduiront facilement de l'examen que nous allons faire de quelques plans d'exploitation établis dans les conditions qui se rencontrent le plus habituellement.

Première hypothèse.

Supposons que l'on veuille convertir en futaie une forêt de petite étendue, formant une seule série de taillis composé, divisée en trente coupes d'égale contenance et respectivement âgées de 30 à 1 an, présentant d'ailleurs les ressources indispensables pour qu'on puisse entreprendre immédiatement la conversion.

Examen fait des peuplements de la série, on a constaté par exemple : que les six coupes âgées de 30 à 25 ans sont couvertes d'une réserve très nombreuse, ayant la consistance d'une coupe sombre et dominant un sous-bois maigre, chétif, clair-planté ; puis, que les peuplements des autres coupes sont moins riches en réserves, mais formés d'un taillis bien venant et pourvu des meilleures essences ; enfin, que l'exploitabilité applicable à la futaie constituée correspondrait à une révolution de 150 ans.

Divisant la révolution de futaie en cinq périodes de 30 ans, on conçoit que le plan général d'exploitation puisse être établi de la manière suivante :

1re affectation. . .	Coupes âgées de	30 à 25	ans.
2e — . . .	Id.	18 à 13	—
3e — . . .	Id.	12 à 7	—
4e — . . .	Id.	6 à 1	—
5e — . . .	Id.	24 à 19	—

Dans ce cas, le règlement des exploitations, pour chaque période de la révolution, serait conçu ainsi qu'il suit :

PREMIÈRE PÉRIODE.

1re affectation. . .	Coupes de régénération.
2e — . .	Coupes d'éclaircie ou préparatoires.
3e, 4e et 5e affectations réunies. .	Exploitation en taillis sous futaie par trentième de surface.

DEUXIÈME PÉRIODE.

1re affectation . .	Nettoiements et premières éclaircies.
2e — . . .	Coupes de régénération.
3e — . . .	Éclaircies préparatoires.
4e et 5e affectations.	Coupes de taillis sous futaie par trentième de surface.

En suivant une marche analogue pendant les autres périodes, on voit que l'on arriverait à substituer successivement au taillis des peuplements d'âges gradués représentant dans l'ensemble une futaie constituée régulière.

Deuxième hypothèse.

Nous avons admis ci-dessus qu'on pourrait obtenir immédiatement la régénération par semis naturels au moyen des réserves très nombreuses existant dans les peuplements de la première affectation. Ce cas est fort rare et, le plus souvent, on est obligé de recourir aux perches du taillis pour parfaire le couvert de la coupe d'ensemencement et contribuer à la régénération en futaie concurremment avec les arbres de réserve. Mais les perches de chêne et de hêtre, même venues sur souche, produisent rarement des semences fertiles et abondantes avant l'âge de 50 à 60 ans. D'autre part, les semis naturels de ces essences ne réussissent pas quand le couvert des arbres qui doivent les abriter n'est pas assez élevé au-dessus du sol. Enfin, les sujets que l'on serait obligé d'exploiter dans un taillis de 30 ans, pour établir la coupe d'ensemencement, repousseraient abondamment de souche et fourniraient des rejets faisant obstacle à la production et au maintien des semis.

Pour tous ces motifs, il convient de retarder le moment où l'on entreprendra la régénération en futaie, jusqu'à l'âge où le taillis, devenu fertile, aura un couvert plus élevé et ne se reproduira plus qu'imparfaitement par rejets de souches. On profite alors de ce temps pour préparer, par un traitement convenable, les peuplements qui viendront les premiers en conversion et, pour plus de simplicité dans l'aménagement, on peut donner à cette phase d'attente, connue sous le nom de période préparatoire, une durée égale à l'une des périodes de la révolution de futaie.

Le plan général d'exploitation s'établissant d'ailleurs à peu près comme dans la première hypothèse, les exploitations à faire dans toute la série, pendant la période de préparation, sont réglées alors de la manière suivante :

PÉRIODE PRÉPARATOIRE.

1re affectation	Coupes préparatoires ou éclaircies.
2e, 3e, etc., affectations.	Coupes de taillis sous futaie.

A l'expiration de cette période préparatoire, on se trouvera en face d'une forêt dont la conversion pourra suivre la marche que nous avons tracée dans la première hypothèse.

Troisième hypothèse.

Au lieu d'un bois de petite étendue, il s'agit d'une grande forêt divisée en un certain nombre de séries. Dans ce cas, on est généralement conduit à réunir plusieurs séries de taillis pour en composer une série de futaie. Puis, comme précédemment, on décide : ou que la conversion peut être immédiatement entreprise par la régénération en futaie des peuplements qui formeront la première affectation, ou qu'elle doit être différée pendant une période préparatoire.

Dans le premier cas, on groupe dans la première affectation de vieux taillis pourvus d'une réserve abondante et aptes à se reproduire par semis naturels, au moyen des coupes ordinaires de régénération. En même temps on s'attache à réunir dans chacune des affectations III, IV et V, des peuplements d'âges assez bien gradués, de manière à former de l'ensemble ou mieux encore de chaque affectation, si c'est possible, une série de taillis à exploiter régulièrement en taillis sous futaie pendant la première période. Quant à la deuxième affectation, comme elle doit être soumise à de simples coupes préparatoires (éclaircies et nettoiements) pendant cette même période, on n'a pas à se préoccuper de la composer de peuplements d'âges gradués. On cherche simplement à y réunir des parcelles qui, à l'expiration de la période, seront aptes à se régénérer par la semence.

Dès lors, les exploitations à faire dans la série entière pendant chaque période de la révolution se résument, par exemple, ainsi qu'il suit :

PREMIÈRE PÉRIODE.

1re affectation. . .	Coupes de régénération.
2e — . . .	Éclaircies préparatoires.
3e — . . .	Coupes de taillis sous futaie.
4e — . . .	Id.
5e — . . .	Id.

DEUXIÈME PÉRIODE.

1re affectation. . .	Nettoiements et premières éclaircies.
2e — . . .	Coupes de régénération.
3e — . . .	Éclaircies préparatoires.
4e — . . .	Coupes de taillis sous futaie.
5e — . . .	Id.

Et ainsi de suite pendant les troisième, quatrième et cinquième périodes.

Quatrième hypothèse.

Si grande que soit la forêt, il peut être indispensable de passer par une période préparatoire avant de commencer la régénération en futaie. On forme alors la première affectation comme il a été procédé à la constitution de la deuxième dans l'hypothèse précédente, et l'on s'attache à réunir dans les affectations II, III, IV et V, des peuplements d'âges convenablement gradués. Dans ce cas, les coupes à asseoir dans la série entière pendant la période de préparation sont réglées de la manière suivante :

PÉRIODE PRÉPARATOIRE.

1re affectation. . .	Éclaircies préparatoires.
2e — . . .	Coupes de taillis sous futaie.
3e — . . .	Id.
4e — . . .	Id.
5e — . . .	Id.

A cette phase de préparation succédera la révolution de conversion pendant laquelle on exécutera les opérations indiquées dans le règlement ci-après :

PREMIÈRE PÉRIODE DE LA RÉVOLUTION DE CONVERSION.

1re affectation. . .	Coupes de régénération.
2e — . . .	Éclaircies préparatoires.
3e — . . .	Coupes de taillis sous futaie.
4e — . . .	Id.
5e — . . .	Id.

Et ainsi de suite pendant les deuxième, troisième, quatrième et cinquième périodes. Si, d'ailleurs, chacune des affectations autres que la première constitue une unité indépendante de coupes de taillis, l'ensemble du plan d'exploitation sera très simple.

Mais rarement les faits sont tels et il serait mauvais de forcer les choses pour arriver à un cadre aussi simple. C'est dans les conditions générales de l'aménagement, dans le traitement cultural qu'exige la conversion et dans l'amélioration graduelle de la forêt qu'il faut chercher les solutions nécessaires.

Ainsi, en résumé, le succès d'un aménagement de conversion ne dépend plus que de l'exécution des opérations de culture, si le plan général d'exploitation présente les conditions suivantes :

Première affectation peuplée de très vieux taillis, à couvert élevé et enrichis par des porte-graines assez nombreux pour permettre la conversion immédiate de cette portion de série; deuxième affectation formée de taillis d'âges quelconques, mais présentant dans une réserve nombreuse ou au moins dans le sous-bois, ou mieux encore dans la réserve et le sous-bois, les essences propres à la futaie en proportion suffisante pour former bientôt le massif à elles seules ; affectations suivantes comprenant le surplus des taillis, de consistance et d'essences quelconques, mais d'âges assez bien gradués et surtout assez avancés pour fournir des produits principaux immédiatement et d'une manière suivie.

Telles sont les conditions générales qu'il est toujours possible de réaliser après une période préparatoire assez longue, égale en durée, par exemple, à une longue révolution de taillis. On rencontre parfois des faits exceptionnels, ainsi des parcelles si riches en semis, gaules ou perches de franc pied, qu'il est possible de les transformer en futaie par de simples coupes d'amélioration accompagnées de l'enlèvement de quelques arbres. Il est clair que ces peuplements trouvent leur place naturelle soit dans la dernière affectation, soit dans la première; la régénération par la semence a eu lieu et le résultat en est acquis. En d'autres cas, dans des taillis sous futaie dont le hêtre est l'essence principale, il peut arriver que les brins de semence prédominent dans une grande partie de la forêt, les rejets de souches, les bouleaux ou les bois blancs n'y ayant plus qu'un rôle subordonné. Alors, au lieu de continuer les exploitations en taillis dans les dernières affectations, on juge parfois convenable d'y opérer de simples coupes d'amélioration ou même des coupes de transformation. Ces dernières, consistant en extractions successives d'arbres de réserve, de rejets et de bois blancs, conviennent à des affectations entières ou à certaines parcelles seulement. Bien d'autres faits particuliers se présentent. Mais, néanmoins, les taillis conservent en général le vice originel de la constitution par rejets de souches, et, comme le mélange des rejets aux brins de semence est le plus grand danger à courir dans une conversion, il est prudent de se défier des exceptions dans la formation du plan général ; trop souvent elles ne sont fondées qu'en apparence.

ARTICLE III

RÈGLEMENT SPÉCIAL DES EXPLOITATIONS

Les combinaisons d'aménagement et d'exploitation applicables aux différents cas de conversion que nous venons d'exposer, ont entre elles une grande analogie et affectent les mêmes caractères de symétrie et de simplicité.

Le règlement spécial des exploitations doit présenter aussi une forme nette et précise, apte à prévenir toute difficulté d'application quant à la nature, la marche et l'assiette des coupes ordonnées. C'est d'autant plus facile qu'une grande partie des coupes ayant lieu par contenance, on peut les prescrire année par année pour chaque affectation.

L'exemple ci-après, du règlement spécial des exploitations pendant la première période de 40 ans de l'aménagement d'une série divisée en quatre affectations et parfaitement préparée à la conversion, permettra de comprendre le procédé mieux que toute autre donnée.

NATURE DES EXPLOITATIONS PENDANT LA PREMIÈRE PÉRIODE DE 1871 A 1910.

AFFECTATIONS.	CANTONS.	PARCELLES.	CONTENANCES.	PEUPLEMENTS.	AGES EN 1871.	TRAITEMENT.
			h. a.		ans.	
I.	Bois banni.	A.	36.10	Vieux taillis, chêne et charme.	72 à 70	Coupes de régénération.
		B.	22.26	Même peuplement avec réserves clair-semées	65 à 63	Id.
		C.	18.43	Id.	62 à 61	Id.
		D.	41.52	Taillis rare sous réserves formant futaie claire. . . .	70 à 66	Id.
		E.	20.08	Vieux taillis, chêne et hêtre, avec réserves nombreuses.	57 à 56	Éclaircie et coupes de régénération.
		F.	33.02	Vieux taillis, hêtre, charme et chêne, sans réserves. . . .	60 à 58	Id.
		G.	34.06	Id.	55 à 53	Id.
II.	Blinottes. .	H.	42.29	Taillis d'essences mélangées avec réserves nombreuses.	21 à 19	Nettoiements sur propositions spéciales, puis éclaircies décennales.
		I.	12.75	Id.	18	Id.
		K.	38.72	Id.	17 à 15	Id.
		L.	27.64	Id.	11 à 10	Id.
	Morhaye. .	M.	46.86	Taillis de bois durs avec réserves assez nombreuses. .	9 à 6	Id.
		N.	42.30	Id.	4 à 3	Id.
III.	La Voivre.	O.	27.21	Taillis sous futaie avec réserves assez nombreuses. .	40 à 38	Coupes de taillis sous futaie; éclaircie dix années avant l'exploitation.
		P.	14.49	Id.	34	Id.
		Q.	12.30	Id.	32	Id.
		R.	8.63	Taillis d'aune avec quelques réserves de chêne.	28	Id.
	Bois des Cailloux.	S.	40.10	Taillis de hêtre et chêne, pauvre en réserves	14 à 12	Id.
		T.	29.28	Id.	12	Id.
		U.	16.78	Id.	10	Id.
		V.	32.06	Id.	5 et 4	Id.
		X.	30.43	Id.	4 et 3	Id.
IV.	Feigne basse.	Y.	42.70	Taillis sous futaie de charme, chêne et bouleaux.	37 à 33	Coupes de taillis sous futaie ; éclaircie dix années avant l'exploitation.
		Z.	16.23	Taillis simple de bouleaux, aunes et chênes.	33 et 32	Id.
		AA.	29.08	Taillis sous futaie, avec clairières et vides.	31 à 29	Id.
	Mare-au-Chêne.	AB.	32.92	Taillis, charme et chêne, avec réserves peu nombreuses. .	27 à 26	Id.
		AC.	17.15	Id.	24	Id.
		AD.	25.60	Id.	23 à 20	Id.
		Æ.	40.54	Id.	2 et 1	Id.
			831.73			

POSSIBILITÉ DES COUPES PAR CONTENANCE.

Années de l'exploitation.	Coupes d'ensemencement. 1re affectation. Parcelles.	Contenance.	Éclaircies. 1re et 2e affectations. Parcelles.	Contenance.	Éclaircies. 3e et 4e affectations. Parcelles.	Contenance.	Coupes de taillis sous futaie. 3e affectation. Parcelles.	Contenance.	Coupes de taillis sous futaie. 4e affectation. Parcelles.	Contenance.
		h. a.		h. a.		h. a.		h. a.		h. a.
1871	A.	9.02	F.	11.» »	Q.	12.50	O.	9.07	»	»
1872	A.	9.02	F.	11.01	AA.	14.54	O.	9.07	»	»
1873	A.	9.03	F.	11.01	AA.	14.54	O.	9.07	»	»
1874	A.	9.03	E.	10.04	R.	8.63	»	»	Y.	10.67
1875	D.	10.38	E.	10.04	AB.	10.97	»	»	Y.	10.67
1876	D.	10.38	G.	11.35	AB.	10.97	»	»	Y.	10.68
1877	D.	10.38	G.	11.35	AB.	10.98	»	»	Y.	10.68
1878	D.	10.38	G.	11.36	AC.	8.57	P.	14.49	»	»
1879	B.	11.13	H.	21.14	AC.	8.58	»	»	Z.	8.11
1880	B.	11.13	H.	21.15	AD.	12.80	»	»	Z	8.12
1881	C.	9.21	I.	12.75	AD.	12.80	Q.	12.50	»	»
1882	C.	9.22	K.	19.36	S.	10.02	»	»	AA.	14.54
1883	F.	11. »	K.	19.36	S.	10.02	»	»	AA.	14.54
1884	F.	11.01	L.	27.64	S.	10.02	R.	8.63	»	»
1885	F.	11.01	M.	23.43	S.	10.03	»	»	AB.	10.97
1886	E.	10.04	M.	23.43	T.	9.76	»	»	AB.	10.97
1887	E.	10.04	N.	21.15	T.	9.76	»	»	AB.	10.98
1888	G.	11.35	N.	21.15	T.	9.76	»	»	AC.	8.57
1889	G.	11.35	H.	21.14	U.	8.39	»	»	AC.	8.58
1890	G.	11.36	H.	21.15	U.	8.39	»	»	AD.	12.80
1891	»	»	I.	12.75	V.	10.68	»	»	AD.	12.80
1892	»	»	K.	19.36	V.	10.69	S.	10.02	»	»
1893	»	»	K.	19.36	V.	10.69	S.	10.02	»	»
1894	»	»	L.	27.64	X.	10.14	S.	10.03	»	»
1895	»	»	M.	23.43	X.	10.14	S.	10.03	»	»
1896	»	»	M.	23.43	X.	10.15	T.	9.76	»	»
1897	»	»	N.	21.15	Æ.	10.13	T.	9.76	»	»
1898	»	»	N.	21.15	Æ.	10.13	T.	9.76	»	»
1899	»	»	H*	21.14	Æ.	10.14	U.	8.39	»	»
1900	»	»	H*	21.15	Æ.	10.14	U.	8.39	»	»
1901	»	»	I*	12.75	O.	9.07	V.	10.68	»	»
1902	»	»	K.	19.36	O.	9.07	V.	10.69	»	»
1903	»	»	K.	19.36	O.	9.07	V.	10.69	»	»
1904	»	»	L.	27.64	Y.	10.67	X.	10.14	»	»
1905	»	»	M.	15.62	Y.	10.67	X.	10.14	»	»
1906	»	»	M.	15.62	Y.	10.68	X.	10.15	»	»
1907	»	»	M.	15.62	Y.	10.68	»	»	Æ.	10.13
1908	»	»	N.	14.10	P.	14.49	»	»	Æ.	10.13
1909	»	»	N.	14.10	Z.	8.11	»	»	Æ.	10.14
1910	»	»	N.	14.10	Z	8.12	»	»	Æ.	10.14

OBSERVATIONS.

Les coupes d'ensemencement qu'il y aura lieu de rétablir, les coupes de nettoiement et autres coupes par contenance non prévues ci-contre, feront l'objet de propositions spéciales annexées aux états d'assiette.

Les coupes secondaires parcourront les parcelles en régénération dans le même ordre que les coupes d'ensemencement, autant que ce sera possible.

Le dénombrement et le cubage des bois à exploiter dans ces coupes, comprenant les arbres et perches de $0^m,20$ de diamètre et plus, ont donné en 1871 les volumes suivants :

A.	6.205 m.c.
B.	3.864
C.	4.126
D.	10.148
E.	4.376
F.	5.510
G.	5.107
Total. . . .	39.336
A déduire un quart pour réserve. . .	9.834
Reste. . . .	29.502

La possibilité de ces coupes sera réglée d'après l'état des semis, à la suite de propositions spéciales basées sur la division du matériel à exploiter par le nombre d'années restant à courir jusqu'à la fin de la période.

* Les coupes annotées d'une astérisque seront établies comme dernière éclaircie.

Si l'on se rend compte des opérations prescrites aux tableaux ci-contre et de l'état des peuplements de la série, on reconnaîtra les faits suivants :

La première affectation, couverte de très vieux taillis mis en réserve depuis quarante ans, les uns pauvres, les autres riches en arbres, mais tous arrivés à fertilité complète, sera disposée en coupes d'ensemencement pendant les vingt premières années de la période ; il restera donc encore vingt années pour obtenir la régénération des parties qui seront mises les dernières en coupes d'ensemencement. Ces coupes, qui doivent être très sombres, n'ont pas à donner ici des produits principaux importants ; au lieu de les asseoir par volume, ce qui conduirait à parcourir en très peu d'années toute l'affectation, ou entraînerait à faire tomber à tort des arbres de réserve, on a prescrit de les établir par contenance ; cela permet de les répartir sur un nombre d'années convenable et laisse aux agents d'exécution toute latitude pour opérer avec la prudence nécessaire. Les coupes secondaires portant sur un matériel assez considérable, en moyenne 200 mètres cubes à l'hectare, ne seront commencées et suivies qu'au fur et à mesure des exigences du semis ; à cet égard, toute latitude est laissée aux agents d'exécution, dans la mesure compatible avec une gestion réglée par l'administration elle-même.

La deuxième affectation tout entière, ainsi que les dernières parcelles à régénérer en première affectation, sera parcourue par des coupes préparatoires décennales, opérées dans les taillis à partir de l'âge de trente ans. Groupées en une suite toute simple et réglées pour chaque année, ces coupes permettront d'amener graduellement la deuxième affectation à un état aussi favorable que l'état actuel de la première. Les éclaircies à opérer à la fin de la période dans les parcelles H et I, qui feront tête d'affectation en deuxième période, sont annotées pour être effectuées comme *dernière éclaircie*. Il en résultera des semis qui permettront probablement de commencer dès le début de la deuxième période les coupes secondaires et l'application de la possibilité par volume, qu'on pourra dès lors poursuivre sans interruption.

Les taillis de la troisième et de la quatrième affectation ne donneront pendant la première période qu'une seule coupe annuelle de taillis sous futaie; mais, par suite de la distribution des âges, cette coupe aura lieu tantôt dans l'une et tantôt dans l'autre affectation, de sorte que pendant la période suivante il sera possible d'opérer de même une suite continue de coupes de taillis sous futaie dans la quatrième affectation seule. Ces taillis ne seront exploités d'ailleurs qu'entre 36 et 42 ans, de manière à donner des produits très abondants. Une éclaircie du taillis y est prescrite dix ans avant la coupe principale. L'âge avancé de l'exploitation et cette éclaircie préalable contribueront à modifier heureusement la constitution de ces taillis au point de vue des essences, tandis qu'un bon balivage viendra les enrichir.

Il est permis de compter sur le maintien du rendement à un chiffre suffisant pendant la deuxième période. La réserve des arbres d'avenir dans la première affectation, la constitution et l'âge des peuplements de la deuxième, la richesse des taillis sous futaie de la quatrième et le fonds de réserve du quart de la possibilité par volume, dont une portion pourra rester disponible, en seront les sûrs garants.

CHAPITRE DEUXIÈME

OPÉRATIONS CULTURALES DES CONVERSIONS

S'il est particulièrement facile d'étudier, de concevoir et d'établir les aménagements de conversion, en revanche il n'en est point qui exigent plus de soin, de prudence et de savoir-faire de la part des agents chargés de les exécuter. Quelques données générales nous semblent donc indispensables à cet égard. Elles permettront seules de bien comprendre les conditions qui s'imposent à la confection comme à l'application des aménagements de conversion.

Dans un taillis renfermant en lui-même les éléments de la régénération naturelle en futaie, les opérations de culture à faire en vue de la conversion consistent généralement en coupes préparatoires, en coupes de régénération et en exploitations de taillis sous futaie. Quels soins particuliers comportent ces différentes coupes?

ARTICLE 1er

COUPES PRÉPARATOIRES

Les coupes préparatoires sont destinées, ainsi que le nom l'indique, à préparer les peuplements d'une affectation à la conversion, c'est-à-dire à la reproduction naturelle par la semence au moyen des coupes ordinaires de régénération en futaie. La préparation elle-même consiste à laisser le taillis arriver à fertilité et à en favoriser le développement par des nettoiements et des éclaircies convenablement dirigés. Ce sont spécialement ces éclaircies qui ont reçu le nom de coupes préparatoires.

Il est bon de les répéter assez souvent, tous les dix ou douze ans par exemple. Quant au mode d'exécution de ces coupes, on doit s'attacher en premier lieu à desserrer les cimes des arbres de réserve englobés dans le sous-bois, puis à diminuer graduellement la proportion des bois blancs compris dans le taillis, en enlevant celles des tiges qui gênent des perches de bois durs et en desserrant les autres, enfin à éclaircir les cépées de taillis en coupant les tiges les plus faibles parmi les rejets montants, pour permettre aux autres de développer leurs cimes. Mais tout ce qui contribue à couvrir le sol, comme les rejets dominés et même traînants, les morts-bois et buissons de toute espèce, ne doit être enlevé que dans la dernière éclaircie, celle qui précède immédiatement les coupes de régénération.

Tous les arbres de réserve, quels qu'ils soient, qui pourront être utiles à la régénération en futaie, doivent être respectés. C'est de la réserve surtout, et pour ainsi dire uniquement, que l'on peut attendre l'ensemencement du terrain; on ne saurait d'ailleurs enlever un gros arbre sans interrompre le massif et provoquer sur le sol la production de broussailles au lieu et place du couvert élevé de l'arbre; enfin ce serait priver le taillis sous futaie de ses meilleurs éléments de production.

Les coupes préparatoires ont donc pour objet essentiel d'assurer la bonne végétation et le développement des sujets de bois durs, d'abord dans la réserve et subsidiairement dans le taillis. Elles comportent une exécution tout à la fois hardie et difficile.

ARTICLE II

COUPES DE RÉGÉNÉRATION

Les coupes de régénération à opérer dans la conversion d'un taillis en futaie sont des coupes d'ensemencement et des coupes secondaires.

La coupe d'ensemencement se fait dans des conditions d'autant meilleures que les arbres de réserve sont plus nombreux. En raison de l'état de ces arbres, isolés entre eux et étalés en cime, il est clair qu'il n'y a pas lieu d'en faire tomber dans cette coupe. Il est même indispensable de conserver des perches du sous-bois assez nombreuses pour former la coupe d'ensemencement *en massif;* sinon, la réserve étant constituée par des arbres isolés, on n'aurait en réalité qu'une coupe de taillis sous futaie où, par suite de la production des rejets, le semis complet serait impossible. Cette coupe d'ensemencement consiste à nettoyer le sol de toute végétation buissonnante, à enlever tous les sujets ou rejets dominés, à élaguer les branches basses des perches et quelquefois même des arbres pour en relever le couvert, et enfin à extraire dans l'étage dominant les cimes les moins développées, prises une à une, pour entr'ouvrir le massif. Sous une telle coupe, le sol est net et la vue s'étend, ce qui la distingue d'une éclaircie bien faite; mais aussi l'air se renouvelle et la lumière arrive comme tamisée. Les graines se conservent en hiver, germent d'assez bonne heure au printemps, et les semis de chêne et de hêtre, parfois même ceux de charme, se maintiennent quelques années, sans être d'ailleurs compromis par d'abondantes herbes ou par un recru vigoureux. Cette coupe d'ensemencement en massif donne peu de produits, et à cet égard il convient de laisser toute latitude aux agents d'exécution, comme pour une éclaircie. L'opération diffère donc, et sous plusieurs rapports, de la coupe d'ensemencement sombre, convenable dans une vieille futaie; c'est d'ailleurs la clef de la conversion.

Suivant les climats, les grandes années de semence se présentent à des intervalles plus ou moins rapprochés. On constate en outre que chaque glandée ou faînée, même complète, ne donne souvent qu'un semis partiel. Mais les chênes et les hêtres portent une certaine quantité de fruits presque tous les deux ans; il en résulte que, dans une coupe d'ensemencement maintenue en bon état, on voit se produire des semis naturels, souvent disséminés au début, puis se multipliant d'année en année jusqu'à former le semis complet. Si donc après quelques années, cinq ou six par exemple, le semis n'est pas encore suffisant, il y a lieu de rétablir la coupe d'ensemencement en bon état; cette opération consiste à nettoyer le sol à nouveau des rejets et broussailles, à couper les perches courbées, à émonder les branches gourmandes basses et enfin, le massif s'étant refermé, à l'entr'ouvrir encore par l'enlèvement de quelques perches. Puis il faut savoir attendre.

Mais, dès que le sol est garni de semis des essences principales, il y a lieu de procéder à une coupe secondaire. Dans la première, on peut se borner à isoler simplement les cimes des arbres ou perches de réserve; il suffit en effet d'isoler alors la plupart des cimes pour que les semis acquis se maintiennent et prennent un premier développement; sous cet abri le semis de charme se produira s'il n'existe pas encore; enfin les rejets et drageons apparaissant ne montreront pas une grande vigueur, de même que les bois blancs et bouleaux ne feront pas complète invasion. Dès lors il est bon de réitérer la coupe secondaire par intervalles et de combattre les rejets de souches par des recépages portant au moins sur les plus nuisibles. La jeune forêt de chêne et charme, ou de hêtre, chêne et charme, se constituera ainsi, suivant les sols, dans d'excellentes conditions, même avec des plants de chêne disséminés, épars, fussent-ils distants entre eux de deux à trois mètres, pourvu que le mélange des essences auxiliaires soit abondant.

A ces diverses raisons d'agir lentement et avec modération dans l'exécution des coupes secondaires, nous ajouterons qu'il n'y a aucun avantage à opérer autrement, c'est-à-dire à faire ces coupes en une ou deux fois au lieu de trois ou quatre. Les dangers qu'ont à courir les jeunes semis sont conjurés; la jeune futaie se trouve bien constituée par le mélange de toutes les essences spontanées, et le ralentissement apparent de la végétation des jeunes brins est largement compensé par la production des arbres réservés.

Quant à la coupe définitive, il y aurait lieu d'en différer l'exécution jusqu'au moment où les repeuplements naturels ont une hauteur suffisante pour échapper aux gelées printanières, si funestes aux jeunes plants de chêne et de hêtre. Mais la réserve nécessaire des chênes en croissance la rend, à vrai dire, inutile. Les chênes d'avenir qui auraient été conservés dans un balivage en taillis sous futaie doivent l'être également au-dessus des semis, moins précieux que les baliveaux de tous âges. Exploiter ces arbres bien venants, ce serait appauvrir la forêt au fur et à mesure de la conversion, résultat contradictoire avec l'opération elle-même et en soi déplorable. Si les conversions avaient pour résultat nécessaire d'entraîner l'exploitation prématurée des arbres bien venants dans les taillis sous futaie, il serait certainement préférable d'y renoncer.

Dans les opérations de conversion la coupe définitive ne doit donc s'entendre que de l'enlèvement des dernières perches du taillis. Mais il peut être utile d'effectuer simultanément une autre opération de haute importance. Malgré toute la prudence apportée aux coupes de régénération, il est rare que les brins de semence ne soient pas gênés et même dépassés par des rejets de souches nombreux. Un recépage général de ces rejets est le meilleur moyen d'assurer l'avenir de la futaie. Seulement il faut l'opérer au moment opportun, quand les brins de semence sont sur le point de former massif, avant qu'ils passent à l'état de gaulis, soit en général lors de la coupe des dernières perches du taillis. Après cela les nouveaux rejets, en retard de dix, douze ou quinze ans sur les brins de semence, comblent rapidement les trouées, regagnent en peu d'années la hauteur des semis sur les points où ils revoient le ciel, mais sont hors d'état de compromettre la jeune futaie avant la première éclaircie, qui les réduira de nouveau.

Dans les futaies toutes les coupes de régénération sont soumises à la possibilité par volume; il n'en est pas de même dans les taillis en conversion. Ici les coupes d'ensemencement ne doivent fournir que des produits minimes; mieux vaut donc les exploiter par contenance et stipuler qu'elles parcourront, en un temps assez court, dans les douze ou quinze premières années de la période, par exemple, toute l'étendue des peuplements à régénérer. Dès lors la possibilité par volume s'applique seulement aux coupes secondaires; on la détermine en divisant le volume des arbres à abattre, dans les peuplements en régénération, par le nombre d'années à courir entre le commencement des coupes secondaires et la fin de la période. Et il est inutile de faire entrer en compte les petites perches du taillis, qui tomberont en partie dans les coupes d'ensemencement et feront, pour le surplus, la compensation des arbres réservés dans la dernière coupe secondaire.

ARTICLE III

COUPES DE TAILLIS SOUS FUTAIE

Les exploitations en taillis sous futaie à exécuter parallèlement aux coupes préparatoires et aux opérations de régénération, doivent être assises par contenance et soumises à une révolution longue.

Les peuplements, selon qu'ils appartiennent à la deuxième, à la troisième, à la quatrième ou à la cinquième affectation, ne seront plus exploités en taillis sous futaie qu'une, deux, trois ou quatre fois avant d'être soumis au traitement des coupes préparatoires d'abord, et enfin aux opérations de régénération. Il importe donc de diriger la culture et l'exploitation de ces taillis en vue du but final, la régénération en futaie, et, par conséquent, d'y établir une réserve assez abondante pour constituer une coupe d'ensemencement au début de la période assignée à la conversion.

Il semble alors naturel de prescrire des règles différentes pour le balivage de ces coupes, de décider par exemple que, plus elles seront éloignées de l'époque de la régénération en futaie, moins il est nécessaire d'y réserver de gros arbres. Partant de cette idée, on pourrait être conduit, dans un aménagement de conversion, à prescrire ou à autoriser l'abatage des anciens dans les coupes de taillis des dernières affectations, ce qui procurerait en première période des produits aussi considérables au moins que ceux du taillis avant la conversion. Cette manière d'opérer serait extrêmement regrettable.

Il en résulterait que, pendant la préparation à la conversion, les balivages seraient moins riches qu'en des coupes de taillis conformes aux prescriptions générales de l'ordonnance réglementaire du Code forestier. Or, on fait toujours tort à l'État et à la société en livrant à la hache des bois non exploitables, qui n'ont ni toute leur utilité, ni toute leur valeur. Et de plus, en délivrant en première période non-seulement les arbres exploitables, mais encore d'autres sujets qui ne le seraient devenus que dans les périodes suivantes, on réaliserait prématurément des produits qui eussent fourni un appoint nécessaire pour équilibrer la production de période à période, ou tout au moins pour atténuer la différence entre les possibilités des premières et des dernières périodes.

A notre sens, la règle la meilleure à suivre dans le balivage et l'exploitation de ces coupes est prescrite par l'article 70 de l'ordonnance de 1827.

CHAPITRE TROISIÈME

DU RAPPORT SOUTENU DANS LES AMÉNAGEMENTS DE CONVERSION

On peut envisager la condition du rapport soutenu dans un aménagement de conversion sous deux points de vue très différents. Le premier est fourni par la comparaison du rendement de l'ancien taillis avec celui de la forêt en conversion ; le second résulte de la comparaison des produits à recueillir pendant les différentes périodes de la révolution de futaie.

Avant la conversion, pendant la dernière révolution de taillis qui l'a précédée, la forêt a donné un revenu formé en partie par les gros arbres exploités. Si le revenu des taillis a été grossi par l'abandon d'un grand nombre d'arbres, la forêt s'en trouve appauvrie ; si au contraire elle a été enrichie par les balivages, le rendement antérieur en a été restreint. Il y a là, on le voit, un élément tout à fait étranger à la comparaison à établir, un fait qui peut avoir rendu le revenu des dernières années tout différent de la production moyenne du taillis sous futaie.

Quoi qu'il en soit, ce taillis se trouve constitué avec un certain matériel. La futaie à lui substituer exige, d'autre part, un matériel déterminé. En général, celui de la futaie doit être beaucoup plus considérable en quantité et en valeur que celui du taillis sous futaie. Or, on ne peut, avons-nous dit, arriver à constituer ce capital en excès qu'au moyen d'épargnes sur la production ; il est en effet parfaitement impossible d'accroître le capital sans faire des économies sur le revenu. Ainsi, en général et à moins que le taillis sous futaie ne présente un matériel de réserves extraordinaire, le revenu sera nécessairement diminué par suite de l'aménagement de conversion.

La diminution sera d'autant moins sensible que le taillis à convertir était exploité à plus longue révolution et se présente plus riche en arbres de réserve. Dès lors il est facile de comprendre combien peut être utile une longue période de préparation. En permettant de prolonger la révolution des taillis et de les enrichir d'abondantes réserves, aussi bien qu'en laissant mûrir les sous-bois et les arbres compris dans l'affectation en préparation, cette période permet de réaliser la première partie de l'épargne qu'exige la conversion. C'est là une ressource tout aussi précieuse que les éléments de régénération.

La diminution de revenu sera d'autant plus faible encore qu'elle se trouvera répartie sur un temps plus long, sur toute la durée de la révolution de futaie. C'est dans la plupart des cas une deuxième et puissante raison de marcher graduellement et sans hâte à la conversion, en y mettant tout le temps convenable à la futaie. Tels sont les seuls moyens que l'aménagement nous donne pour atténuer réellement les difficultés de la transition; les autres, fournis par une bonne culture, n'ont de résultats qu'à longue échéance.

Il est souvent à craindre que le rendement de la forêt
différent pendant les périodes successives de la conversion. Si, par exemple, après des exploitations relativement considérables pendant la première période, il se produisait une chute brusque dans le rendement, ce

fait pourrait compromettre toute l'entreprise après trente ou quarante ans. L'aménagement doit le prévenir.

La constitution d'un fonds de réserve en fournit un premier moyen. Il est clair que pendant la période de préparation il n'y a pas à s'en occuper; l'épargne se constitue alors dans la première affectation, mise en réserve, et souvent encore dans les taillis dont l'âge d'exploitation est reculé. Mais pendant la période suivante, la première de la conversion, il doit être pourvu au fonds de réserve comme dans les aménagements de futaie. L'accroissement négligé dans le calcul de la possibilité sera représenté en tout ou en partie par les chênes d'avenir conservés, non réalisables en général avant un demi-siècle; il est donc indispensable de prélever, pour constituer le fonds de réserve, une fraction du volume actuel.

Si en outre pendant cette même période les balivages conservent les gros arbres dans les dernières affectations, si enfin la seconde a été bien dotée par l'aménagement et bien ménagée depuis lors, il est clair que la richesse croissante de la forêt comblera le déficit prévu. Le même esprit d'économie dans toutes les exploitations et l'appoint des arbres qui deviendront disponibles parmi les réserves laissées après les coupes secondaires, procureront le rapport soutenu pendant les périodes suivantes.

On peut donc estimer alors qu'après la période de préparation la base indispensable de la conversion est acquise, et qu'après la première période de la conversion il a été fait un pas décisif dans la voie ouverte. Que les opérations culturales aient été bien conduites et que l'esprit d'économie ait présidé à l'aménagement comme à la culture, les améliorations réalisées seront déjà grandes et le succès de l'entreprise assuré. Une affectation entière couverte d'une jeune futaie, une autre portion de même étendue riche en bois disponibles, le surplus de la forêt enfin heureusement modifié à la suite de deux exploitations en taillis qui ont constitué une réserve nombreuse en bois durs et de haute tige, tels sont les résultats acquis. La production est déjà transformée et les éléments de la conversion multipliés de la manière la plus heureuse.

Il en serait tout autrement dans le cas contraire. La conversion entreprise sans préparation suffisante, la régénération en futaie compromise par les rejets de souches, l'exploitation inopportune des arbres constitués ayant eu lieu dans les coupes de différents genres, le déficit se présentant au début de la seconde période, la conversion serait à peu près impossible et le taillis sous futaie se transformerait par degrés en taillis simple.

Le temps, aussi bien que l'économie, est un élément de premier ordre dans les conversions. Aussi, quand on ne trouve pas une masse de taillis sous futaie assez bien constitués en sous-bois et en réserves pour former, après une période d'attente, une première affectation convenable, il est prudent de différer la conversion. Les exploitations en taillis avec une longue révolution et un bon balivage donneront bientôt un état meilleur (1). Ainsi encore l'adoption d'une longue révolution de futaie a pour effet immédiat de diminuer les difficultés de tous genres. Elle restreint l'étendue à convertir et les produits à exploiter pendant un même temps ; elle donne la meilleure garantie de l'exploitabilité des bois, pendant comme

(1) Il semble superflu d'insister encore sur les résultats d'un bon balivage. Conforme aux prescriptions de l'ordonnance réglementaire, il assure l'amélioration progressive des taillis; il peut suffire en certains cas à constituer la futaie même; il est obligatoire, et les richesses qu'il ménage ne sont pas une épargne prélevée sur le revenu. Le plus souvent néanmoins, c'est tout ce qu'il est possible de faire dans l'intérêt de l'avenir. L'analyse d'une coupe de taillis sous futaie, relatée dans l'Appendice, montre précisément comment on peut constater les résultats d'un balivage.

après la conversion; elle a pour résultat nécessaire d'assurer *le rapport soutenu après la première période;* elle permet de former des réserves nombreuses et développées dans les coupes de taillis des dernières affectations et de modifier l'état de la forêt par des améliorations graduelles, souvent nécessaires au succès de la conversion. Ainsi entendue, celle-ci est à coup sûr une entreprise de longue haleine, exigeant le concours de plusieurs générations d'hommes. Il est possible d'adopter parfois une marche plus rapide, mais non pas aussi sûre. En se donnant le temps pour constituer la futaie on a toutes les forces naturelles pour auxiliaires; dans le cas contraire, on se met en lutte avec elles.

Nous avons déjà en France *quelques aménagements* de conversion bien établis et en bonne voie d'exécution. Ainsi, *dans le département* des Ardennes, la forêt domaniale de Signy-l'Abbaye comprend 3,250 hectares. Située sur un excellent sol forestier, formé par des argiles oxfordiennes, siliceuses, elle est peuplée principalement de charmes, bois blancs, bouleaux, et de chênes. En réserves sur taillis, ces derniers arrivent à un mètre de diamètre en 150 à 200 ans. Mais par suite de la fertilité du sol le chêne disparaissait de cette belle forêt exploitée en taillis sous futaie à la révolution de 25 ans. Certains droits d'usage mettaient d'ailleurs obstacle aux coupes d'amélioration, nettoiements et éclaircies. Le vrai remède était dans le retour à la futaie. *L'aménagement de conversion*, ordonné par l'administration, a été entrepris en même temps que *le cantonnement des droits* d'usage, et il est appliqué depuis 1868.

La forêt se divisait naturellement en trois régions; de là trois séries de futaies d'un millier d'hectares chacune. La révolution adoptée est de 180 ans, temps jugé nécessaire pour obtenir en futaie régulière des arbres de 75 centimètres de diamètre, et durée probable des massifs de chêne. Cette révolution de futaie a été divisée en périodes de 36 ans, assez longues pour permettre la régénération naturelle par la semence d'une affectation tout entière. Chaque série est partagée en cinq affectations qui seront successivement soumises aux opérations de conversion.

Ce cadre général établi, il importait de n'opérer qu'à coup sûr, en tirant le meilleur parti possible des peuplements actuels et même en améliorant la composition et les produits des taillis sous futaie. A cet effet, l'aménagement établit pour une période préparatoire de 36 ans les prescriptions suivantes:

1° Réserve des peuplements de la première affectation. Celle-ci se trouvera donc couverte dans 36 ans de vieux taillis sous futaie, âgés de 61 ans à 36 ans au moins, très élevés, enrichis par les arbres de réserve, disposés à la régénération par la semence à peu près comme des peuplements de futaie, et prêts à livrer des produits considérables. Pendant toute la période, les seules opérations à faire dans cette affectation sont des éclaircies duodécennales, quelques nettoiements et l'enlèvement accidentel des arbres dépérissants.

2° Exploitation en taillis sous futaie, par trente-sixième de surface, des taillis des quatre autres affectations. Ce règlement, qui conduit à exploiter les taillis à 36 ans dans un avenir très prochain, assure des produits de tout autre valeur que ceux des taillis de 25 ans, et promet une heureuse transformation de l'état des peuplements. La réserve générale des chênes d'avenir et l'exécution de coupes d'amélioration bien entendues multiplieront le chêne dans ces taillis et amélioreront la composition des massifs dans la mesure du possible.

Telles sont les dispositions essentielles de cet aménagement. C'est tout à la fois sûr et bon en tous points. Nos successeurs trouveront la forêt admirablement préparée à la conversion et en bien meilleur état qu'aujourd'hui. Elle est pauvre maintenant; elle sera déjà riche alors, dès les premières années du siècle prochain. Mais ces excellents résultats ne sont pas possibles sans réduction dans le chiffre des exploitations. L'aménagement de la forêt de Signy a été conçu dans cet esprit d'épargne. Les exploitations donnaient 235,000 francs antérieurement, avant l'épuisement des réserves opérées au siècle dernier par les bénédictins propriétaires. Elles n'en donneront plus que 150,000 pendant quelques années; mais le chiffre se relèvera d'année en année, de période en période, et s'accroîtra pendant deux siècles si le respect des bois en croissance est toujours observé. Il fallait choisir entre un appauvrissement progressif ou des économies fécondes; on a pris sans hésiter le bon parti. C'est par des travaux comme l'aménagement de cette forêt qu'une administration s'honore, de même que c'est par le travail et l'épargne qu'une nation s'enrichit.

CONCLUSION DE L'OUVRAGE

Tout arbre, isolé ou compris dans un massif, est un être vivant, un individu à part. L'essence, l'état, l'âge et la forme, la situation et d'innombrables détails font de chaque arbre un sujet différent des autres arbres.

Le résultat à demander aux essences forestières étant spécialement le bois qu'elles produisent, il importe de disposer les tiges d'avenir de manière à en obtenir la forme, les dimensions et les qualités les meilleures. Au début de la vie et dans la jeunesse des arbres, nous pouvons exercer sur la forme une action marquée, soit en isolant le sujet, soit en le maintenant en massif, ou en lui enlevant des branches, ou même en le redressant, ou au contraire en cherchant à le façonner de quelque autre manière. Mais dès qu'il est arrivé à l'état d'arbre fait, à l'âge de fertilité, il a une forme acquise, une constitution propre, et il n'est plus possible de les contrarier sans dégrader le sujet. A-t-il pris en toute liberté une cime ample et pleine ? Il en conservera les puissants organes, ou bien il s'alanguira, contractera des vices et sera condamné à un dépérissement prématuré. S'est-il au contraire élancé au milieu d'un massif clos ? Il ne passera point à l'état d'isolement sans courir les plus grands dangers dans le fût, dans la cime et dans l'appareil des racines ; la forme qu'il présente est alors sienne, et il n'est plus en notre pouvoir de lui en donner une autre en lui conservant vigueur et qualité.

L'action du forestier sur l'arbre fait, végétal doué d'une constitution et d'un tempérament propres, doit se réduire à le mettre en état de développer au mieux ses dimensions et ses qualités, tout en conservant un bois sain. Cette action peut s'exercer sur la cime, le fût et les racines: sur la cime en lui procurant l'espace et la lumière qu'elle réclame; sur le fût en le maintenant abrité par des arbres voisins ou par un sous-bois; sur le sol en lui conservant à l'aide des mêmes éléments couvert et fraîcheur, couverture et culture naturelles. Puis encore, au cas d'un changement d'état, il est souvent possible de ménager la transition, d'en atténuer les effets et d'éviter ainsi la dégradation ou le dépérissement. Mais c'est là tout, et quand nous conservons un arbre dans des conditions favorables à la vie, à l'accroissement et à la qualité du bois, nous faisons ordinairement à cet arbre tout le bien qu'il est possible de lui faire. Seulement ces conditions varient de l'un à l'autre par suite de l'essence, de l'état et du milieu, de sorte que la tâche du sylviculteur varie également d'un arbre à l'autre.

Les aménagements diffèrent nécessairement aussi de forêt à forêt ; il importe de le constater après avoir établi les règles générales. Une forêt donnée représente une individualité propre et vivante. Elle se distingue des autres par la situation, le sol et les peuplements, par l'étendue et la forme des cantons qu'elle comprend, les chemins qui la pénètrent, les voisins qui l'entourent et le milieu dans lequel elle se trouve. Il n'y a pas deux forêts identiques, pas plus que deux villes semblables, et ce serait une grande erreur de croire que les aménagements de forêts voisines ou placées dans la même région peuvent être jetés dans un même cadre. L'idée première qui doit guider l'aménagiste, en lui montrant l'obligation de se conformer aux conditions spéciales à la forêt, lui ferait défaut.

Un bon aménagement doit tenir un compte suffisant des ressources disponibles dans la forêt, qui en font la richesse actuelle, des éléments de production, qui sont le contingent de l'avenir, de la distribution des âges sur le terrain, des voies de transport intérieures et extérieures, et de tous les faits particuliers qui se rapportent à cette forêt et lui donnent le caractère par lequel elle se distingue des autres. Ces faits, il faut donc les connaître d'abord, puis en apprécier l'importance relative, combiner les conditions qui en résultent pour l'aménagement, subordonner l'accessoire au principal, tenir des circonstances de détail le compte voulu, prévoir les améliorations utiles, y tendre dans la mesure du possible, et faire en conséquence un aménagement qui convienne bien à la forêt donnée et qui, par suite, ne convient bien qu'à elle seule. Si petite et si simple que soit celle-ci, l'aménagement en est donc complexe et difficile ; il y a mille manières de l'établir et chacune d'elles est plus ou moins bonne. Sans chercher la meilleure de toutes les solutions possibles, du moins faut-il se garder d'agir et de trancher au hasard, comme on ferait par exemple en coupant une futaie en quatre affectations égales par deux lignes perpendiculaires, un taillis en vingt-cinq coupes par des laies toutes parallèles, en un mot, en opérant sur le papier au lieu de se guider sur le terrain.

Soit par exemple un petit bois de 100 hectares, en plaine, formé de taillis âgés de vingt ans à un an. Quoi de plus simple et quelles difficultés peut offrir l'aménagement ? Admettons que les questions essentielles comportent la solution générale dans la région ; il y a lieu de traiter ce bois en taillis sous futaie, d'adopter la révolution de trente ans et de faire des coupes égales. Mais d'abord les sujets à élever sur taillis ne sont-ils pas représentés déjà par des baliveaux plus ou moins nombreux, d'une faible hauteur de fût, et n'y a-t-il point à en tenir compte, par des éclaircies ou autrement, en portant l'âge des taillis de vingt à trente ans? Puis, convient-il d'arriver à cet âge de trente ans peu à peu, en exploitant dès à présent par trentième de surface, ou plutôt en laissant vieillir pendant dix ans les taillis les plus âgés, ou à l'aide d'une autre combinaison? Enfin, fera-t-on trente coupes de 3 hectares 33 ares, ou seulement quinze coupes de 6 hectares 66 ares à exploiter tous les deux ans, ou tout autre nombre? Chacune de ces trois questions comporte diverses solutions, parmi lesquelles il en est qui seules conviennent à la forêt donnée.

Il s'agit ensuite d'opérer la division en coupes, et d'ouvrir les laies et chemins comme le terrain le comporte. Des chemins existent et suffisent, ou bien ils sont commandés par la forme de la forêt et le débouché nécessaire des produits. Il peut en être de même d'une ou plusieurs laies sommières, droites ou brisées suivant les cas. Les autres laies doivent être ordonnées par rapport aux chemins et au périmètre des cantons; il n'est pas toujours bon de les établir perpendiculairement à une sommière ou parallèles entre elles. Il peut être utile de donner plus ou moins de largeur aux coupes, préférable de traverser les sommières par des lignes continues au lieu d'assurer aux coupes des contenances tout à fait égales, désirable de faire tomber les extrémités de certains layons à un angle ou sur un sentier. Enfin ce n'est ni au hasard, ni à la vue du plan seul que les chemins, laies ou layons doivent être arrêtés, mais en tenant compte de la forme du bois, de ses contours, des débouchés et d'autres faits manifestés par le terrain. Souvent encore il est facile et bon de combiner le réseau des lignes et chemins de manière à permettre de bien voir le bois et à l'embellir.

Si tant de faits particuliers se présentent dans un petit bois de plaine, que ne sera-ce pas pour peu que le terrain soit mouvementé, les âges entremêlés, les peuplements variés ? Un aménagement, comme toute question d'art, est donc toujours une opération complexe, difficile et intéressante, car on doit le conformer à la forêt, au terrain dans lesquels on opère et sur lesquels, après quelques années, il marquera son empreinte.

Un danger à éviter ici, c'est l'esprit de système et les idées préconçues. Après ce qui vient d'être dit, il est facile de comprendre qu'une forêt ne correspond jamais bien à l'idée qu'on peut s'en faire à l'avance ou de loin; il est donc indispensable de la connaître avant d'en projeter ou d'en contrôler l'aménagement. Pour opérer à coup sûr, il faut encore être initié aux circonstances extérieures et même aux usages du pays; faits extérieurs et usages locaux ont une action puissante et durable, capable en bien des cas de ruiner tôt ou tard les aménagements discordants.

Les partis pris et les systèmes sont plus dangereux encore. A la fin du siècle dernier, la plupart des taillis sous futaie communaux ont été aménagés dans l'est de la France à la révolution de 25 ans. Adoptée d'une manière générale, cette révolution convenait à quelques forêts et non aux autres. Néanmoins, taillis de chêne, de charme, de hêtre, de coudrier, d'aune ou de bouleau, en sol fertile ou pauvre, humide ou sec, profond ou superficiel, tous ont été exploités au même âge ; il est clair que ce n'était pas toujours bon, et même c'est là peut-être une des causes de la rareté du chêne en maints taillis sous futaie. Tout système refusant de céder aux exigences diverses des forêts et du milieu serait également regrettable; de plus, il aurait infailliblement pour conséquence de faire négliger par ses adeptes certains faits importants et des conditions indispensables.

C'est même le danger des systèmes qui porte à recommander de ne pas chercher en aménagement une solution parfaite, idéal insaisissable, mais de se borner à faire pour le mieux en assurant les résultats nécessaires. Si d'ailleurs on connaît la forêt, si de plus on a soin de se conformer aux règles essentielles des aménagements et qu'on se laisse guider par les principes d'une bonne culture en demandant aux peuplements bien constitués et aux sujets d'avenir les produits que le sol permet d'en obtenir, on fera presque à coup sûr de bons aménagements.

APPENDICE

APPENDICE

DU PATURAGE EN FORÊT

En certaines régions les aménagements ont à tenir compte du pâturage qui s'exerce dans les forêts. Il est en général sans intérêt dans les bois feuillus des plaines de France, où la production ligneuse est précieuse et l'agriculture avancée; celle-ci s'accommoderait peu d'un procédé d'entretien du bétail aussi misérable. C'est donc dans les bois résineux des pays de montagne que le pâturage en forêt s'exerce principalement.

Avant tout il faut distinguer ici le pâturage des bêtes ovines, moutons et chèvres, et celui des bêtes aumailles, vaches et bœufs, chevaux, ânes et mulets. Le premier est la cause la plus puissante de destruction des forêts de montagne; aussi les articles 78 et 110 du Code forestier l'interdisent-ils d'une manière générale dans les bois soumis au régime forestier. Les exceptions tolérées pour les moutons seulement, et non pas pour les chèvres, sont d'autant plus regrettables que le produit du pacage des moutons est très inférieur encore au maigre profit que donne le parcours de la forêt par les vaches. Le terrain qui nourrit une vache ne suffit qu'à cinq moutons ou brebis, et le bénéfice est trois fois moindre dans le second cas, 20 francs par exemple pour les cinq brebis au lieu de 60 francs pour une petite vache des Alpes. Il est donc urgent, dans l'intérêt privé comme dans l'intérêt général, d'arriver à la suppression du pâturage des moutons en forêt, et il n'y a point à s'occuper d'en établir une réglementation générale. La forêt de montagne et les moutons sont incompatibles.

Le pâturage des vaches, sans nul profit dans les sapinières en massif, où les clairières seules produisent de l'herbe, est toujours pauvre dans les pineraies au sol aride et sec; il ne donne de riches produits que sous les mélèzes clair-plantés. Mais en tout cas il y a lieu de limiter le nombre des bestiaux admis au pâturage, et, pour éviter que le sol ne soit tassé, battu, dénudé, et que les animaux ne s'attaquent aux arbres mêmes après avoir brouté l'herbe, il convient de n'admettre jamais plus d'une vache à l'hectare dans les cantons défensables. Cette règle intéresse le bétail comme la forêt.

Les cantons défensables sont ceux dont les arbres peuvent se défendre contre les atteintes directes des bestiaux, grâce à un fût déjà fort et à une cime assez élevée. Les bois ne sont défensables qu'à partir de l'état de perchis, soit en général dans les futaies après l'âge de 40 ans au moins. D'autre part, il y a lieu de fermer au pâturage les cantons peuplés de vieux bois quelque temps avant d'en entreprendre l'exploitation, une dizaine d'années par exemple; c'est nécessaire pour que le terrain revienne à l'état meuble et se trouve apte à recevoir le semis. En conséquence, il convient d'adopter de longues révolutions dans les forêts où doit s'exercer le pâturage; avec 50 ans de mise en défends, chacun des cantons restera ouvert au parcours 50 années seulement si la révolution est de 100 ans, 100 si elle est de 150 ans, et 150 si elle est de 200.

Dans le premier cas le pâturage aura lieu sur la moitié seulement de l'étendue de la forêt, dans le deuxième sur les deux tiers, et dans le troisième sur les trois quarts.

Il en est de même, on le comprend, dans les taillis où, par exception, s'exerce le pâturage. Ce n'est pas seulement pendant les dix, douze ou quinze premières années de la vie du taillis qu'il faut en bannir le troupeau; c'est encore pendant les trois, quatre ou cinq dernières années qui précèdent immédiatement l'exploitation. Sinon, les semis des essences les plus précieuses font défaut et la forêt se dégrade progressivement.

On ne ferme bien réellement aux bestiaux que les cantons protégés par des limites respectables, ravins, fossés, murs ou barrières quelconques. Il importe donc beaucoup de former, dans les futaies pâturées, des affectations d'un seul tenant, séparées par de bonnes limites. A défaut de limites difficiles à franchir, l'aménagement peut prescrire l'établissement de fossés, murs ou banquettes. C'est d'ailleurs une mesure indispensable sur les bords de la forêt contigus à un pâturage découvert.

Les parties clairiérées ou en mauvais état de végétation ne se restaurent pas tant que le pâturage y a lieu; c'est même la cause la plus fréquente des clairières dans les bois, et l'état de place publique pour l'homme ou les bestiaux est le plus détestable état des forêts. Il faut donc soustraire au parcours et d'une manière permanente les cantons naturellement clairiérés ou placés en situation critique, comme les pentes abruptes, les terrains entrecoupés de rochers, les parties hautes des forêts. Le bétail n'y perdra guère.

Le pâturage n'est pas admissible dans une forêt jardinée, dont tous les cantons sont et doivent rester constamment en régénération, où tous les âges se trouvent nécessairement entremêlés. C'est une raison majeure pour renoncer au jardinage et admettre le mode des éclaircies dans les forêts pastorales toutes les fois qu'il y est praticable. En cas d'impossibilité, il ne reste qu'un parti à prendre, c'est de faire un départ entre le pâturage, qui gardera naturellement les meilleurs sols, et la forêt jardinée, mise en réserve permanente et protégée par de bonnes limites. Sinon, tout le terrain se déboisera.

La création et l'entretien de prés-bois, qui seraient le salut des Alpes, exigent des conditions analogues : mise en défends suffisamment prolongée et assurée par des ravins, des clôtures ou des banquettes en terre, substitution des vaches aux brebis, limitation du nombre des bestiaux, et enfin repos temporaire du sol et des gazons par intervalles.

DES INCENDIES

Les pignadas des Landes et les forêts des Maures et de l'Esterel sont perpétuellement exposées au fléau de l'incendie. En les aménageant, que ce soit au point de vue de la résine ou du liége, il faut avant tout prendre des mesures efficaces pour les défendre du feu. Le sol, mal couvert par les arbres, est plus ou moins garni de broussailles, et les pins, chargés de résine, abandonnent constamment des matières inflammables. C'est par la broussaille et les pins que l'incendie se propage ; c'est à eux qu'il faut s'attaquer.

Partout on cherche à se défendre et à limiter l'incendie par des tranchées garde-feu, ou chemins de garde établis de distance en distance, et par le débroussaillement du sol. Ce sont en effet les vrais moyens de prévenir ou d'arrêter les incendies; mais les chemins, absolument indispensables pour rendre la forêt accessible, assurer la surveillance et établir des lignes de défense, sont insuffisants à limiter la marche du feu ; quant au débroussaillement, il entraîne une dépense et des soins tels qu'il est à peu près impossible d'entretenir le sol débroussaillé sur de vastes surfaces, état défavorable d'ailleurs à la végétation des bois. Mais on peut combiner l'ouverture des chemins avec un débroussaillement partiel et des cultures défensives autres que celles du pin.

Suivant les régions, les moyens dont on dispose et le but qu'on poursuit, il y a manière de faire. Ainsi le particulier propriétaire d'un petit bois peut en maintenir toute la ceinture largement débroussaillée ou même la surface entière bien nettoyée. Le premier soin serait insuffisant sur de grandes surfaces, et le second procédé n'y est guère praticable.

Dans les dunes appartenant à l'État la forêt de pin maritime est divisée par des tranchées garde-feu, ouvertes de kilomètre en kilomètre, en carrés de cent hectares. C'est très bon, et il est facile de nettoyer et de maintenir net de feuilles mortes un chemin de cinq à six mètres de largeur, battu d'ailleurs par le passage. Il est possible également de débroussailler une zone limitrophe en arrachant la bruyère sur une largeur de quarante à cinquante mètres, suffisante en général. Mais les pins continuent à joncher le sol d'aiguilles sèches, aliment du feu, et à livrer à l'incendie des plaques d'écorce résineuses et légères que le vent emporte tout enflammées. Il faut donc faire disparaître les pins dans toute la zone de défense; seulement, au lieu d'en mettre le sol à nu, il est bien préférable à tous égards d'y planter des chênes pédonculés sous les pins, isolés d'abord par une coupe d'ensemencement et destinés à disparaître ensuite à mesure que les chênes se développeront. Bientôt on arrivera ainsi à diviser la pignada par des bandes de futaie de chêne occupant le dixième environ de la surface du sol. Sous ces chênes clair-plantés, le terrain étant maintenu débroussaillé et l'allée centrale bien nettoyée, la propagation de l'incendie sera difficile et la défense aisée. Les gardes et les ouvriers de la forêt pourront généralement y suffire.

C'est là tout ce qui semble possible aujourd'hui dans les dunes et dans les landes de Gascogne, semblablement boisées. Plus tard, si la population et l'agriculture se développent dans la région des Landes, on pourra séparer les cantons de forêt les uns des autres par des cultures agricoles entrecoupées de grands chênes. En tout cas, le chêne pédonculé, spontané et doué d'une belle végétation dans la contrée, doit y jouer un rôle important dans les forêts; on ne peut continuer à le négliger qu'au prix de dangers et de pertes considérables.

Dans les Maures et l'Esterel les conditions de sol et de climat sont tout autres, et le chêne-liége est l'essence feuillue la plus importante. Ici les chemins et sentiers, indispensables à l'accès et permettant seuls, à vrai dire, la prise de possession de la forêt, ne sauraient être ouverts en ligne droite ni à distances égales; il faut avant tout les adapter au terrain et se contenter de leur donner une largeur suffisante, deux ou trois mètres pour les charrettes, un seulement pour les piétons, afin de pouvoir les multiplier. Mais les lisières de ces chemins et sentiers seront débroussaillées également sur une largeur totale de quarante à cinquante mètres par exemple; on en extirpera les bruyères et autres végétaux offrant une proie facile à l'incendie; on y conservera les arbousiers, lentisques et autres arbrisseaux à feuilles charnues et larges, qui couvrent le sol et ne se dessèchent pas; on en fera disparaître les pins en découvrant les chênes-liége naturels ou plantés, de manière à couper les vivres à l'incendie dans toutes ces zones défensives. Souvent même on pourra les emplanter de châtaignier, dont le couvert épais maintient le sol bien frais et dégarni de toute végétation basse. La châtaigneraie en massif forme pour ainsi dire un rempart contre le feu, infranchissable même, pourvu qu'après l'hiver on nettoie le sol, au moins partiellement, des feuilles mortes.

Les mêmes procédés de défense trouvent ainsi une application différente, plus complexe dans les Maures, variable même d'un versant à l'autre, mais basée toujours sur l'établissement de routes, chemins, laies ou sentiers conformes aux conditions du sol et de la situation. Dans l'ouverture économique de ces voies d'accès et de transport, nécessaires pour donner de la valeur aux produits comme pour assurer la défense, se trouve donc en de telles forêts le point le plus important de l'aménagement. Mais l'ensemble des moyens à employer contre le feu s'impose en même temps à la culture, inséparable, comme il arrive toujours, de l'aménagement même.

FEUILLE SPÉCIMEN

DU SOMMIER DE CONTROLE

D'UN AMÉNAGEMENT

(Il convient de dresser verticalement en face l'un de l'autre les deux tableaux ci-après; ils prennent alors une étendue suffisante pour toute une longue période.)

SÉRIE DU FAYS. — PARCELLE E[4]. $13^{hect.}$ 83^{ares}. — MATÉRIEL EN 1871 : . . . $^{m.c.}$

EXPLOITATIONS.

EXERCICES.	NATURE des exploitations.	CONSISTANCE de la coupe.				VOLUME ESTIMÉ.			PRIX principal de vente.	FRAIS d'exploitation à déduire.	ARBRES RÉSERVÉS.									RENSEIGNEMENTS (colonne à développer)
							Bois d'œuvre.				Anciens.			Modernes.			Baliveaux.			Destination et valeur spéciales des produits. Phénomènes de végétation et de régénération.
		Surface.	Age des bois.	Nombre d'arbres.	Volume.	Total.	Chêne.	Divers.			Chênes de 0,50 et plus.	Chênes de 0,35 à 0,45.	Hêtres et divers.	Chênes.	Hêtres.	Divers.	Chênes.	Hêtres.	Divers.	
		h. a.	ans.		m. c.	m. c.	m. c.	m. c.	fr.											
1874	T. s. F.	4,62	32	•	•	705	41	2	8,540	•	8	22	6	21	6	15	238	170	330	
1875	Bois morts.	•	•	3	4	4	•	•	29	•										
1876	T. s. F.	6,98	33	•	•	851	80	•	12,800	•	49	97	11	73	13	1	302	234	384	

TRAVAUX.

ANNÉES.	NATURE ET IMPORTANCE DES TRAVAUX EXÉCUTÉS.	DÉPENSE.	RENSEIGNEMENTS sur les conditions d'exécution et les résultats obtenus.
		fr.	
1876	Émondage des réserves de la coupe de l'exercice 1874.	20	Cinq journées de travail, à 4 fr., pour 51 arbres et 238 baliveaux chêne, émondés rez-tronc.

ANALYSE

De la coupe n° 8 du bois communal de Velaine-sous-Amance,

à exploiter pour l'exercice 1878,
et contenant 2 *hectares* 11 *ares de taillis sous futaie âgé de* 25 *ans.*

ESTIMATION DES BOIS A EXPLOITER, EN VALEUR NETTE ET SUR PIED.

Bois d'œuvre des chênes.

DIAM.	NOMBRES d'arbres.	LONGUEUR.	VOLUME par mètre.	VOLUMES.	TOTAUX.	PRIX.	VALEURS.	
0m15	46	184m	0mc01	1mc8	1mc8	15f	27f	
0 20	46	276	0 02	5 5				
0 25	9	54	0 03	1 6	9 9	20	198	
0 30	8	56	0 05	2 8				
0 35	7	56	0 07	3 9				
0 40	7	56	0 09	5	11 9	40	476	952f
0 45	3	27	0 11	3				
0 50	2	18	0 14	2 5	2 5	50	125	
» »	»	»	» »	» »	» »			
0 65	1	9	0 24	2 1	2 1	60	126	
					28mc2			

Bois de feu des arbres abandonnés.

28 stères chêne, à 8 fr. l'un	224f	308
6 stères charme, à 14 fr. l'un	84	
Valeur des arbres		1,260f

Sous-bois.

21 stères bois dur, à 11 fr. l'un.	231f	
21 stères bois tendre, à 8 fr. l'un	168	
2,500 fagots, à 25 fr. le cent	625	
Valeur du sous-bois	1.024f	1,024
Valeur nette de la coupe.		2,284f
Soit, à l'hectare		1,080

ESTIMATION DE LA RÉSERVE.

Baliveaux de l'âge.

79 chênes, à 0 fr. 30			24f
84 divers, à 0 fr. 30			25

Modernes.

96 chênes de 0m25, à 0mc20 l'un, soit	19mc2	25f	480f
5 divers à	» »	5	25

Anciens.

0m35	20	160m	0mc07	11mc2			
0 40	6	48	0 09	4 3	27 4	40	1,096
0 45	12	108	0 11	11 9			
0 50	6	54	0 14	7 5	9 »	50	450
0 55	1	9	0 17	1 5			
					55mc6		

Bois de feu.

56 stères, à 8 fr. l'un	448
Valeur des arbres réservés	2,548f
Soit, à l'hectare	1,200

VALEUR TOTALE DES BOIS SUR PIED DANS LA COUPE EN 1878.

Bois à exploiter	2,284f
Arbres réservés	2,548
Total	4,832f

VALEUR PROBABLE DE LA COUPE DANS 25 ANS,
EN 1903.

Les baliveaux de l'âge, déduction faite de dix pour cent qui disparaissent après l'isolement, n'arrivent guère qu'à un diamètre de 20 centimètres après la seconde révolution. Mais les modernes et les anciens prennent en moyenne 15 centimètres d'accroissement en diamètre pendant chaque révolution de 25 ans; en 1903 les arbres réservés auront donc approximativement les valeurs ci-après :

Modernes.

71 chênes de $0^{m}20$, à $0^{mc}1$ l'un, soit . .	$7^{mc}1$	20^{f}	142^{f}
76 divers, à $0^{st}25$ l'un, soit 19 stères . .	» »	14	266

Anciens.

96 chênes de $0^{m}40$, à $0^{mc}6$ l'un, soit . .	57 6	40	2,304
5 divers, à 1 stère l'un, soit 5 stères . .	» »	14	70

Vieilles écorces.

$0^{m}50$	20	160^{m}	$0^{mc}14$	$22^{mc}4$			
0 55	6	48	0 17	8 1	52 1	55	2,865
0 60	12	108	0 20	21 6			
0 65	6	54	0 24	12 9			
0 70	1	9	0 28	2 5	15 4	65	1,001
					$132^{mc}2$		

Bois de feu.

132 stères, à 8 fr. l'un 1,056

Sous-bois.

Moitié de la valeur actuelle 512

Valeur totale en 1903 . . . . $8,216^{f}$

Il est facile de déduire de ces chiffres la production pendant la prochaine révolution. La valeur en sera de 8,216 francs moins 2,548 francs, ou 5,668 francs, soit 2,686 francs par hectare, et en moyenne 107 francs par hectare annuellement.

La production sera de même, à l'hectare et par an : en bois d'œuvre chêne, 1 1/2 mètre cube à peu près ; en bois de feu des arbres, 1 1/2 stère environ, et en sous-bois, par évaluation, 1/2 stère et 25 fagots ; soit, au total et approximativement, 3 1/2 mètres cubes.

On pourrait aussi remonter au balivage opéré il y a 25 ans, en 1853, pour le comparer au balivage actuel. On constaterait ainsi qu'alors il n'a été réservé probablement que 10 arbres de $0^m,35$ de diamètre et plus, au lieu de 45, comme en 1878 ; et, comme ces derniers prendront à eux seuls en 25 ans une plus-value de 2,500 fr., c'est surtout par la réserve de ces arbres que le balivage de 1878 enrichit la coupe.

Cette analyse, dont nous ne donnons que les traits principaux, suffit à montrer comment on peut interroger l'avenir d'une coupe ou d'un peuplement et se rendre compte, au point de vue financier, des résultats probables d'une opération forestière.

[illegible]

[illegible]

[illegible]

TABLE DES MATIÈRES

LIVRE DEUXIÈME

OPÉRATIONS COMMUNES A TOUS LES AMÉNAGEMENTS

LIVRE TROISIÈME

ÉTABLISSEMENT DU PLAN D'EXPLOITATION DANS LES AMÉNAGEMENTS DE FUTAIE

LIVRE QUATRIÈME

AMÉNAGEMENT DES FUTAIES IRRÉGULIÈRES

LIVRE CINQUIÈME

AMÉNAGEMENT DES TAILLIS

LIVRE SIXIÈME

CONVERSION DES TAILLIS EN FUTAIE

APPENDICE

FIN.

Nancy, imp. Berger-Levrault et Cie.

LA FRANCE EN NEUF RÉGIONS FORESTIÈRES.

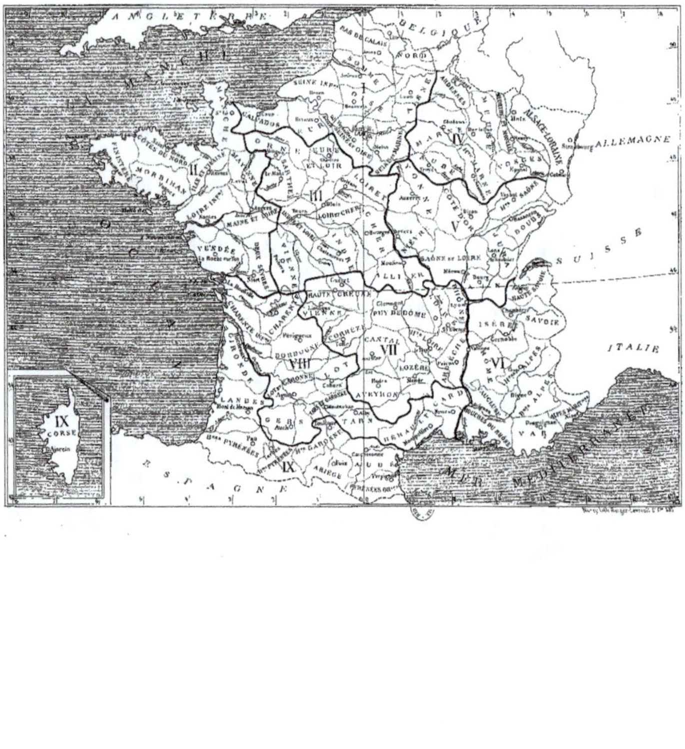

RÉGIONS.	CULTURES CARACTÉRISTIQUES.	SURFACE soumise au régime forestier.
		pour cent
I. Parisienne. . . .	Betteraves et cultures industrielles.	3 1/3.
II. Bretonne. . . .	Sarrasin et ajoncs.	2/5.
III. Ligérienne. . . .	Métayage et futaies de chêne.	2 1/2.
IV. Lorraine. . . .	Taillis sous futaie et sapinières.	15.
V. Bourguignonne. .	Taillis simple et forêts d'épicéa.	12.
VI. Alpestre. . . .	Cultures arborescentes et troupeaux transhumants.	8.
VII. Auvergnate. . . .	Châtaigniers et seigle.	1 1/5.
VIII. Languedocienne.	Vignes et maïs.	1 2/5.
IX. Pyrénéenne . . . (Pyrénées, Landes et Corse).	Pâturage discrétionnaire.	7 3/4.

www.ingramcontent.com/pod-product-compliance
Lightning Source LLC
Chambersburg PA
CBHW070259030726
47505CB00004B/863
9782019554781